1+X 职业技术·职业资格培训教材

美发师

五级（第2版）

MEIFASHI

主　编	马祥银
编　者	施国童　刘学奎　刘金华
主　审	陈林声
审　稿	钱敏敏　何俊良　杨守国　刘天翔　汪朕宇

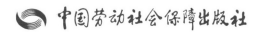

中国劳动社会保障出版社

图书在版编目（CIP）数据

美发师：五级/上海市职业技能鉴定中心组织编写. —2 版. —北京：中国劳动社会保障出版社，2013

1 + X 职业技术·职业资格培训教材

ISBN 978-7-5167-0670-1

Ⅰ.①美… Ⅱ.①上… Ⅲ.①理发-技术培训-教材 Ⅳ.①TS974.2

中国版本图书馆 CIP 数据核字（2013）第 271124 号

中国劳动社会保障出版社出版发行

（北京市惠新东街 1 号 邮政编码：100029）

*

三河市潮河印业有限公司印刷装订 新华书店经销

787 毫米×1092 毫米 16 开本 22.75 印张 350 千字
2013 年 11 月第 1 版 2020 年 9 月第 2 次印刷

定价：65.00 元

读者服务部电话：（010）64929211/84209101/64921644

营销中心电话：（010）64962347

出版社网址：http://www.class.com.cn

前　言　Preface

　　职业培训制度的积极推进，尤其是职业资格证书制度的推行，为广大劳动者系统地学习相关职业的知识和技能，提高就业能力、工作能力和职业转换能力提供了可能，同时也为企业选择适应生产需要的合格劳动者提供了依据。

　　随着我国科学技术的飞速发展和产业结构的不断调整，各种新兴职业应运而生，传统职业中也越来越多、越来越快地融进了各种新知识、新技术和新工艺。因此，加快培养合格的、适应现代化建设要求的高技能人才就显得尤为迫切。近年来，上海市在加快高技能人才建设方面进行了有益的探索，积累了丰富而宝贵的经验。为优化人力资源结构，加快高技能人才队伍建设，上海市人力资源和社会保障局在提升职业标准、完善技能鉴定方面做了积极的探索和尝试，推出了1＋X培训与鉴定模式。1＋X中的1代表国家职业标准，X是为适应上海市经济发展的需要，对职业的部分知识和技能要求进行的扩充和更新。随着经济发展和技术进步，X将不断被赋予新的内涵，不断得到深化和提升。

　　上海市1＋X培训与鉴定模式，得到了国家人力资源和社会保障部的支持和肯定。为配合上海市开展的1＋X培训与鉴定的需要，人力资源和社会保障部教材办公室、中国就业培训技术指导中心上海分中心、上海市职业技能鉴定中心联合组织有关方面的专家、技术人员共同编写了职业技术·职业资格培训系列教材。

职业技术·职业资格培训教材严格按照 1+X 鉴定考核细目进行编写，教材内容充分反映了当前从事职业活动所需要的核心知识与技能，较好地体现了适用性、先进性与前瞻性。聘请编写 1+X 鉴定考核细目的专家以及相关行业的专家参与教材的编审工作，保证了教材内容的科学性及与鉴定考核细目以及题库的紧密衔接。

　　职业技术·职业资格培训教材突出了适应职业技能培训的特色，使读者通过学习与培训，不仅有助于通过鉴定考核，而且能够有针对性地进行系统学习，真正掌握本职业的核心技术与操作技能，从而实现从"懂得了什么"到"会做什么"的飞跃。

　　职业技术·职业资格培训教材立足于国家职业标准，也可为全国其他省市区开展新职业、新技术职业培训和鉴定考核，以及高技能人才培养提供借鉴或参考。

　　新教材的编写是一项探索性工作，由于时间紧迫，不足之处在所难免，欢迎各使用单位及个人对教材提出宝贵意见和建议，以便教材修订时补充更正。

人力资源和社会保障部教材办公室

中国就业培训技术指导中心上海分中心

上海市职业技能鉴定中心

目 录 Contents

第8章　烫发

第9章　染发、护发

第10章　吹风

目 录

4

第 1 章　职业道德

　　职业道德，就是同人们的职业活动紧密联系的符合职业特点所要求的道德准则、道德情操与道德品质的总和，它既是对本职人员在职业活动中行为的要求，同时又是职业对社会所负的道德责任与义务。

第1节　职业道德概述

学习目标

- 了解职业道德的概念和特性
- 熟悉职业道德的规范要求

知识要求

一、职业道德的概念

　　所谓道德，就是由一定社会的经济基础所决定的，以善与恶、美与丑、正义与非正义、公正与偏执、诚实与虚伪为评价标准，以法律为保障，依靠社会舆论、传统习俗和信念来维系的，调整人们之间以及个人与社会之间关系的行为准则。

　　职业道德的概念有广义和狭义之分。广义的职业道德是指从业人员在职业活动中应该遵循的行为准则，涵盖了从业人员与服务对象、职业与职工、职业与职业之间的关系。狭义的职业道德是指在一定的职业活动中应遵循的、体现一定职业特征的、调整一定职业关系的职业行为准则和规范。

　　职业道德既是从业人员在进行职业活动时应遵循的行为规范，同时又是从业人员对社会所应承担的道德责任和义务。不同职业的人员在特定的职业活动中形成了特殊的职业关系、职业利益、职业活动范围和方式，由此形成了不同职业人员的道德规范。

二、职业道德的主要内容

　　《公民道德建设实施纲要》中提出的职业道德的主要内容是"爱岗敬业、诚实守信、办事公道、服务群众、奉献社会"。职业道德是道德在职业实践活动中的具体体现，以保证企业、部门在激烈的竞争中立于不败之地。

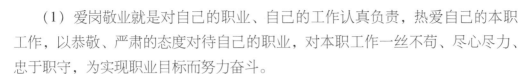

（1）爱岗敬业就是对自己的职业、自己的工作认真负责，热爱自己的本职工作，以恭敬、严肃的态度对待自己的职业，对本职工作一丝不苟、尽心尽力、忠于职守，为实现职业目标而努力奋斗。

（2）诚实守信就是实事求是地为人做事，讲信用、守诺言，努力促进本行业、本企业的发展。

（3）办事公道就是指处理各种职业事务时要公道正派、客观公正、不偏不倚、公开公平。

（4）服务群众是指听取群众的意见，了解群众的需求，端正服务态度，提高服务质量。

（5）奉献社会就是要履行对社会、对他人的职业义务，自觉地、努力地为社会、为他人服务，这是职业道德的出发点和归宿。

三、职业道德的规范要求

优秀的美发师不但在道德上、工作技艺上，更要在思想等方面有高度的修养，经得起实际工作的磨炼和考验，才能逐步得到社会的认可。充沛的精力、和蔼可亲的面容、温文尔雅的风度、精湛高超的技艺以及高尚的道德修养，不仅能使美发师表现得更加完美，而且也是做好本职工作的必要条件。

热爱本职工作，对自己所从事的专业要充满自信，对工作要认真负责，刻苦钻研技术，认真学习美发知识和技能，以美学为指导，不断提高理论水平和实践操作能力，树立全心全意为顾客服务的崇高思想，努力做到使顾客满意，做一名合格的美发师。

美发工作是直接面对面地为顾客服务，是技术与服务相结合的综合性服务工作。因此，工作中一定要做到"四要"：一是要主动待客，即主动与顾客打招呼、主动征询意见、主动送客；二是热情服务，要把顾客当成自己的衣食父母去热情接待，使顾客有"宾至如归"的感觉，服务态度要和蔼可亲，树立顾客至上的思想；三是要耐心接待、耐心操作、耐心解答、耐心解决服务中所遇到的各种问题；四是要沟通感情，要与顾客交朋友，全方位、细致周到地满足顾客的要求，做到一视同仁、童叟无欺。

美发师的任务是美化人们的生活。要想"美化"好别人，首先要规范自己

的言谈举止，每时每刻都要注意检点自身行为，宽以待人，严于律己，树立良好的自我形象。

美发师的修养，实际上就是在思想意识、道德品质、专业技能等方面的自我锻炼，也是反映美发师技能水平和文明礼貌程度高低的重要标志。因此，美发师应加强各方面的修养，提升自身素质，提高工作效率，并且对于提高行业声誉起到积极的作用。

以人为本，以劳务服务于顾客，是美发行业职业道德最基本的特征，美发行业主要是以劳务的形式为人们提供"特殊的使用价值"，通过直接接触消费者，提供劳务服务来满足人们的美发要求。因此，树立以人为本、善待顾客的观念是提高服务质量、让顾客满意的基础。

以等价交换的原则服务于顾客，是服务行业职业道德的基本要求，美发师所提供的各种劳动服务是依据等价交换的原则进行的。这种交换关系既不是无偿的，但也不是损害消费者的利益，更不能坑害顾客，做出不道德行为。因此，美发行业必须遵循明码标价等价交换的原则。

美发服务行业必须树立全心全意为人民服务的思想，不仅在技术上要保证质量，而且在服务上也要急顾客所急，真心实意地为顾客服务，让顾客高兴而来，满意而归。

第2节　职业行为规范

学习目标

- 了解美发行业的职业守则
- 了解美发行业的服务规范和服务宗旨

知识要求

一、遵守职业守则

在美发服务活动中，需要有一个全体人员都必须遵从的规则，以保证各项工作有序、顺利地达到预期的目标。职业守则就是以诚信服务为标准，为从事美发工作的从业者制定的职业行为规范。

1. 爱国守法

在基本道德规范中，摆在首位的是爱国守法。爱国守法是每个公民都应履行的首要道德责任。

"爱国"作为一种道德责任，就是要求公民发扬爱国主义精神，为维护民族自尊心、自信心和自豪感，为维护和争取祖国的独立、统一、富强和荣誉而奉献。中国人是最懂得爱国的民族群体，深知个人命运和国家命运紧密相连，没有国家的昌盛就没有个人的尊严和幸福可言。

"守法"作为道德责任，就是要求公民不仅有知法、懂法、遵法的法律意识，还要把法律意识转化为自觉依法行使权利、履行义务的法律行为，使自己的言行合乎法律的规范。"守法"之所以和"爱国"并列为基本道德规范的第一条，是因为二者同为道德的底线，是每个公民必备的最重要的道德品质和最起码的道德水准。

爱国守法虽然是道德的底线，却又是崇高而重要的。公民无论其社会地位、政治立场和思想信仰等有何不同，都不妨碍其成为爱国者和守法者。

2. 维护权益

消费者维护合法权益也要依法。《中华人民共和国消费者权益保护法》规定，解决消费争议有五条途径，一是与经营者协商解决（有人说是"私了"，其实不对，这仍应依法解决）；二是向消协投诉；三是向行政执法机关申诉，如工商局、质监局；四是双方共同请仲裁机构仲裁；五是向法院起诉。因此，应加强依法维护自身合法消费权益的宣传，指导消费者充分利用法律，依靠消协、行政、新闻、司法监督的力量，维护自身合法权益。同时，各有关部门对消费者的合理、合法要求，也应满腔热情地积极、快速、妥善处理。

二、遵守服务规范

美发行业的服务质量直接关系到消费者的健康安全。但是，部分企业经营行为不规范，行业管理不到位，影响行业健康有序发展。以下是美发行业服务规范的质量标准。

美发师（五级）第2版

5

1. 美发（理发）

运用手法技艺、器械设备并借助洗发、护发、染发、烫发、饰发等手段，为消费者提供满意的发型设计、修剪造型、发质养护等服务。

2. 洗发

应选择与发质相符的洗发用品，手法轻重适度，洗净冲透，止痒。

3. 修剪

按照顾客的要求，按所设计意图完成发式修剪，做到修剪准确，发型层次清晰。

4. 烫发

烫发前应将头发洗净、软化。使用合格的烫发药液和定型剂，不得损伤顾客的皮肤。成型后的发型应达到动感、柔软，给人以美感。

5. 染发

染发剂调配比例要适度，刷色均匀，不漏染，不染头皮。染后头发色调自然、柔和，符合顾客要求及造型设计要求。

6. 美容

运用手法技艺、器械设备并借助化妆、美容护肤等手段，为消费者提供养护人体表面无创伤性、非侵入性的皮肤清洁、皮肤保养、化妆修饰等服务。

7. 淡妆

粉底与肤色接近，阴影不宜明显；眼线细腻柔和；眉形与脸形协调；口红、眼影与着装协调；面部化妆与颈部、肩部色彩衔接自然。

8. 健康保健

将产品中有益的成分通过渗透作用进入人体，利用人体的感官功能，达到促进其身心俱畅、放松身体，起到健美并有益健康的效果。

9. 手部保养

选用适合的化妆品，正确使用手部护理仪器。手部按摩穴位准确。

10. 美甲

安全、正确地使用美甲工具和美甲产品。正确掌握美甲的操作规程和技能。指甲制作艺术生活化，具有实用性、观赏性。

三、牢记服务宗旨

服务至诚，精益求精；管理规范，进取创新。这是服务的质量方针，对此每一个员工务必深刻领会，贯彻落实到一言一行中。美发服务行业要树立"服务至上，宾至如归"的服务意识，竭力提供高效、准确、周到的专业服务。

第3节　职业形象塑造

学习目标

● 了解美发师形象的要求
● 掌握美发师仪表仪态的要点

知识要求

一名优秀的美发师，不仅要在道德、技艺、思想品德等方面有较高的修养，而且还要有良好的个人形象。培养良好的个人形象不仅能增强美发师的自信心和自我表现能力，还会增强顾客的信任感。良好的形象反映在个人外在的仪表、仪态方面，更反映出内在的个人素养。良好的个人形象是可以通过不断地自我训练和修饰获得的。

一、美发师的仪表

仪表是指个人的容貌、举止和姿态。美发师的仪表是指美发师在工作当中所表现出来的容貌、举止、姿态，也是美发师本人文化修养、生活品位、技术水平、个人素质等各方面的外在表现。整洁美观的容貌、落落大方的举止、温文尔雅的谈吐、优美舒展的姿态，不但能给顾客留下美好的印象，使顾客产生信任感，而且也是一家美发企业管理水平高低的具体表现。美发师工作时大部分时间是站着的，其基本站姿正确与否就显得非常重要，这也是反映美发师仪表好坏的

一个主要内容。

二、美发师的仪态

仪态是指人们在社交活动中所表现出来的姿态和风度。美发师的仪态是指美发师在服务工作中的举止。美发师的仪态非常重要，优雅的仪态不仅能保持良好的工作效率，更会给人以美的感受。仪态的具体表现有以下方面。

1. 站姿

正确的站立姿势是：站立要端正，挺胸收腹，双眼平视，嘴微闭，颈部伸直，微收下颌，两臂自然下垂，双肩稍向后并放松，双手不要叉腰，不插口袋，不抱胸。男士双脚平行分开，与肩同宽站立；女士双腿并拢，双脚成 V 字形或丁字形站立。站立时身体重心应该在两足脚弓前端的位置上。

2. 坐姿

正确的坐姿应该是：上体保持站立时的姿态，将双膝靠拢，两腿不分开或稍分开。两脚前后略分开或两腿略向前伸出，也可以两腿上下交叉。女士双膝应尽量靠拢，如两腿上下交叠而坐时，悬空的脚尖应向下。

3. 走姿

走路时身体挺直，保持站立的姿态，不左右摆动、摇头晃肩或斜颈、斜肩。双肩前后自然摆动，幅度不可太大。美发师工作时的步伐要轻、稳、灵活。

三、个人表情

美发师在服务工作中微笑是应有的表情，面对顾客应表现出热情、大方、真实、友好。和顾客交流时应礼貌地望着对方，用心倾听并回应对方。不要抓头、挖耳、抠鼻孔等，不可敲打工具、桌子或玩弄其他物品。不得吹口哨、大声喧哗、喊叫。在为顾客服务时不得流露出厌烦、冷淡、愤怒、紧张、恐惧等表情。

四、电话礼仪及礼貌用语

美发店的电话礼仪和礼貌用语非常重要，当有电话打入时必须在三响之内接听，拎起电话先说"您好"，然后报单位或部门名称，接着说"请问有什么需要

可以帮您?"。如果是预约等重要电话，要做好记录，问清要点，然后向对方复述，结束通话时说"再见"。要等对方挂断之后才能结束，不得先于对方挂断。

美发店的礼貌用语是美发服务的一个重要组成部分，礼貌用语是服务质量的具体体现，礼貌用语不仅能反映出美发师的个人素质、文明程度和文化修养，还体现出美发店的档次高低。美发师在与顾客交谈时，语言要亲切，态度要和蔼，声调要自然，说话要清晰，音量要适中（以顾客听清楚为宜），答话要迅速、准确，切记心不在焉，左顾右盼，有不耐烦的情绪。

常用礼貌用语有：

欢迎语：欢迎光临。

问候语：您好，上午好，下午好，晚上好。

应答语：好的，是的，我明白了，不要客气，没关系，这是我应该做的，谢谢。

道歉语：对不起，请原谅，打扰您了。

告别语：请走好，欢迎再次光临，再见，下次再见。

五、其他注意事项

要经常留意美发店告示栏上的信息，不得擅自张贴或更改告示栏内容。拾获员工或顾客的物品一律上缴，任何情况下不得擅自动用、索取、收受顾客物品或小费。如果发现或观察到危险情况时，要及时采取有效措施，并在第一时间通知经理。

模拟测试题

1. 填空题（请将正确的答案填在横线空白处）

（1）职业道德是指人们在职业活动中应遵循的_____。

（2）职业道德既是本行业人员在职业活动中的_____，又是行业对社会所负的道德责任和义务。

（3）和顾客交流时应礼貌地望着对方，用心倾听并_____。

（4）服务群众是指听取群众的_____，了解群众的需求，端正服务态度，提高服务_____。

（5）美发行业的服务质量直接关系到_____的健康安全。

美发师（五级）第2版

2. 判断题（下列判断正确的请打"√"，错误的打"×"）

（1）企业的发展离不开企业对社会的诚信度，也体现出企业对社会的道德范畴。（　　）

（2）树立以创收为本、善待顾客的观念，是提高服务质量、让顾客满意的基础。（　　）

（3）美发师在服务工作中微笑是应有的表情，面对顾客应表现出热情、大方、真实、友好。（　　）

（4）正确的坐姿应该是：上体保持站立时的姿态，将双膝分开，两腿分开或稍分开。（　　）

（5）要经常留意美发店告示栏上的信息，不得擅自张贴或更改告示栏内容。（　　）

3. 选择题（下列每题有4个选项，其中只有1个是正确的，请将其代号填在括号内）

（1）职业道德即是从业人员在进行职业活动时应遵循的（　　）。

A. 工作作风　　　　B. 行为规范　　　　C. 能力集中　　　　D. 明确任务

（2）搞好服务质量、改善（　　）的核心是加强职业道德建设。

A. 服务态度　　　　B. 艺术修养　　　　C. 修炼道德　　　　D. 培训技术

（3）热爱本职工作，不仅要做到（　　）、爱岗敬业、守职尽责，而且更要有注重效率的服务意识。

A. 服务质量　　　　B. 职业道德　　　　C. 诚实守信　　　　D. 美发服务

（4）职业守则就是以诚信服务为（　　）。

A. 标准　　　　　　B. 声音　　　　　　C. 音量　　　　　　D. 态度

（5）美发师的任务是美化人们的（　　）。

A. 理念　　　　　　B. 理想　　　　　　C. 道德　　　　　　D. 生活

模拟测试题答案

1. 填空题

（1）基本道德　　（2）行为规范　　（3）回应对方　　（4）意见　质量

（5）消费者

2. 判断题

(1) √　　(2) ×　　(3) √　　(4) ×　　(5) √

3. 选择题

(1) B　　(2) A　　(3) C　　(4) A　　(5) D

第2章 业务技术管理基础

第1节　美发服务接待程序和方法

学习目标

● 了解美发服务接待程序
● 掌握美发服务规范的要求

知识要求

一、美发服务接待程序

美发服务接待程序是指顾客从进入美发店起至美发完毕离店的全部过程及工作人员为顾客服务的先后顺序。

1. 迎客

顾客进入美发店后，专职接待人员应主动上前问候，询问顾客的要求，介绍服务项目、经营特色及诚信保证，根据顾客需要安排美发师。对有预约的顾客，应按约定提供服务；对需要等候的顾客，必须说明等候的原因和大致的时间。帮助顾客存放好衣物，带领顾客到等候区就座，并呈上饮用水和书报。对于无专职接待人员的美发店，应由空闲的工作人员或者就近的美发师主动向顾客打招呼，并给予妥善安排。

2. 咨询

根据现代美发操作的要求，在美发操作前必须详细了解顾客需求，必须了解顾客的爱好、工作性质、喜爱的颜色、平时喜欢穿哪一类的服装等。并要详细询问头皮是否有过敏及其他不适应的东西，确定需要做什么项目，在完全了解清楚后才能为顾客设计发型。

3. 美发操作过程

要认真观察顾客的生理特征，如脸型、头型、发质、身高等，在充分了解顾客的发式、梳理习惯、生理特征、确定所做的项目后，制定好发型设计方案，并且要与顾客达成共识后，再按操作程序（由美发师或美发助理）逐步完成。

4. 结账送客

美发操作全部结束，征得顾客满意的认可后，要帮助顾客带好随身的物品，填好账单，得到顾客的确认后，引导顾客到收款台结账，并主动与顾客道别。在无其他顾客时，应在顾客离去后再去整理工作区域。

二、美发服务规范

美发服务规范是指美发工作人员必须严格执行的最基本要求，也是美发服务的标准。尽管各美发店的服务等级不同，管理方法也各不相同，但在美发服务规范方面应是基本一致的。

1. 微笑服务

微笑是服务工作的基本要求。所以当迎接顾客时，哪怕只是一声轻轻的问候也要送上一个真诚微笑的表情，将自己的情感信号传达给对方；即便说"欢迎光临！""感谢您的惠顾！"都要轻轻地送上一个微笑。微笑与否给人的感受完全是不同的，不要让冰冷的肢体语言遮住你的微笑。

2. 礼貌待客

礼貌待客，让顾客真正感受到对"上帝"的尊重。顾客进门先说句"欢迎光临，请多多关照！"或者"欢迎光临，请问有什么可以帮忙吗？"诚心致意，会让人有一种亲切感。并且可以培养感情，这样顾客心理抵抗力就会减弱或消失。有时顾客只是随便到美发店里看看，也要诚心地说声"感谢光临本店！"对于彬彬有礼、礼貌待客的店主，顾客是不会把他拒之门外的。诚心致谢，是一种心理投资，不需要很大代价就可以收到非常好的效果。

3. 坚守诚信

"要做事，先学会做人！"是很值得人深思的一句话。大家可以好好体会一下其中含义，要用一颗诚挚的心像对待朋友一样对待顾客。诚信与否决定了做事的成败。

4. 积极态度

保持积极态度，树立"顾客永远是对的"的理念，打造优质的售后服务。

不管是不是顾客的错，都应该及时解决，而不是回避、推脱。要积极主动与客户进行沟通。对顾客的不满要反应敏感积极，尽量让顾客觉得自己是被受重视的；尽快处理顾客反馈意见，让顾客感受到尊重与重视。除了与顾客间的金钱交易，更应该让顾客感觉到消费的乐趣和满足。

5. 服务满意

严格按照等级标准进行规范操作。让顾客对服务满意，主要体现在真正为顾客着想。处处站在对方的立场，想顾客所想，以诚感人，以心引人，这就是最成功的满意服务。

6. 沟通了解

当顾客进店时我们并不能马上判断顾客来意与其需求，所以需要仔细对顾客定位，了解顾客属于哪一类消费者，比如学生、白领等。尽量了解顾客的需求与期待，努力做到只介绍对的不介绍贵的给顾客。做到以客为尊，满足顾客需求才能走向成功。

7. 热情耐心

我们常常会遇到一些顾客，喜欢打破砂锅问到底。这时候我们就需要耐心热情地细心回复，会给顾客信任感。我们不能表现出不耐烦，即使顾客不消费也要说声"欢迎下次光临！"如果你服务好，这次不成下次有可能他还会回头找你的。砍价的顾客也会经常遇到，砍价是买家的天性，可以理解。在彼此能够接受的范围可以适当地让一点，如果确实不行也应该婉转地回绝，比如说："真的很抱歉，没能让您满意，请留下您的联系方式，下次有优惠活动我会及时通知您的。"

第2节　岗位职责和管理制度

学习单元1　岗位职责

学习目标

- 了解美发服务岗位要求
- 掌握美发服务岗位职责

知识要求

岗位职责是指每一岗位所应承担的工作内容及相关职责。美发店全体工作人员均应各司其职，各负其责，并相互配合搞好服务工作。各岗位人员均应在开始营业之前（或营业结束之后）整理好各自区域的卫生，做好营业前的准备。整理好个人仪表（有统一着装要求的还应换好工作服），以良好的精神面貌迎接顾客。按对外公布的营业时间准时营业。营业时间结束前不应拒绝任何顾客的服务要求。工作时间不得擅离岗位。各岗位职责如下：

一、营业前准备工作

在美发营业前，美发店各工种的工作人员应做好开门前的全部准备工作，搞好工作区域卫生，工具用具、设备摆放整齐，做好个人卫生，穿好统一制服，等候顾客光临。

二、前台接待工作

做好接听电话，登记顾客预约、解答等问题。顾客进美发店后要主动向顾客介绍服务项目，询问顾客需求，并为顾客呈送上饮用水、报纸、杂志等，协助顾客存放好物品。

三、助理工作

助理工作的职责是在美发师的指导下为顾客提供美发服务。

（1）按照美发师指示的工作内容，根据操作规程进行工作。

（2）在操作过程中要及时听取顾客的反映，如洗发时水温的冷热、按摩时力度的大小等，并按照顾客的要求及时进行调整，以达到顾客满意为止。

（3）相关工作完毕后，请顾客回到原位，由美发师继续为顾客服务。

（4）美发操作时，按美发师要求在一边辅助，如传递工具、用品，以方便美发师进行操作。

美发师（五级）第2版

四、美发师工作

美发师的主要职责是做好美发服务工作。

（1）根据接待人员（主管）的安排或排班顺序，依照顾客进门的先后顺序或预约时间为顾客服务。

（2）请顾客入座，了解顾客要求，提出建议，达成共识后，做好操作前的准备工作。

（3）按照顾客要求的服务项目，自己动手或安排助理按服务程序、用料标准进行操作。

（4）安排助理做的项目，要向助理说明操作顺序及要求，并认真检查其工作情况，确保质量。

（5）与其他工种（如美容）进行接洽，安排好顾客需要的相关服务。

（6）服务结束后，引导顾客到收款台，填好账单，请顾客确认后结账。

五、管理工作

主管或店长负责营业场所的指挥调度，处理发生的特殊事情。

（1）工作前检查各工种岗位的准备工作，包括环境卫生、工具设备及员工仪表等。

（2）合理调度各岗位人员的工作，提高工作效率。

（3）检查、监督各项规章制度的落实，处理违章违纪行为。

（4）解决顾客的特殊要求。

（5）处理投诉。

六、收银员及后勤工作

在工作前要做好接待顾客的全部准备工作。

（1）认真搞好工作区域的卫生。

（2）认真向顾客介绍服务项目、价格，严格执行收费标准。

（3）备齐票据、用具。

（4）协助看管好顾客衣物。

（5）认真做好当日营业报表，字迹清楚，及时向经理通报经营信息。

（6）下班前将营业款上缴财务部，收银台留现钞不得超过限额。

学习单元 2　管理制度

学习目标

● 了解美发企业管理制度
● 熟悉企业规章制度
● 掌握技术质量要求

知识要求

一、规章制度

企业规章制度的实施，可体现现代企业诚信服务的理念，企业与员工之间、员工与团队之间的合作意识，发扬团结、友爱、互助的团队精神。

1. 用工制度

为规范对员工的使用，维护公司和员工双方的合法权益，根据劳动法及其配套法规、规章的规定，结合公司的实际情况，各公司可制定用工制度。员工应聘公司职位时，应当年满 18 周岁，并持有居民身份证、职业资格证书、毕业证书等合法证件。要如实填写"应聘人员登记表"，不得填写任何虚假内容。公司录用员工不得收取押金，不扣留居民身份证、暂住证、毕业证书、职业资格证书等证件。公司或个人提出解除劳动合同的，必须提前 30 天提出书面通知。

2. 考勤规定

根据现代美发店的工作性质，目前工作制有一班制、二班制。以下以二班制为例进行介绍。

（1）全体早班员工于营业前 30 min 打卡，并在营业前 15 min 整理好工作现场及个人服装、仪容等一切准备工作。全体中班员工于上班前 30 min 打卡，并在上班前 15 min 整理好工作现场及个人仪容，召开 15 min 的班前会议后上岗。

美发师（五级）第 2 版

（2）未打卡者，以迟到论处。

（3）上班时间如因特殊事情而赶不及打卡的，应以电话报备，但需在规定的时间内报备（打卡前30 min），否则以迟到论处。

3. 员工须知

（1）在营业时间内，不得在工作区域频繁走动、抽烟、打电话、大声喧哗，影响现场秩序。

（2）所有工作人员必须养成物归原位的良好习惯，以减少现场杂乱以及造成他人不便。

（3）任何员工上班前及上班时不得喝酒及吃大蒜等有异味的食品，不得吃口香糖等零食。

（4）员工仪容仪表的整理务必在晨会之前完成。

（5）所有员工不得私自使用公司为客户预备的用品，包括一次性杯子、客用餐巾纸、锡纸、牙签及棉棒等物品。

（6）任何员工不得进入与自己无关的工作区域。

（7）发扬团结合作的精神，同事间不得相互攻击对方的技术，所有员工必须无条件尊重管理人员。

（8）工作期间，不得直呼同事名字，只可称呼其工号或职务名，如某助理、某美发师等。所有员工在接私人电话时，不得超过3 min。

（9）休息室仅供员工短暂休息、更衣、喝水之用。员工严禁在休息室睡觉、大声喧哗、打牌、喝酒。

（10）员工间应互相团结、帮助、尊重，不得拉帮结派，不得在店内吵架、打架。员工在店内必须遵纪守法，如发现被公安机关查处不当行为，美发店概不负责，必要时做辞退处理。

（11）电话请假或换班一律不予批准，如违反者，做旷工1天处理。

（12）所有员工在操作现场说话与沟通声音尽量放轻，声调柔和（以两人面对间隔0.5 m能听清楚为标准），不得在现场小跑或开玩笑。

（13）任何员工不得以任何形式向顾客索要小费。

（14）员工严禁用不正当手段把营业额据为己有，如被发现，除业绩取消和赔款外，对有关人员进行经济扣罚，第二次发现即开除。

（15）管理层调查违规事件，员工必须配合作证。知情不报者，经济扣罚。

（16）美发店内所有电器开关，只能由主管、领班亲自操作，其他员工不得私自操作。

（17）任何员工不得在美发店内留宿。

（18）所有员工入职以及遇到职务变迁或升级后，必须重新签订劳动合同。

（19）所有员工如（无故）旷工3天，即做开除处理。

（20）如发现有盗窃美发店及员工财务或盗窃客人物品等犯罪活动，送公安机关处理，并立即开除。

4．服务规定

（1）客人进门后，一律先带定位，送上茶水后，再作其他询问。

（2）在工作中，遵循"客人永远是对的"原则，不得与客人发生争执。在工作现场，无条件听从主管调配工作。

（3）服务客人期间，禁止与同事聊天。

（4）所有工作人员为客人服务时，不得接听电话或手机，完成手中工作后，方可回电（如紧接着有下一班客人，则接听或回电话时间不得超过半分钟），且手机一律调震动。

（5）应面带微笑，在顾客心中建立良好形象。

（6）遇有进出美发店的客人或进门访客，均应表现亲切，不能使对方感受到不受重视。可使用以下服务用语：

"对不起！""请小心台阶！""可以吗？""这边请！""谢谢！""需要帮忙吗？""不好意思！""欢迎光临！""多谢光临！"

5．服务卫生

美发师在完成美发操作后必须清理好各自的工具箱。在营业时间内，每小时打扫一次厕所，保持厕所内各区域干燥、通风、无异味，做好垃圾箱清洁。营业结束后，对所有操作器具进行清洁，将所有产品展示柜、冲头床、美发椅、工具车、烟灰缸、台面、美发用品清理整齐，地板、楼梯、镜子擦洗干净。每周全体员工进行一次大扫除，清洁完成后，经主管检查达标后方可结束。

美发师（五级）第2版

二、技术质量制度

根据各美发店的等级要求，制定相关技术质量要求。

1. 服务记录

服务记录制度是指服务操作过程中的业务技术项目操作记录，它能协助美发服务人员积累经验，检查工作效果及避免产生差错。它是岗位责任制的补充。

具体的做法与要求是：由专职服务人员在工作日志上记录每天上班时间内的客人及其所接受的服务项目名称，登记服务的时间，所使用的原材料名称、数量及美发效果。

美发店的管理人员（店长、经理）每天对工作日志记录的情况及统计员统计的数字进行综合分析，及时发现存在的问题，并在每天晚会上做出讲评，采取措施，改进、提高员工素质和服务质量。

2. 跟踪调查

建立跟踪调查制度，不断收集反馈意见，是促进服务质量提高的重要手段之一。美发店应建立服务质量跟踪调查表，定期请客人填写，收集反馈意见。

技术质量跟踪调查表的设计不可太复杂，在不耽误顾客时间、简单明了、针对性强的前提下，将问题以选择式方式提出为宜。

反馈意见收集以后，要注意分析，找出存在的问题，积极采取措施，提高服务质量。

3. 技能训练

为不断提高技术人员的业务能力、技术水平和专业技术语言的能力，使其技术不断更新，进行必要的技能训练是保障和不断提高服务技术、服务质量的重要途径之一。

美发店的店长，应在合理调配人员安排的基础上，每天组织由技术总监和培训老师分别辅导训练的技术课程，并经常组织技术人员参加一些专业技术交流，参加技术知识讲座、技能培训等各种形式的活动，尤其重要的是不断地学习培训，使本美发店技术人员的专业技能和语言始终保持领先的优势。

总之，服务质量的不断提高，既取决于全体员工的基本素质，又依赖于完整

的管理制度，而对于管理制度的严格执行，是提高服务质量的必要条件之一。员工的专业技术、语言、态度是检验服务质量好坏的唯一标准。

4. 服务质量

（1）迎接顾客。迎接顾客时应站在客人前方的一侧，保持适当的距离，自然站立。使用礼貌用语，吐字清楚，语音要轻。

（2）请顾客入座。请顾客入座时应辅以手势，手势要准确，动作自然大方。

（3）服务中的观察与沟通。服务中要注意观察顾客的表情，一定要充分与顾客沟通之后再进行操作。

（4）操作规程。严格按照操作规程操作，动作要规范、轻柔、稳重，操作过程中需要顾客配合时，一定要使用"对不起""请您……"等礼貌用语，配以手势并致谢。

（5）操作中特殊情况的处理。操作中如遇特殊情况必须中断服务的，应及时向顾客说明情况并致歉，在取得顾客同意后采取相应的补救措施。

（6）操作中应注意：不得与他人聊天，不得与顾客谈及他人隐私及议论他人是非。

（7）操作中发生问题的处理。顾客对服务表示不满意或发生冲突时，首先应向顾客表示歉意并及时请示上级进行妥善解决，不得争吵或私下处理。

（8）服务结束。服务结束后结账时，应告知顾客所做项目、价格，确认签字，结账后将账单和找零双手递到顾客手中并致谢、道别。

学习单元3　公共关系

学习目标

● 了解美发企业的公共关系
● 掌握美发的流行趋势

知识要求

公共关系是指组织与公众之间传播沟通关系，即组织与公众环境之间的诚信交流关系。公共关系学是现代社会的产物，随着社会不断开放，市场经济不断繁

荣，民主法治不断完善，信息传播技术不断发展，社会文明程度不断提高，公共关系的社会作用逐步增加，日益成为现代企业不可缺少的一种经营管理方法和手段。

一、美发企业的公共关系

公共关系是指以优化公共环境、树立组织形象为任务的一种传播沟通活动，即运用各种传播、沟通的手段去影响公众的观点、态度和行为，争取公共舆论的支持，为组织的生存和发展创造良好的社会环境。

我国的美发行业是随着社会的不断开放、经济的不断繁荣而迅速发展起来的。企业（即组织）建立良好的公共关系，对自身的生存与在激烈竞争中的发展至关重要。虽说经营美发店是为了盈利，但作为社会的一个组织部分，它同时也担负着服务社会、服务人民群众生活（物质的与精神的）的责任。因此，必须注意自己的公众形象。

1. 树立企业形象

美发店的装潢、舒适的环境、齐备的设施、工作人员文明礼貌的言谈举止、规范周到的服务、精湛的技艺、合理的收费等，将确立其在顾客心目中的地位。

2. 宣传与沟通

企业每一位员工在接待服务中除了切实做好各项服务工作外，还要利用各种方法和手段对企业进行恰当的宣传，扩大对外影响，提高知名度，增加群众的亲和力，这也是树立良好企业形象必不可少的。

企业对外宣传可以通过各种媒介，员工同顾客的沟通则要靠语言及行为。

（1）企业的良好形象和知名度，一方面可以通过各种媒体宣传企业的品牌、服务特点、服务特色，另一方面还可以通过新闻发布会、店庆、节庆等多种形式推出新技术、新创意、新作品，发布新的信息，以加强行业间的交往与联系。

（2）语言是人类交际最基础和最重要的工具，一切人际交往都需要借助语言这一工具来进行。美发行业的经营方式是直接面对面地与顾客接触，美发师与顾客之间借助语言进行信息交流与沟通。因此，文明礼貌的语言、热情诚恳的态度往往能够赢得顾客的信赖。充分进行语言沟通，了解顾客的心理需求是为顾客提供完美服务的基础。与顾客建立良好的关系，给顾客留下良好印象，可以提高顾客的光顾率，增加企业经济效益，而这些工作的开展，均有赖于语言艺术的娴熟运用。

（3）人类交流信息，相互沟通，除了使用语言、文字以及各种媒介外，还要使用体态语言和表情语言。美发师在与顾客交谈时，需要注意对方的肢体语言，特别是表情语言。顾客面部表现出的不同表情构成表情语言，注意观察和捕捉顾客面部情感信息，可方便地了解其心理变化和满意程度，从而提供优质的服务。

3. 理解与支持

美发是人们生活所必需的，但对美发行业、美发工作并非人人都能理解，也并非人人都能以正确的态度来对待。分析其原因，一方面是旧观念的影响，另一方面在行业中也存在少数不良行为，如重大生意轻小生意、以貌取人、某些项目不合理收费等。因此，员工整体素质的提高应引起高度的重视。争取公众的理解和舆论的支持，需要企业员工通过自身的形象去影响、感染公众。

二、美发流行趋势的掌握与分析

改革开放以来，我国人民的生活水平和社会文化事业有了迅速提高和发展，人民对美化生活的要求也越来越高，这些为美发事业的飞速发展和美发技术的不断更新起到了积极推动作用。发型美的趋势向着多层次、多空间、整体美、个性化方面全面发展。随着发展速度的加快和提高，对美发师的技术水平、审美知识的要求也越来越高，如果因循守旧，不加强学习研究就会落伍。作为一名美发师，不仅要具有精湛的美发技艺，还应不断学习，及时了解和掌握美发发展趋势新动向、新理论、新工艺，并在不断总结经验的基础上有所发现，有所发展，有所发明，这样才能真正站在美发技术的最前沿。

1. 捕捉新信息

在了解和掌握当前国内、国外美发发展趋势的基础上，捕捉新信息。信息的掌握是多渠道的，通常有以下几种方法：

（1）参加美发技术比赛交流活动。经常组织美发师参加地区、国家、国际

美发师（五级）第2版

25

性的多种技术比赛交流活动，参加国内外各种技术讲座，参加新工具、新工艺、新产品的推广宣传活动，通过这些活动，能够较直观地获取有关美发发展的信息。

（2）大量收集资料。大量收集资料是信息分析的基础。资料的形式有文章、图片、录像、影碟、幻灯片等，还可以利用高科技手段，运用计算机上网搜寻信息、资料。对收集来的这些信息资料，美发师要从理论上加以分析和整理。

（3）注意观察社会。这里所说的观察社会，是指影响美发变化的一些因素，如服饰的发展对美发的影响，人们审美观念的变化对美发的影响，环境意识的变化对美发的影响等。通过观察社会，了解人们在美发观念上的新动向、新需求，为开发新产品、新发型找准方向。

2. 分析筛选新信息

对众多的信息，首先要进行分类分析，以市场为中心，以顾客的需求为出发点，按不同年龄的需求变化分类，如少年、青年、中年、老年；以不同职业的需求为出发点，按不同职业的需求进行分类；按不同地区、民族的文化习俗进行分类等。通过各种分类分析，了解和掌握各类消费人群美发需求的变化，从中筛选出有价值的信息，结合本地区的情况引进先进的技术，增强为顾客服务的能力。

3. 新信息的应用

美发行业在新信息的应用上已经体现在平时的工作中。在与国外及国内大量的技术交流中，有思想、有头脑、有想象能力的美发师，在参与、观摩中把看到的、学到的技能都应用到自己的美发操作中。现代美发工具用品的不断更新，国外新的美发工具的不断引进，也为美发操作提供了很大的帮助。在美发店的现代管理上，国际国内新的管理模式也在现代信息流通中不断地被应用。所以说，在现代美发业中新信息的应用无形中得到了广泛的普及。

模拟测试题

1. 填空题（请将正确的答案填在横线空白处）

（1）美发服务接待程序是指顾客从进入美发店起至美发完毕离店的_____。

（2）美发服务规范是指美发工作人员必须严格执行的最基本要求，也是美发服务的_____。

（3）在营业时间内，不得在工作区域频繁走动、_____、_____、大声喧哗，影响现场秩序。

（4）企业对外的宣传可以通过各种媒介，员工同顾客的沟通则要靠_____及行为。

（5）公共关系是指组织与公众之间传播_____，即组织与公众环境之间的诚信交流关系。

2. 判断题（下列判断正确的请打"√"，错误的打"×"）

（1）当顾客进店时我们并不能马上判断顾客来意与其需求，所以需要仔细对顾客定位，了解顾客属于哪一类经营者。（　　）

（2）助理工作是按照美发师指示的工作内容，根据操作行程进行工作。（　　）

（3）保持积极态度，树立"顾客永远是对的"的理念，打造优质的行为服务。（　　）

3. 选择题（下列每题有 4 个选项，其中只有 1 个是正确的，请将其代号填在括号内）

（1）美发师在与顾客交谈时，需要注意对方的体态（　　），特别是表情语言。

A. 语言　　　　　B. 动作　　　　　C. 举动　　　　　D. 感觉

（2）美发店应建立服务质量跟踪（　　），定期请客人填写，收集反馈意见。

A. 规划表　　　　B. 调查表　　　　C. 计划表　　　　D. 结算表

（3）营业时间结束前不应拒绝任何（　　）的服务要求。

A. 领导　　　　　B. 店长　　　　　C. 顾客　　　　　D. 同事

（4）在了解和掌握当前国内、国外美发发展趋势的基础上，捕捉（　　）。

A. 新电影　　　　B. 新电视　　　　C. 新网络　　　　D. 新信息

（5）合理调度各岗位人员的工作，提高工作（　　）。

A. 效率　　　　　B. 时间　　　　　C. 成本　　　　　D. 体能

美发师（五级）第 2 版

模拟测试题答案

1. 填空题

（1）全部过程　　（2）标准　　（3）抽烟　打电话　　（4）语言　　（5）沟通
关系

2. 判断题

（1）×　　（2）×　　（3）×

3. 选择题

（1）A　　（2）B　　（3）C　　（4）D　　（5）A

第 3 章　成本核算与行业卫生

第1节　美发经营成市核算

学习目标

● 了解美发企业营业额、费用、利润的关系
● 掌握美发企业的收费制度

知识要求

一、营业额、费用、利润

美发店属于消费服务性企业，企业经营者及每一位员工都直接参与其中并得到利益的回报。在美发服务中，美发师应了解营业额的构成及营业额、费用、利润三者的关系。

1. 营业额

营业额是指美发店在经营过程中所产生的全部营业收入。

2. 费用

费用是指在美发服务过程中所要消耗的物料以及美发店内部的一切费用。按照财务分类规定，费用分为以下三大类：

（1）营业性费用，主要是燃料费、水电费、物料消耗、员工工资及其他可能产生的费用。

（2）管理性费用，有营业额税金、员工的综合保险金、工会经费、房屋租赁费、工商管理费用、治安管理费、物业管理费、修理费等。

（3）财务费用，包括办公用品、银行利息、汇兑损失、每年财务审计费用以及其他可能产生的费用。

3. 利润

利润分为毛利润及净利润，毛利润是指美发收入减去美发师所使用的原料成本后所得的利润，净利润是指美发营业总收入减去美发店全部支出性费用后所得到的利润。

二、营业额、费用、利润核算关系

在美发服务中，营业额、成本、利润之间有如下关系：

成本 + 利润 = 营业额

从这个关系中能够看出，美发店在经营过程中能否取得良好的效益，提高营业额和合理控制成本性费用是两个重要的因素。从两个方面来计算，一是美发人次的平均成本计算，每人次所支出的相关费用。计算方法是把每个月的美发总人次除以每月总费用的支出，得出的是平均每人次美发费用的支出。二是费用标准计算，平均每人次美发费用加上税率、利润率的比例，等于平均每人次美发收费标准。

在美发服务过程中，要求美发师严格按照美发用品的用量规定，对美发用品的使用进行准确控制，并通过当日营业收入和美发用品消耗成本核算情况及时发现问题。如果材料成本偏低，有可能存在质量问题，而如果材料消耗成本过高，表明存在着浪费现象，合理地解决好这些问题是增加利润的关键。

三、收费制度

美发店的服务与收费是美发经营活动中的两个重要环节，收款数额即为当日总的营业收入。收费的方法应以方便顾客为主，制定环节紧凑、责任明确的制度为原则。

美发店应采用柜台集中收费的方式，设立收费处，由专人收费，顾客应先接受服务，美发服务全部结束后再付费。当顾客在接受服务完毕后，由服务人员按顾客所服务的项目及明码标价的收费标准确定收费总额，并认真填写收费服务单，然后陪同顾客到收费处交费，由收费处的收款员签字确认。这种收款方式可以结算服务收入和计算服务人员个人的劳动收益，具有计算方便、职责分明等优点。

第 2 节　美发行业卫生知识

学习目标

● 了解美发行业卫生知识

美发师（五级）第 2 版

- 熟悉美发行业卫生要求
- 掌握美发店打扫卫生方法

知识要求

美发店是美化修饰、设计制作发型的专业场所。美发店的环境卫生、美发师个人卫生、工具消毒等状况的好坏，直接影响到美发企业的发展以及消费者与美发师的身体健康。因此，一个舒适、明亮、清洁、幽雅的环境，以及经过严格消毒的设备及工具是保障美发店正常、顺利开展经营活动的必备条件。

一、环境卫生

美发店的环境卫生非常重要。一家装潢华丽高雅的美发店会给顾客以赏心悦目的感觉，但是如果这家美发店的门前卫生或店堂卫生状况不佳，也会使顾客望而却步。搞好美发店的卫生不仅是对顾客健康负责，也是对美发师的健康负责。为了使美发店具有并保持良好的环境卫生，美发店应制定严格的环境卫生管理制度和相应的实施措施，设置专岗，专人负责环境卫生工作，定期、定时、定点及时清扫、整理。培养员工养成良好的个人卫生、环境卫生习惯，并应随时提醒顾客注意保持环境卫生，制定明确的奖罚制度，以保证卫生环境处于良好状态。

1. 室内空气卫生

美发店的室温过低或过高，均会使人感到不适。对室温的调节无论采取什么方法，都应保持在 22～26℃。由于美发所使用的各种用品都含有化学成分，有些还具有刺激性气味，再加上众多人员的体味、呼吸等，因而极易造成场所内空气的污染。通风换气可以减少空气中污染物的含量，但净化空气若仅靠自然通风往往达不到需要的效果，因此要安装换气装置。但在使用时也应考虑换气对室温的影响而采取不同的措施。

2. 室内环境整洁

美发店室内的各种物品、设施应在营业前打扫干净，摆放整齐。地面应每天清理，营业中随脏随扫，保持全天干净整洁。保持墙面、天花板无浮灰，窗帘、沙发套、台布等要勤换洗。剪下的碎发随时清扫干净，避免传播细菌，室内不应有害虫，不能在营业场所养宠物，猫、狗等动物不能带入营业区。

3. 设备、工具、洁具用品保持清洁

每天擦拭美发用具、仪器设备，保持清洁。对美发用品、用具、工具、仪器设备有规律地摆放整齐。洗头盆要随时擦洗干净，不能有污垢残留在池边。围布、毛巾及凡是接触顾客肌肤的用品必须保持清洁，不能重复使用。

二、个人卫生

美发师个人的卫生在顾客的心目中十分重要。作为一名美发师在工作中要时刻注意自己头发是否干净、凌乱。女美发师是否带妆（淡妆）上岗；男美发师是否胡子邋遢，指甲是否修剪整齐，口中是否有异味，这些问题在日常工作中和对顾客服务时都必须要注意到。作为现代美发师，应该在工作时保持一贯的优良状态，干净利落的形象和具有个性的着装，体现了美发师自我素质和文明礼貌。

三、工具消毒

在国务院颁布的《公共场所卫生管理条例》中明确规定，理发工具应有专人消毒，坚持做到"一客一换一消毒"。并且配备足够数量供消毒周转使用的理发工具，同时做到不同的用具采用不同的消毒方法。

1. 工具、用具消毒

将清理干净的工具、剃刀、剪刀、电推剪采用浓度为75%的酒精棉球擦拭或浸泡（电推剪不能浸泡），若再用酒精灯的焰火烧烤若干次效果更佳。梳子、刷子等工具的消毒可放入浓度为3%的来苏尔溶液，浸泡15 min后拿出晾干即可。此法简单易行，腐蚀性小，消毒效果较好。但此法消毒略带异味，在浸泡后要用清水冲洗一下，去除药液后晾干，可除去异味。另外，利用紫外线消毒法更方便。紫外线消毒箱内上下各有一根灯管，工具放入内照射30 min即可。如果紫外线消毒箱内只有一根灯管，则需要正面消毒后再把工具翻过来消毒反面，这样才能达到消毒的目的。

2. 棉织品消毒

采用"一客一换"的消毒方法，采取煮沸消毒或蒸气消毒。煮沸消毒时，

美发师（五级）第2版

先把毛巾洗净拧干后放入沸水中煮 15~20 min，温度应为 100℃以上，并多次翻动，使沸水能煮到所有的表面。蒸气消毒时，毛巾洗净拧干后放入蒸箱内经过 20~30 min 的消毒，才能使用。还有一种消毒方法是药物浸泡消毒，将毛巾放在 0.25%~0.5% 的洗消净溶液中浸泡 15 min，再用清水洗净，也可以起到消毒作用。

3. 消毒液的存放

消毒液应储存于阴凉、干燥处，容器上应有标签，以免与其他化学药品混淆。注意消毒剂的有效期限，必须做到专人负责保管，定期更换。

此外，对于有皮肤病的顾客，应该设有专用理发工具、毛巾和围布，在消毒时与其他工具分开，避免传播细菌。

模拟测试题

1. 填空题（请将正确的答案填在横线空白处）

（1）美发店属于消费服务性企业，企业经营者及每一位员工都直接参与其中并得到_____。

（2）费用是指在美发服务过程中所要消耗的物料以及美发店内部的_____。

（3）美发店室内的各种物品、设施应在营业前_____，摆放整齐。

（4）_____的方法应以方便顾客为主，制定环节紧凑、责任明确的制度为原则。

（5）对室温的调节无论采取什么方法，都应保持在_____之间。

2. 判断题（下列判断正确的请打"√"，错误的打"×"）

（1）紫外线消毒箱内上下各有一根灯管，工具放入内照射 45 min 即可。（　　）

（2）地面应每天清理，营业中随脏随扫，保持全天干净整洁。（　　）

（3）围布、毛巾及凡是接触顾客肌肤的用品必须整齐堆放，不能重复使用。（　　）

（4）毛巾放在 0.25%~0.5% 的洗消净溶液中浸泡 15 min，再用清水洗净。（　　）

（5）营业性费用，主要是燃料费、水电费、物料消耗、员工工资及其他可能产生的费用。（　　）

3. 选择题（下列每题有4个选项，其中只有1个是正确的，请将其代号填在括号内）

（1）财务费用，包括办公用品、银行利息、汇兑损失、每年财务审计费用以及其他可能产生的（　　）。

　A. 费用　　　　　　B. 作用　　　　　　C. 支出　　　　　　D. 收入

（2）美发店应制定严格的环境卫生管理制度和相应的（　　），设置专岗，专人负责环境卫生工作。

　A. 室内装潢　　　　B. 实施措施　　　　C. 门前卫生　　　　D. 招牌规范

（3）（　　）是指美发营业总收入减去美发店全部支出性费用后所得到的利润。

　A. 营业额　　　　　B. 消费　　　　　　C. 净利润　　　　　D. 抵用券

（4）顾客应先接受服务，美发服务全部结束后再（　　）。

　A. 送客　　　　　　B. 说再见　　　　　C. 关门　　　　　　D. 付费

（5）营业额是指美发店在经营过程中所产生的全部（　　）。

　A. 营业收入　　　　B. 小费　　　　　　C. 押金　　　　　　D. 产品收入

模拟测试题答案

1. 填空题

（1）利益的回报　　（2）一切费用　　（3）打扫干净　　（4）收费

（5）22～26℃

2. 判断题

（1）×　　（2）√　　（3）×　　（4）√　　（5）√

3. 选择题

（1）A　　（2）B　　（3）C　　（4）D　　（5）A

美发师（五级）第2版

第4章 人体头部生理基础

Meifashi

美发工作是一项集技术性、创造性、艺术性为一体的工作。美发师想要为顾客设计出集潮流、优美、典雅的发型，首先要了解人体头部的生理知识，掌握人体皮肤、毛发、脸型、头型生长情况。对这些知识深刻理解并掌握，就能根据不同顾客的生理特征，对其进行有针对性的技术设计和技术操作，创造出优美的发型。

第1节　皮肤、毛发知识

学习目标

● 了解皮肤、毛发的知识
● 熟悉皮肤、毛发结构
● 掌握皮肤、毛发的特性

知识要求

一、皮肤的构成

皮肤为人体的最大器官，覆盖在人体全身的表面。成人的皮肤面积达到 $1.5 \sim 2.0 \ m^2$，质量占人体总质量的 15% 左右，其厚度在 $0.5 \sim 4 \ mm$。但根据部位、性别、年龄的不同其厚度各有差异。人的皮肤最厚处在手掌、足底、背部、颈部，最薄处在眼睑。女性的皮肤比男性、少儿、老人要薄一些，主要表现为柔软、红润、有光泽；青年人的皮肤较为细腻、滑嫩，富有弹性，显得健壮。

皮肤表面有很多纤维，形成纵横交错的皮纹。皮纹最明显处是手掌、手指、脚掌、脚趾、四肢关节、面部，尤其是手指末端（称为指肚）、侧掌面的皮纹整齐而规则，称为指纹。每个人的指纹形状各不相同而且终生不变。

1. 皮肤的结构

皮肤也是人体重要的感觉器，最为敏感的是手指、掌面。皮肤受外界环境刺激后，通过感觉神经和传导束传至神经中枢，经大脑皮质的分析综合作用后，会产生冷、热、痛等感觉。

皮肤结构解剖图如图4—1所示。

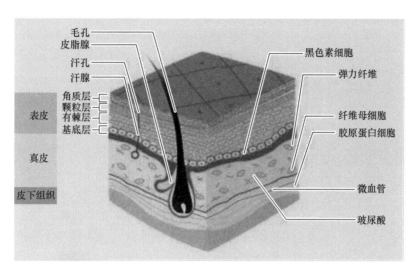

图4—1　皮肤结构解剖图

皮肤组织的构成见表4—1。

表4—1　　　　　　　　　　　　皮肤组织的构成

皮肤组织	构成	描述
表皮：表皮由角化的扁平的上皮构成，也就是皮肤最外面一层。各部位的表皮厚薄不等，厚度大约在0.07～0.12 mm之间，手掌和足底的表皮最厚。表皮由五个层面构成，从上往下为角质层、透明层、颗粒层、有棘层和基底层	角质层	一般由几层至几十层扁平无核的角质细胞组成。细胞互相交错重叠，呈平板状，形成一个完整的半透明膜。其深层的细胞相互紧密连接，表面的细胞彼此连接不牢，逐渐会慢慢脱落，形成我们日常所见的皮屑。角质层具有一定的硬度，耐摩擦，能起到防止细菌感染和抗腐蚀的作用
	透明层	位于颗粒层的浅层，由2～3层扁平无核细胞组成，它在黏合细小物体时具有丰富的磷脂蛋白
	颗粒层	位于有棘层的浅层，有2～4层菱形细胞组成。这些细胞几乎接近死亡，正要蜕变成角化细胞。细胞内含有细小颗粒状物，有折射光线作用，可以减少紫外线射入体内
	有棘层	位于基底的浅层，由4～10层多边形细胞组成，棘细胞有分裂的能力，参与创伤的愈合

续表

皮肤组织	构成	描述
	基底层	是表皮的最深层，借基膜与深面的真皮相连。基底层由1~2层矮柱状细胞构成。细胞质中含有黑色素颗粒。黑色素颗粒是由人体内溶酶体分解后的产物——残质体在此类细胞中形成的一种色素。人体皮肤内黑色素颗粒的多少、大小决定着皮肤颜色的差异。黑色素细胞密度随部位的不同而产生深、浅皮肤的颜色。黑色素细胞能吸收和散射紫外线，使皮肤深层组织免受紫外线的辐射。当黑色素细胞被破坏或功能异常时，皮肤就会出现白癜风。若黑色素细胞受到刺激，功能亢进，则会出现黄褐斑等。决定皮肤颜色深浅的最重要因素之一是皮肤中含黑色素颗粒的多少，也就是说外界紫外线照射越强，黑色素细胞分泌的黑色素越多。夏季日光照射时间长，皮肤中黑色素细胞产生得就多，皮肤的颜色就会变得深；冬季日光照射时间短，皮肤中的黑色素细胞产生得少，皮肤就会显得白
真皮：真皮位于表皮下面，由致密结缔组织构成，它比表皮厚10倍左右。真皮分为上下两层，上层为乳头层，下层为网状层。由于真皮中分布有血管、神经末梢，碰破了就会出血	乳头层	真皮与表皮相接处，伸出许多突出的乳头，叫真皮乳头，称为乳头层。乳头层内有许多小血管、淋巴管及神经末梢。乳头层主要由胶原纤维构成。胶原纤维韧性大，伸缩性强，使皮肤有一定的伸展性
	网状层	乳头层的深处叫网状层，其中有皮脂腺、汗腺和毛囊，它有分泌汗液、调节体温和水分、排泄废物、分泌皮脂等作用。真皮乳头层下方有许多弹力纤维组成的网状层，与皮肤的弹性有关，如果真皮中弹力纤维组织减少，皮肤的弹性、韧性就会下降，导致皮肤萎缩、变薄，容易产生皱纹
皮下组织		在真皮的下面，由疏松结缔组织即脂肪组织构成，所以又称脂肪层。皮肤真皮向皮下组织伸出许多大小不等的胶质纤维，使皮肤与皮下组织牢固地结合起来。皮下组织内有皮下血管和神经的主干、神经末梢、毛束及皮脂腺。由于脂肪的多少也形成皮肤的厚薄，所以皮下组织也受人们年龄、营养状况、内分泌等影响而变化。皮下组织也是热的绝缘体及储藏热能的仓库，可保温防寒并缓解外来的冲击。适度的皮下脂肪可使人显得丰满，皮肤细腻、柔嫩、红润光泽、富有弹性，显现出人体美的质感和动感

续表

皮肤组织	构成	描述
皮肤附属组织	汗腺	汗腺位于真皮和皮下组织内，直接开口于表皮。它遍布全身，手掌心、腋窝、足底最多。通过汗腺的分泌，除可散热和调节体温外，还有排泄废物的作用。汗腺中含有较多的氯化钠，人体大量出汗后，应及时适量补充盐分。汗腺分为小汗腺和大汗腺两种。小汗腺分布于全身（唇与指甲外），大汗腺主要分布在腋窝、乳晕、外阴部和肛门周围、耳朵外部等处。在分泌物较浓稠时，经细菌作用可产生臭味，俗称狐臭
	皮脂腺	人体表面除手掌及足掌底外，各处的皮肤均有皮脂腺。腺体为囊泡状，位于真皮和毛囊连接处，其导管开口于毛囊。皮脂腺分泌皮脂，具有滋润和保护皮肤及毛发的作用，还有杀菌的功能。如果头部长期皮脂腺分泌过多，会形成脂溢性脱发。反之皮脂分泌过少，会引起头发干枯、易折、失去光泽。如皮脂腺的导管被堵塞，会患疖肿。而毛囊和皮脂腺等化脓性炎症，造成皮脂滞留而形成皮脂腺囊，即粉瘤。毛囊和皮脂腺受细菌感染而引起的急性炎症，称为疖，它们的产生都会影响到皮肤的美观
	指（趾）甲	位于手指末端、足趾前端，是表皮角质层增厚而形成的半透明板状结构，露在外面部分称为甲体，甲体的深层称为甲床，藏在皮肤深层部分称为甲根，甲根的深部为甲母质，它是指甲的生长点，千万小心不可破坏甲母质。指（趾）甲的颜色、形态及表面光洁度与人身体健康状况、生活环境有关。一般健康人的指（趾）甲光洁，白里透红，给人以美感。指（趾）甲的主要功能是保护指（趾），它可帮助手指完成各种较精细的动作
	毛发	

2. 皮肤的功能

　皮肤是人体最重要的组成部分之一，主要有保护、分泌、排泄、吸收、感觉、调节体温及再生等功能。

　（1）保护作用。皮肤覆盖全身体表，皮肤表皮的角质层富有弹性和柔软性，它既能防止体内水分及其他物质的丢失，又能抵御外界的各种侵袭，阻止有害物的入侵。表皮各层坚韧而紧密相连，构成保护屏障的基础。特别是角质层，细胞

膜增厚，具有明显的保护作用。因此，表皮能抗酸、抗碱、耐摩擦，并阻挡病原体的入侵。皮肤表面有一层汗和皮脂分泌而形成的酸性薄膜，使皮肤呈弱酸性，pH值为4.5~6.5，对皮肤起到净化作用，防止化学物侵蚀和被细菌感染。因此，皮肤是人体的第一道防线，对机械性刺激及化学物质具有防护能力。皮肤经常摩擦的部位会增生肥厚，出现老茧，这是皮肤角化层的保护作用。皮肤的黑色素能防止紫外线对身体的刺激和损伤。

（2）调节体温作用。人体正常体温在37℃。为了保持人体的正常体温，维持正常生命，皮肤起到了重要的调节作用。体温的调节有两种方法：一是通过血管调节体温。当体温上升时，主要靠皮肤来散热，皮肤通过汗腺的发汗量及毛细血管的血流量加快、血量的增多等来降低体温。体温增高时，皮肤血管扩张，血流增加，汗液分泌增多，促进热量散发。二是通过蒸发汗液调节体温，皮肤表面的汗液水分蒸发，可降低体温。

（3）感觉作用。皮肤内分布着很多种神经组织，对外界的感觉十分灵敏，它不仅具有触觉、冷觉、热觉、痛觉等感受，还具有干湿、软硬、平滑、粗糙等复合感觉。人体皮肤各个部位感觉敏感度有很大差别，有强有弱，像指端、嘴唇、乳头等处感觉就特别灵敏。

（4）表情作用。皮肤是人体表面的器官，它受外界和人体内部的影响，血管扩张和收缩，反映人的精神。通过表情肌的活动，能够反映了人们喜、怒、哀、乐的情绪变化。

（5）分泌与排泄作用。皮肤的汗腺可分泌汗液，皮脂腺可分泌皮脂。皮脂在皮肤表面与汗液混合，形成乳化皮脂膜，滋润保护皮肤及毛发。皮肤通过出汗排泄体内代谢产生的废物，如尿酸、尿素等。

（6）吸收功能作用。皮肤并不是绝对严密无通透性的，它能够有选择地吸收外界的营养物质。皮肤直接从外界吸收营养的途径有三条：①营养物渗透过角质层细胞膜，进入角质细胞内；②大分子及水溶性物质有少量可通过毛孔、汗孔被吸收；③少量营养物质通过表面细胞间隙渗透进入真皮。

（7）新陈代谢作用。皮肤细胞有分裂繁殖、更新代谢的能力。皮肤的新陈代谢功能在晚上10点至凌晨2点之间最为活跃，在此期间保证良好的睡眠对养颜大有好处。皮肤作为人体的一部分，还参与全身的代谢活动。皮肤中有大量的

水分和脂肪，它们不仅使皮肤丰满润泽，还为整个肌体活动提供能量，可以补充血液中的水分或储存人体多余的水分。皮肤是糖的储库，能调节血糖的浓度，以保持血糖的正常。

3. 健康的皮肤

健康的皮肤有张力、弹性、光泽，并且湿润，但随着年龄的增长，皮肤会明显衰老。皮肤老化的明显特征就是皱纹，这是由于皮肤表皮的弹力纤维萎缩，胶原纤维的变化及皮下脂肪的萎缩等原因造成的。当然，这种生理变化受到年龄、季节、营养状况、内脏病态等的影响。年轻健康的皮肤可由自身调节，但超过其界限就必须使用化妆品进行人工调节。保养皮肤的意义就在于此。

（1）皮肤的弹性。在正常情况下，皮肤的真皮层有弹力纤维和胶原纤维，皮下组织有丰富的脂肪，使皮肤富有一定的弹性，显得光滑、平整。而随着年龄增长或身患疾病，皮肤逐渐老化，真皮层萎缩变薄，皮肤的弹力纤维和胶原纤维退化变性，弹力减低，透明质酸减少，皮肤就失去弹性，皮肤松弛，出现皱纹。

（2）皮肤的湿润。真皮内有丰富的血管及淋巴管，是人体中仅次于肌肉的第二大"水库"。保持皮肤的湿润是皮肤滋润有光泽的前提，对保持皮肤的营养，防止皮肤干燥、出现皱纹均有重要作用。

（3）皮肤的色泽和纹理。皮肤的颜色随颜色种族不同而异，有白、黄、棕、红、黑等不同颜色。这主要是由皮肤所含色素的数量及分布不同所致。

（4）皮肤的清洁和活力。皮肤应当没有污垢、污点，经常保持清洁状态。

（5）皮肤正常并能耐老。正常的皮肤应当不敏感、不油腻与不干燥。

总之，美的皮肤应该是健康的皮肤，红润有光泽，柔软细腻，结实富有弹性及活力，既不粗糙又不油腻，有光泽感而少有皱纹。

二、毛发的类型和构造

随着社会的不断进步和经济的发展，人们的生活水平和生活质量不断提高，追求美的欲望也越来越高。如今，美容美发已成为人们生活中必不可少的一项内容。每一个人都希望拥有一头飘逸亮丽的秀发，来体现自身精神面貌和个性特征。若要让人们都拥有一头秀发，作为一名优秀的美发师首先必须掌握和了解头发的种类、性质、特征及毛发的流向知识，以便更好地为顾客设计出美观、大

美发师（五级）第2版

方、时尚、自然、富有个性的发型，把人们的生活装扮得更美好。

毛发是皮肤的附属物，毛发是不能离开皮肤而独立生存的。在整个人体的表面，除手掌、足底及嘴唇外，大部分都被毛发覆盖。

1. 毛发的类型

人体的毛发可分为软毛和硬毛两种，它们分别生长在不同的部位。

（1）软毛。指面部的汗毛、颈部的细毛、躯干及四肢等部位的毛发，俗称汗毛。软毛颜色较淡、细软、短小。

（2）硬毛。指头发、眉毛、睫毛、胡须、腋毛等。硬毛颜色较浓、粗硬，并有长短之别，其中头发最粗、最长。

2. 毛发的结构

（1）毛发的生理构造。如图4—2所示，毛发分为毛杆和毛根两部分，毛杆是露在皮肤以外的部分，毛根是埋藏在皮肤内的部分。毛根由毛囊包裹，毛囊为一管状鞘囊，由内向外分为内根鞘和外根鞘两层。毛囊末端膨大成球形，称为毛球。毛球是一群增殖和分化能力很强的细胞，这些细胞为毛发本身和毛囊内根鞘的生长点。毛球底部凹陷处，含有结缔组织，连接着毛细血管和神经纤维的毛乳头，为毛发输送营养，是毛发生长的重要条件。如果毛乳头因营养缺

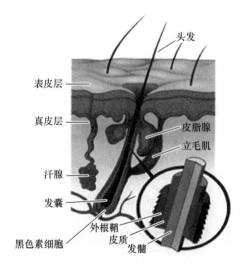

图4—2　毛发生理构造解剖图

乏或被损坏退化，毛发即会停止生长并逐渐脱落。毛乳头是毛发和毛囊的生长点，毛乳头含有毛母质细胞。毛母质细胞间的黑色素细胞能将色素输入到新生的毛根上，从而形成毛发的颜色。毛发与皮肤表面成一定角度，在锐角侧有一条斜向的平滑肌束，名为主肌。它一端附于毛囊，另一端位于真皮的浅部。立毛肌受交感神经的支配，在寒冷、恐慌、愤怒时可以收缩而使毛发竖直，使皮肤呈现"鸡皮状"。

（2）毛杆的结构。毛杆呈圆柱状，亦有呈扁柱状的。毛杆从其横截面看（如图 4—3 所示）可分为表皮层、皮质层和髓质层三层。

1）表皮层。是一层半透明、呈鱼鳞状叠排的薄膜，由许多扁平的鳞片状角化细胞组成，起着保护头发的作用（见图 4—4）。健康的表皮层会使头发呈现天然的光泽，表面平滑。

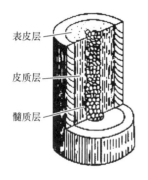

表皮层

皮质层

髓质层

图 4—3　毛杆横截面解剖图

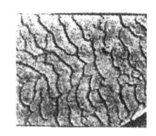

图 4—4　毛杆的表皮层

2）皮质层。是由柔软的蛋白质及角化的菱形细胞构成。头发的水分和色素细胞都由这部分控制。其中美拉宁色素颗粒控制着头发的韧性、弹性、柔软性、颜色深浅、粗细和形状等特征。

3）髓质层。位于头发的中心，由极柔软的蛋白质及含有色素的多角形细胞构成，也是毛发的轴心。

三、毛发的物理特征

毛发的生命周期可分为生长期、退行期和静止期三个时期。毛发到了一定时期就会自然脱落，而后又生出新的毛发。毛发不是无限制地生长，也不是连续生长的，毛发的新陈代谢是有一定的周期的，人体不同部位的毛发生长周期也各不相同。头发的生长期一般为 2～6 年，最长的可延续 25 年，退行期约为数周，静止期为 4～5 个月，而后就会自然脱落。人体的毛发一般约有 5% 处于休止状态，这部分头发最容易脱落。正常人每天脱落头发约 50～100 根，是头发新陈代谢的正常现象。毛发中头发的生长期最长，休止期最短。头发的生长受人体健康状况影响而有快有慢，平均每日生长 0.3～0.4 mm，一般头顶部头发比头侧部头发

生长得快。成年人的头发数量为 10~15 万根，其中大约有 95% 的头发处于生长期，保持了头发的正常数量。

1. 生长期

以平均每天 0.3~0.4 mm 的速度生长。

2. 退行期

生长速度缓慢及停止生长。

3. 静止期

毛发细胞死亡，头发开始自然脱落。

一般来说，每根头发大概 2~6 年的寿命。在正常情况下，头发每天脱落约 50~100 根。头发出生率和死亡率是相同的，也就是说每掉一根，就会有新头发代替。

四、毛发的流向

除睫毛外，毛发都是按一定角度生长的，一般是斜形生长。斜角度面为 25°~50°，角度的大小因生长的部位不同而各有差异，形成毛发生长的流向。毛发根据生长的角度和生长的部位可分为 5 种：面部额前部软毛，是自上而下向耳鬓两侧倾斜生长的；眼眶上腺的软毛，是自下而上分左右向外侧生长的，与眉毛连接；而下缘软毛则与颊部软毛相接，沿鼻梁两侧自上而下向外生长；鼻部软毛由鼻梁两侧呈弧形向中间生长；胡须一般都是自上而下生长的，嘴唇下端的胡须沿外侧向中间聚拢；头发的生长方向一般为额部与顶部向前，略为倾斜，两侧与后脑部分则是自上而下生长，每个人的头顶部都有一个（或两个至三个）成螺旋形的"发涡"。发涡周围的头发呈环形，斜着向外按顺时针或逆时针方向生长，也有的发涡生长在别的部位，造成局部发流变化，还有极少数人的毛发是与皮肤呈直立状生长的。

五、毛发的特征

头发的种类很多，因地区、性别和年龄的不同而各有差异。

1. 头发的颜色和形状

头发的颜色，主要是由毛干（发干）发质层细胞中色素颗粒含量的多少而定，不同地区、不同民族的人，头发的颜色各不相同。黄种人（亚洲裔人群）头发大多为黑色，白种人（欧洲裔人群）头发一般是棕色或金黄色，黑种人（非洲裔人群）头发一般是深棕色。头发的形状也因民族的不同而不一样，从头发的横切面上可以看出形状：亚洲裔人群的头发是平直的，横切面一般都是圆形；欧洲裔人群大部分头发为波浪状，称为卷发，头发的形状是卵圆形；非洲裔人群（黑人）头发的形状是扁形的。

2. 头发的粗细

头发的粗细因年龄、性别及健康状况的不同而有差别，正常成年人的头发粗细一般在 0.06～0.1 mm，大约平均在 0.08 mm。头发的粗细通常可分为粗发、一般发、细发三种。粗发直径约 0.1 mm 以上，一般发直径为 0.06～0.08 mm，细发直径为 0.04～0.05 mm。同一个人的头发生长在不同部位，粗细也不一样，总体来讲后脑部头发较粗，顶部头发最细。

六、毛发的病理现象

1. 头皮屑

头皮屑是因头部皮脂腺分泌和表皮角质层的新陈代谢作用而产生的，一般情况下与头发无直接关系，每个年龄段的人都有，属正常的生理现象。但如果头皮屑过多，头皮奇痒难耐，则是病理现象。

（1）造成头皮屑的原因。过于疲劳，油脂分泌过多，洗头次数太多，用碱性大的洗发液反复刺激头皮，服用或注射过多的药物等。

（2）护理方法。头皮屑一般不需要药物治疗。应注意正确选用洗发、护发用品；常洗头，但不过勤，洗头时多用清水冲洗几遍，逐步使皮脂分泌趋于正常。

2. 干枯、发梢分叉

造成干枯、发梢分叉是因发质长期受损，长时间缺乏蛋白质。

（1）造成干枯、发梢分叉的原因有：当人体过度疲劳或因各种因素造成营

美发师（五级）第 2 版

养不良时，都会出现皮脂腺分泌不够，使头发缺乏滋润。在头发的护理、修饰过程中，过多地采用不恰当的物理、化学处理方法，如频繁地吹头、吹风过热，长期选用碱性过强的洗发液或频繁地染发、漂发、烫发等，均会破坏发质，使头发长时间缺乏蛋白质。

（2）护理方法：注意劳逸结合，合理调节饮食结构，多吃含碘、富含维生素A及动物蛋白质的食物，正确选用洗发、护发用品，少染发、漂发、烫发，减少吹发的次数，经常做焗油护理。通过上述方法，就能有效改变头发干枯的现象。

3. 脱发

健康的人每日脱发50～100根。但是，大量脱发，或在短时间内头发变得稀疏，甚至形成秃顶，就属于不正常的情况了。

（1）造成脱发的原因有：长期服用某种药物而对身体形成定向刺激，新陈代谢紊乱，体内维生素缺乏，以及荷尔蒙分泌不平衡等。

（2）护理方法：减少外界的各种刺激；调节吸收及内分泌功能；经常做头部按摩，调节其血液循环及新陈代谢状况；适当选用头发营养剂。

4. 斑秃

斑秃发病突然，甚至一夜之间就会突然脱落一片头发。起初面积可能仅有蚕豆大小，界限分明，但边界上的发根松动，稍动便脱落，而且随着面积的逐渐增大可从一片增为数片，甚至互相连接形成大片斑秃。斑秃属病理现象，是一种慢性疾患，其病程数月至数年不等。

（1）斑秃的发病原因多数是身体内部因素所致，如强烈的精神刺激，内分泌失调，营养不良，慢性疾病等。

（2）护理方法：适当调节吸收、分泌功能，劳逸结合，保持良好的精神状态与愉快的心情。

5. 早白

"早白"也就是我们常说的"少白头"。人到中年以后，头发开始由黑逐渐变白，这是由于体内的生理机能逐渐衰退、黑色素颗粒减少所致，属正常的生理现象。但有些中青年，甚至青少年也有白发的现象，在医学上称之为营养性毛发失色症。

头发颜色的深浅取决于色素细胞是否分泌及分泌多少黑色素颗粒。如果由于某种原因使色素细胞减少分泌，甚至不分泌黑色素颗粒，或者由于某种障碍，使黑色素颗粒不能顺利地运送到毛发的皮质细胞或其间隙，就会出现头发早白的现象。

（1）造成上述现象的原因，多数是营养不良、精神压力过大、环境污染或遗传因素。

（2）护理方法：一是从身体、营养、精神状态进行调节；二是通过染发改变其白发状态。

第2节　头发的日常护理

学习目标

- 了解健康头发的必备条件
- 掌握头发保护的方法

知识要求

一、正常健康头发的必备条件

1. 洁净

头皮内的皮脂腺、汗腺分泌出的物质和大气中的尘埃及微生物，都会增加头发间的摩擦，伤害头发。所以，保持头发的洁净是健康头发的基本条件。

2. 健康

良好的发质，从发根至发梢都呈亮泽、柔顺、有弹性，健康的发质最重要。

3. 无头皮屑

在拥有健康、呈弱酸性酸罩保护下的头皮上没有头皮屑，它意味着拥有健康平衡的头部皮肤。

4. 柔顺

飘逸柔顺、没有分叉和打结，轻轻松松一梳到底。

美发师（五级）第2版

49

5. 滋润，富有弹性

亮丽、滑润、富有弹性，易于造型，易于梳理。

二、头发保护

即使是健康的头发，如果过多地染发、烫发，太阳暴晒时间过长，游泳等出现损伤，也会造成发尾逐渐多孔、干燥、变黄。为此，要想使头发保持并恢复弹性，使头发紧密、柔亮，就必须对头发加以保护。

1. 油性发质

这种头发最大的特点就是油脂腺分泌过多，自然油脂与水分过多，比例不协调。洗发时要用 pH 值偏高的强碱性洗发液，才能彻底清除多余的油脂，将头发清洗干净。勤洗头发可改善油性发质。

2. 干性发质

干性发质与油性发质相反，缺少油脂和水分。洗发时应选用干性发质专用的洗发和护发用品，最好的护理方法是早晚按摩头皮，这样可以促进头发的新陈代谢，修复皮脂腺，促使油脂分泌正常。做定期的焗油，可以加强头发的保护。

3. 中性发质

中性发质是一种最为理想的头发。在日常生活中，为保持原有的状态不受外来因素的影响，在正确的洗发过程中，选择中性的洗发和护发产品即可达到目的。

4. 受损发质

由于烫染、强光下的日照和吹风机的高温长时吹梳等因素，头发比较干燥、枯黄，容易折断。护理时要使用弱碱性或酸性洗发水和酸性较强的护发素，并定期焗油以加强头发的保护。

模拟测试题

1. 填空题（请将正确的答案填在横线空白处）

（1）皮肤也是人体重要的感觉器，最为敏感的是_____、掌面。

（2）正常人每天脱落头发约_____根，是头发新陈代谢的正常现象。

（3）良好的_____，从发根至发梢都呈亮泽、柔顺、有弹性，健康的发质最重要。

（4）汗腺中含有较多的氯化钠，人体大量出汗后，应及时适量补充_____。

（5）造成干枯、发梢分叉是因发质_____，长时间缺乏蛋白质。

2. 判断题（下列判断正确的请打"√"，错误的打"×"）

（1）毛发是肌肉的附属物，毛发是不能离开皮肤而独立生存的。（　　）

（2）基底层是表皮的最深层，借基膜与深面的真皮相连。（　　）

（3）毛发的生命周期可分为生长期、静止期和退行期三个时期。（　　）

（4）除睫毛外，毛发都是按一定角度生长的，一般是竖形生长。（　　）

（5）真皮位于表皮下面，由致密结缔组织构成，它比表皮厚100倍左右。（　　）

3. 选择题（下列每题有4个选项，其中只有1个是正确的，请将其代号填在括号内）

（1）真皮分为上下（　　），上层为乳头层，下层为网状层。

A. 一层　　　　　　B. 两层　　　　　　C. 三层　　　　　　D. 四层

（2）皮肤具有调节体温作用，人体正常体温在（　　）。

A. 36℃　　　　　　B. 36.5℃　　　　　C. 37℃　　　　　　D. 37.5℃

（3）皮肤的黑色素能防止紫外线对身体的刺激和（　　）。

A. 挫伤　　　　　　B. 扭伤　　　　　　C. 灼伤　　　　　　D. 损伤

（4）成人的皮肤面积到达（　　）。

A. 1.5～2 m² 　　B. 1.4～2 m² 　　C. 1.3～2 m² 　　D. 1.2～2 m²

（5）皮肤的功能主要有保护、分泌、排泄、吸收、感觉、（　　）及再生等功能。

A. 调节水分　　　　B. 增加养分　　　　C. 调节体温　　　　D. 调节情感

模拟测试题答案

1. 填空题

（1）手指　　（2）50～100　　（3）发质　　（4）盐分　　（5）长期受损

美发师（五级）第2版

2. 判断题

(1) × (2) √ (3) × (4) × (5) ×

3. 选择题

(1) B (2) C (3) D (4) A (5) C

第5章 美发工具、电器设备及用品

第1节　美发工具的种类、性能和用途

学习目标

● 了解常用美发工具用品的种类
● 掌握常用美发工具用品的性能和用途

知识要求

一、美发工具的种类

1. 修剪（推剪）梳理类工具用品

修剪（推剪）梳理类工具用品有围布、毛巾、喷水壶、掸刷、剪刀、锯齿剪（牙剪）、电推剪、剪发梳、小抄梳、发梳、削刀、剃刀（刮脸修面用）和后视镜等。

2. 吹风梳理类工具用品

吹风梳理类工具用品有各种不同形状的发梳（包括排骨刷、滚刷、九行梳、钢丝刷等）、吹风机（包括有声吹风机、无声吹风机、大吹风机等），以及塑料卷发筒、电热卷等。

3. 烫发类工具用品

烫发类工具用品有尖尾梳、各种烫发杠、烫发衬纸、带垫盆（围盆）、毛巾、塑料帽、烫发专用围布、化烫加热机（焗油机）、化烫喷液机、棉条、定位夹、陶瓷烫、热能烫、电钳烫、插针等。

4. 染发类工具用品

染发类工具用品有色板、调色碗（非金属器具）、染发刷、专用围巾、量杯、搅拌器、烫发专用工具车、锡纸、红外线加热器（飞碟）、耳套、染发手套等。

5. 护发类工具用品

护发类工具用品有量杯、刷子、专用围巾、调色碗、固发夹、塑料帽、焗油机等。

二、美发工具用品的性能和用途

1. 修剪（推剪）梳理类工具用品的性能和用途

修剪（推剪）梳理类工具用品的性能和用途见表5—1。

表5—1　　　　　　　修剪（推剪）梳理类工具用品的性能和用途

工具名称	图示	性能和用途
围布	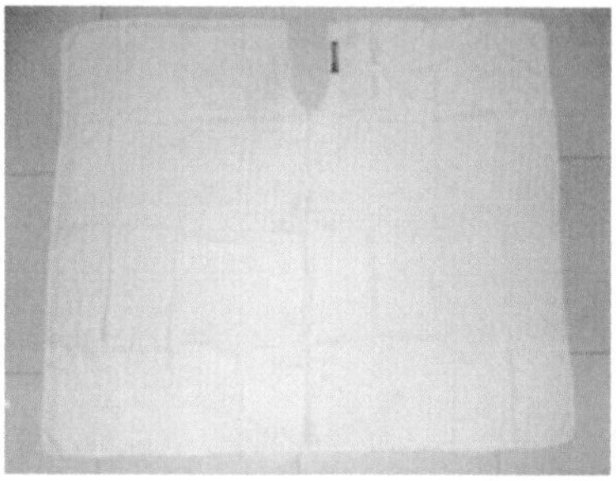	修剪操作使用的围布主要是大围布。大围布以白色、浅色为多，可阻止碎发黏上顾客的衣服。剪发围布主要用于男式推剪和女式修剪操作
毛巾	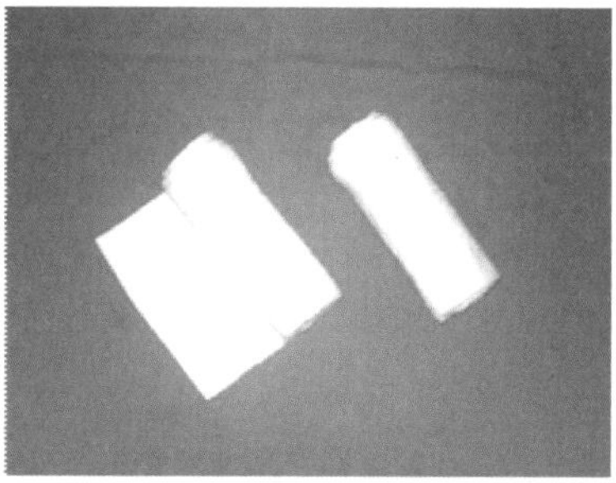	修剪操作使用的毛巾为干毛巾，以白色、浅色为多，以全棉材料为最多。使用时衬在剪发围布内，以防碎发掉入颈部
喷水壶		喷水壶是修剪发式时必备的工具，多用塑料制作，也有用金属等其他材料制作的，形状各异。使用喷水壶可使头发湿润，便于修剪

美发师（五级）第2版

续表

工具名称	图示	性能和用途
掸刷	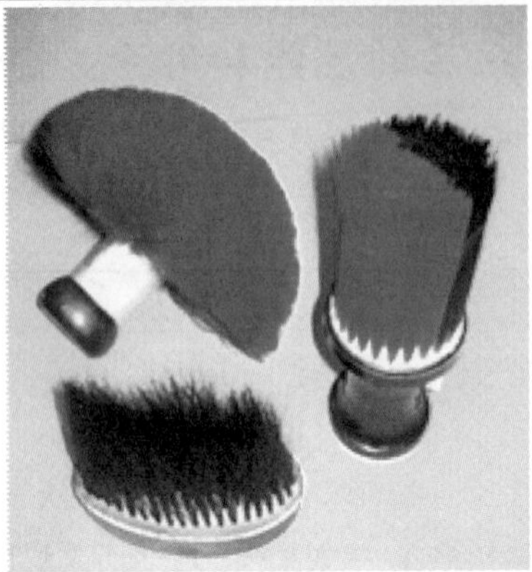	掸刷是剪发后掸净颈部碎发的专用工具，其材料多为猪鬃，也有用化纤材料制作的。还有集干爽粉、掸刷于一体的二合一掸刷，其底部有一藏粉室，使用时按动开关，干爽粉即从毛刷底部的小孔内喷出，进行掸刷碎发
围颈纸		围颈纸是男式剪发时隔离剪发大围布与皮肤接触的用品，起保证卫生的作用
干爽粉		干爽粉是剪发后掸刷颈部碎发时的用品，起干爽皮肤、掸净颈部碎发的作用
粉扑		粉扑是将干爽粉涂抹于颈部的专用工具用品，其材料以兔毛最佳

续表

工具名称	图示	性能和用途
剪刀	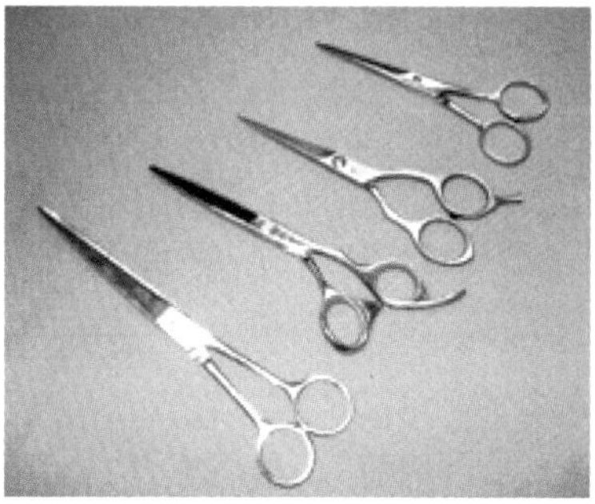	剪刀（又称美容剪）是修剪造型的主要工具之一，有大号、中号、小号三类。大号美容剪长约26 cm，刃口有立口和坡口两种。立口形剪刀刃口锋利，断发快；坡口形剪刀耐用，常用于修剪前决定留发长短的断剪，或修剪发式的大概轮廓，俗称粗剪。中号美容剪刀的优点是既适宜先进修剪技法的操作，也适宜大号剪刀粗剪的操作。小号美容剪小巧玲珑，由优质钢材制成，分为13.2 cm、14.85 cm、16.5 cm、18.15 cm以及19.8 cm等多种规格。有的小号美容剪的剪刃一片是剪刃（光面），另一片剪刃上还有非常细腻的丝纹，这种美容剪具有衔发准确而不滑动的特点；而两片都是剪刃（光面）的称快口美容剪，非常锋利，既可双刃合用，又可单刃独用，断剪、削发灵便自如
锯齿剪	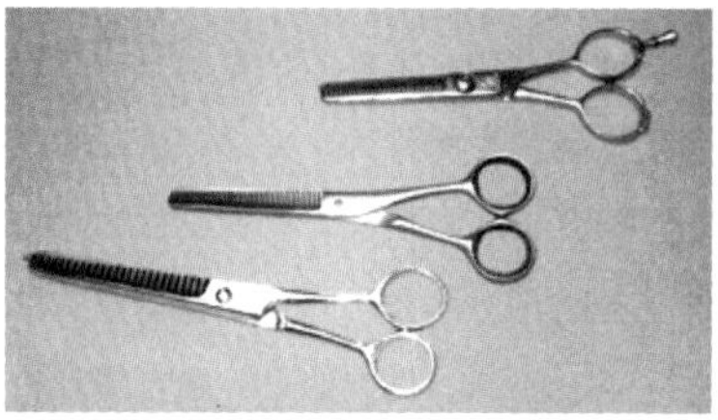	锯齿剪（又称牙剪）的剪刀口一片是普通剪刃，另一片是锯齿状剪刃。锯齿形状各式各样，有的间隔排列，有的一长一短参差排列。无论何种形式的排列，都是起到减少发量、制造参差层次和色调的作用
电推剪	 有线电推剪	电推剪依靠电力驱动齿片来回摆动而将头发轧断，具有齿片薄、速度快、效率高、省力、轧发干净等特点。电推剪大多以交流电为动力，依工作电压不同可分为24 V、36 V和220 V等几种。此外，也有交直流两用电推剪，分有线电推剪和无线可充电电推剪两种

美发师（五级）第2版

续表

工具名称	图示	性能和用途
电推剪	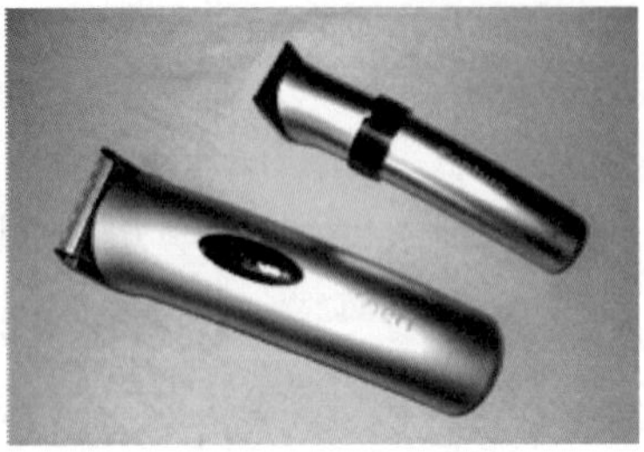 无线电推剪	
发梳	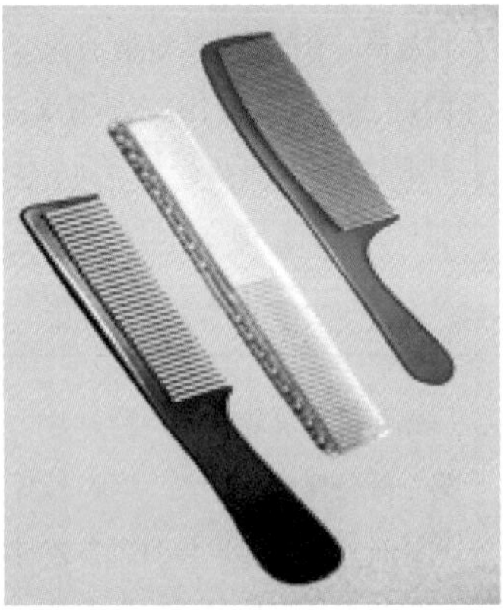 细齿梳、中齿梳 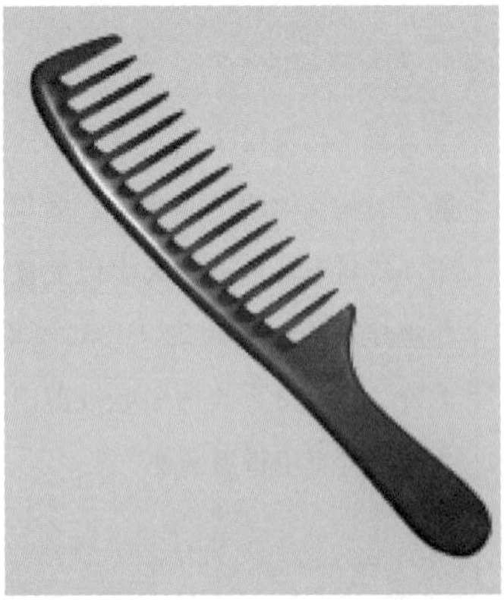 粗齿梳	发梳有细齿梳、中齿梳和粗齿梳多种 　　细齿梳用来推剪色调和制造层次。中齿梳用来修剪长发和层次，并起到梳通发丝和头发分区等作用。中齿梳分为有柄发梳和无柄发梳两类。有柄发梳齿缝较均匀一致；无柄发梳的齿缝有的是均匀一致，也有的是一端齿缝较密，另一端齿缝较稀。较密的一端梳剪较短的头发，较稀的一端梳剪较长的头发。发梳的材料有胶布、电木、塑料等多种。粗齿梳的齿较大较长，一般分为密齿与稀齿两类。密齿发梳主要用于女式发型的修剪、吹风操作；稀齿发梳主要用于梳通长直发和长卷发及发型吹风后的纹理梳理

续表

工具名称	图示	性能和用途
小抄梳	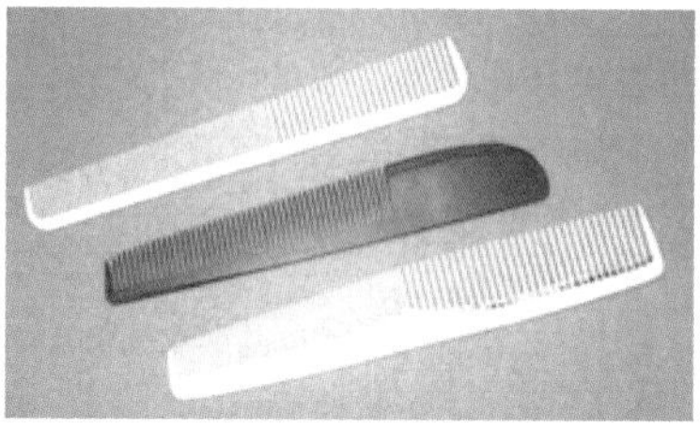	小抄梳主要用于男式推剪色调
削刀		削刀分为固定刀片和一次性刀片两种。刀片由优质钢材制成，薄而锋利，外围有安全保护套。削刀主要用于削薄发丝以及制造柔和纹理
剃刀	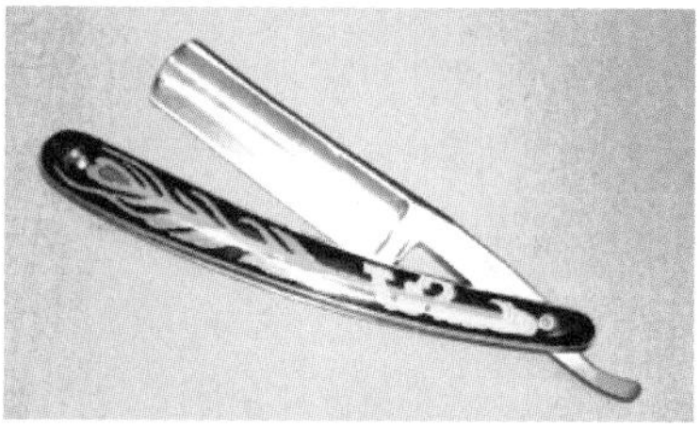	剃刀分为固定刀片和一次性刀片两种，由优质钢材制成，刀片薄而锋利，既是剃须、修面、剃光头的专用工具，又能起到修剪层次和色调的作用
后视镜		后视镜形状各异，有圆形、方形、不规则形等，主要用于帮助顾客观察后颈部发型

美发师（五级）第 2 版

2. 吹风梳理类工具用品的性能和用途

（1）梳刷。梳刷是模仿人手的五指演变而来的，在美发操作中，最普遍应用的是大、中、小三种型号。在吹风造型时，发梳可梳通发丝，配合吹风机吹风造型。发梳种类很多，各自的性能不同，作用也不一样（见表5—2）。

表5—2　　　　　　　　　梳刷类工具的性能和用途

工具名称	图示	性能和用途
排骨刷	 	排骨刷因其梳身造型犹如一节节排骨的形状而得名，一般由塑料制成，梳齿一长一短为一组，具有站立发根、拉顺发丝的功能。用排骨梳塑造的发型具有丝纹粗犷、活泼、动感强的特点。多用于短发吹风造型和额前发吹风及梳理造型
滚刷		滚刷的种类很多，有的是由粗、细尼龙梳齿组合而成，有的全部是由猪鬃制成，也有的是由猪鬃和尼龙混合制成。由于吹风造型的需要，近年来也出现了用铝合金制成的滚梳，其特点是具有散热、聚热功能。吹风造型时主要用滚刷抚顺发丝，使发杆富有弹力和光泽
九行梳	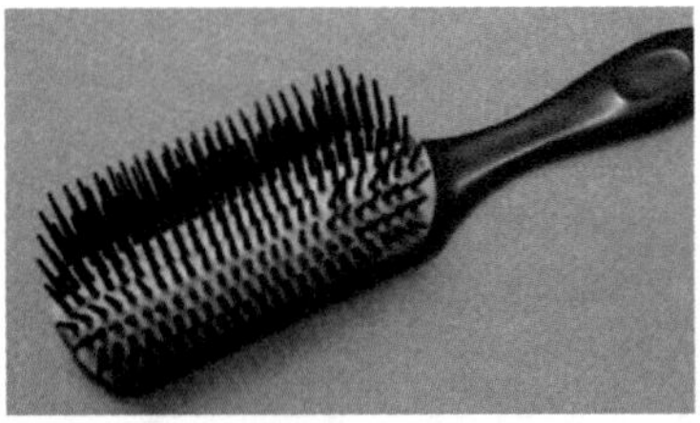	九行梳有大、小之分，大九行梳的梳齿有九行，小九行梳的梳齿只有七行。九行梳的结构为塑料柄，胶皮底托上排列着整齐的塑料梳齿。九行梳主要用于塑造发型，能使发型丝纹细腻柔和。一般可直接用九行梳造型，也可用排骨梳、滚梳之后，用九行梳调整发丝纹理
钢丝刷	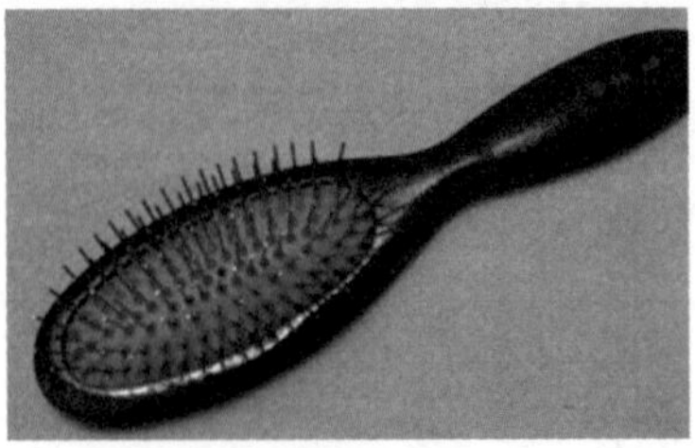	钢丝刷为木质刷柄，胶皮底托上排列着整齐的一行行金属梳齿（针），多用于梳理波浪式发型和束发造型，经过钢丝刷梳刷后的头发发丝清晰亮丽

续表

工具名称	图示	性能和用途
电热卷		电热卷是一种先进的造型工具，操作简单方便，卷发造型自然、有光泽、富动感，其原理是通过电加热，将发片卷起，冷却后拆去电热卷梳理造型即可
塑料卷发筒		卷发筒是一种卷发工具，将头发分股卷在卷发筒上固定，加热冷后，拆去卷发筒整理成型

（2）吹风机

1）有声吹风机。有声吹风机（见图5—1）为大功率吹风机，是发型造型的主要工具，主要由金属或塑料制成的外壳、电动机、换向器、电刷、电热丝、开关和风叶等组成，具有热量高、风量大的特点，配合各类梳刷的吹梳，塑造出漂亮的发型。

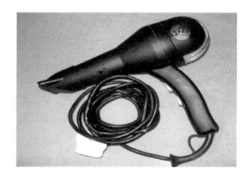

图5—1　有声吹风机

2）无声吹风机。无声吹风机（见图5—2）俗称小吹风机，是发式造型、定型的工具，其外壳由金属制成，风量小，热能集中。

美发师（五级）第2版

61

3）大吹风机（又称烘发机）。大吹风机（见图5—3）属大功率吹风机，有壁挂式、站立式和台式。它主要用于烘干湿发或烫发加热，是盘卷发圈后套在头上吹干发圈的大型美发工具，配合卷发固定加热定型，可塑造出优美波纹发型。

图5—2　无声吹风机

图5—3　大吹风机

3. 烫发类工具用品的性能和用途

现代普通的烫发就是化学烫发，俗称冷烫。烫发类工具用品见表5—3。

表5—3　　　　　　　　　烫发类工具用品的性能和用途

工具名称	图示	性能和用途
尖尾梳	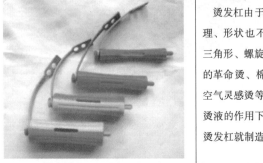	尖尾梳又称挑针梳，作用是梳顺发丝，分出发片，用以分区、方便卷杠操作
烫发杠		烫发杠由于形状各异，大小不同，其烫出的纹理、形状也不一样。烫发杠品种繁多，有圆形、三角形、螺旋形、椭圆形、浪板形及有艺术创新的革命烫、棉花烫、陶瓷烫、热能烫、电棒烫、空气灵感烫等，其作用是将缠绕其上的发丝在冷烫液的作用下按其形状形成发花，即什么形状的烫发杠就制造出什么形状的发花

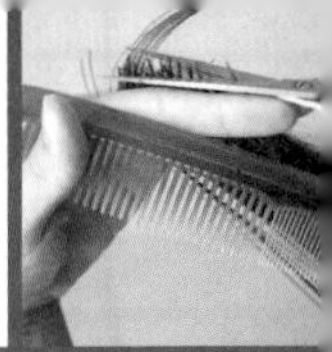

续表

工具名称	图示	性能和用途
烫发衬纸		烫发衬纸是由棉花纸制成的，有吸收药水的作用，主要起包住发丝的作用，使卷杠后的发丝光洁、平整，烫出最佳效果
带垫盆（围盆）	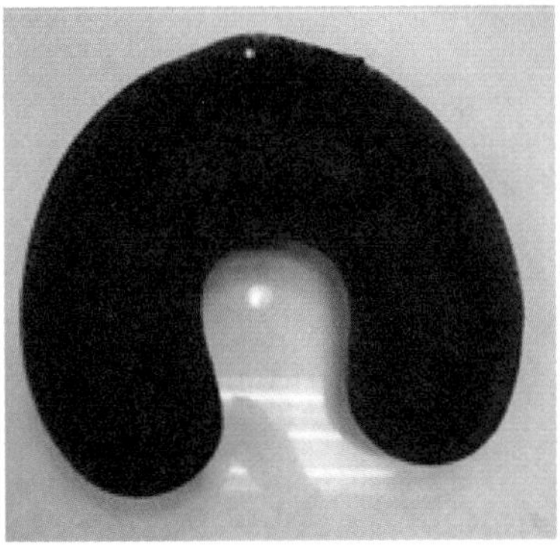	带垫盆是近几年才使用的工具。涂放冷烫液前将其安放在颈项处，用以接盛滴下来的冷烫液，避免滴液滴到顾客身上，具有安全保护作用
塑料帽		塑料帽主要能使烫发药水正常反应，可起到保持温度、防止药液挥发过快或流失的作用，并具有一定的保湿作用
烫发专用围布		烫发专用围布以深色为多，区别于其他围布，专业卫生

美发师（五级）第2版

63

续表

工具名称	图示	性能和用途
化烫加热机 （焗油机）	 	化烫加热机利用水加热沸腾后产生的蒸气，加速烫发液的反应速度，缩短烫发的时间
化烫喷液机	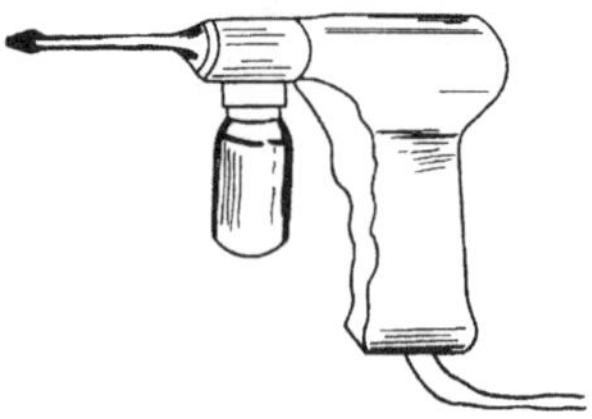	化烫喷液机是通过电流作用使药液产生大量泡沫，涂于发卷上，烫发液不易流失，操作简单、方便，药水吸收快且均匀
棉条 （或毛巾）		棉条（或毛巾）具有安全防护作用，防止烫发液流出伤及皮肤

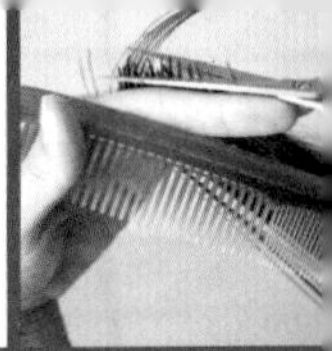

续表

工具名称	图示	性能和用途
定位夹	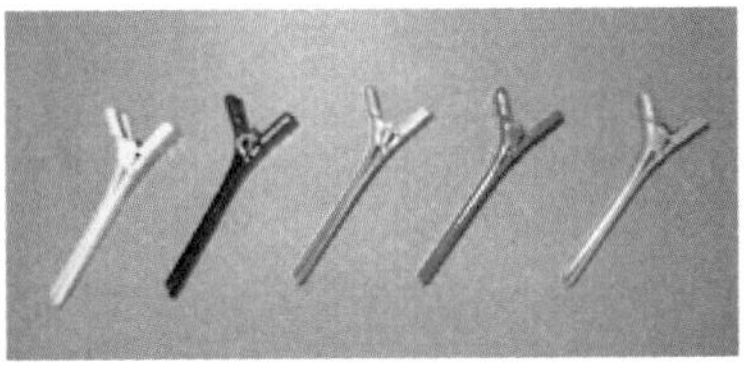	定位夹主要用于处理短发，是定位烫的专用工具
陶瓷烫烫发器	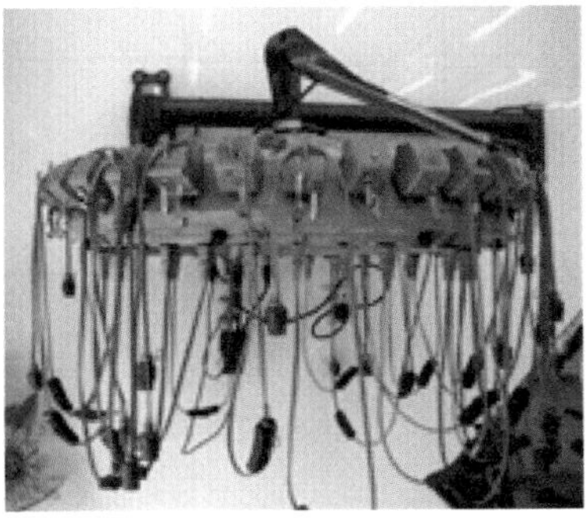	陶瓷烫烫发器是通过电加热使陶瓷芯发热，将涂好专业烫发液的发片卷在陶瓷棒上加热定型，陶瓷烫烫出的头发弹性好，有自然光泽，发型持久 陶瓷烫及远红外线陶瓷烫是一回事，这种卷发比传统的卷发效果更自然些，尤其在干发时比湿发的卷度更漂亮。陶瓷烫是利用一台外形如八爪鱼的仪器，用陶瓷棒将发丝从四面八方夹住拉开，插电导热后烫卷，因此短发容易漏卷，不适合尝试
热能烫	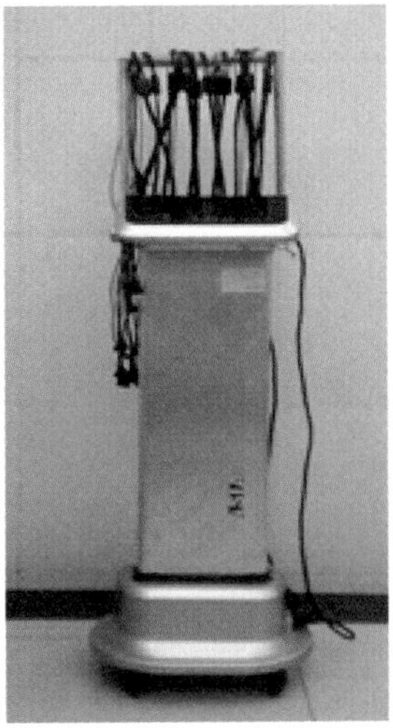	热能烫的烫发技术使发型的波浪卷线条柔和，且能够营造出自由奔放的感觉，成为近来最时尚的亮点。它能把人们的视觉重点转移到可爱的发卷上，同时使发量在视觉上增多

美发师（五级）第 2 版

续表

工具名称	图示	性能和用途
热能烫用品	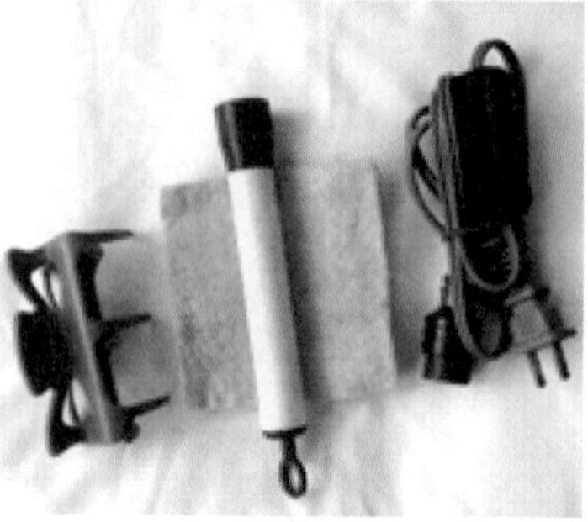	热能烫用品是利用化学反应自身产生热能达到烫卷发丝的目的
空气烫	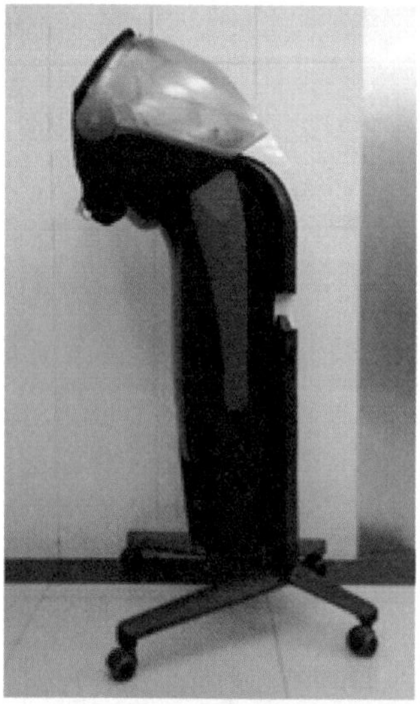	空气烫是指通过从中空的卷发棒吸入空气，使卷过头发的水分蒸发棒吸入空气，使卷过头发的水分蒸发，从而形成发卷的数码烫的一种。特点是由空气力量控制头发与水分的最佳平衡状态，对头发的损伤也较小
空气烫用品	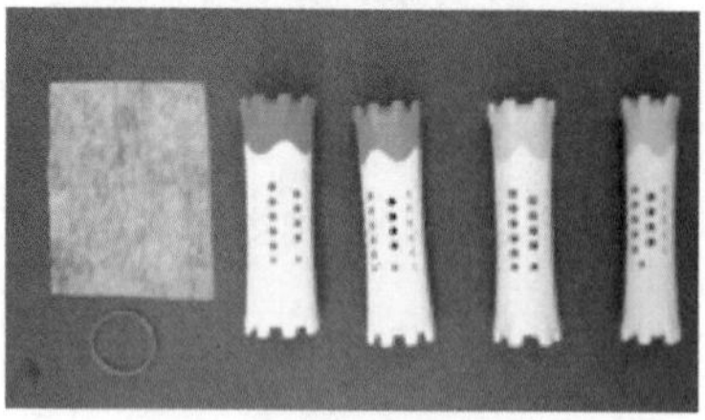	空气烫用品是利用水分蒸发棒吸入空气，使卷过头发的水分蒸发，从而达到烫卷发丝的目的
电钳		电钳烫一次定型持久光亮，富有弹性，美观大方，技术要求高

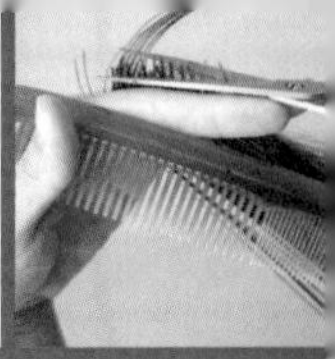

续表

工具名称	图示	性能和用途
插针	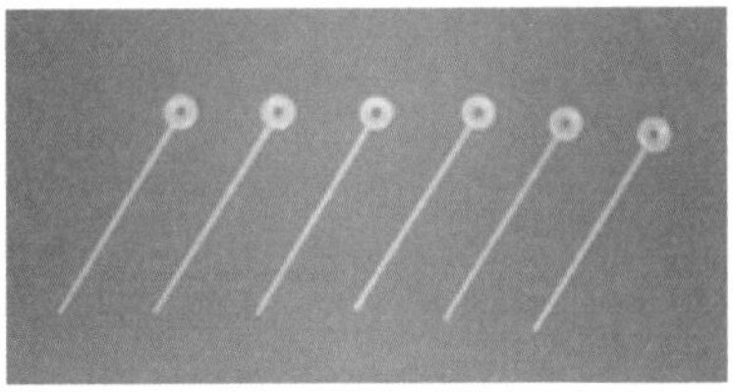	插针能固定发卷，挑起皮筋，防止皮筋压力在发丝上产生压痕，使烫发达到完美效果

4. 染发护发类工具的性能和用途

染发护发类工具的性能和用途见表5—4。

表5—4　　　　　　　　染发护发类工具的性能和用途

工具名称	图示	性能和用途
色板	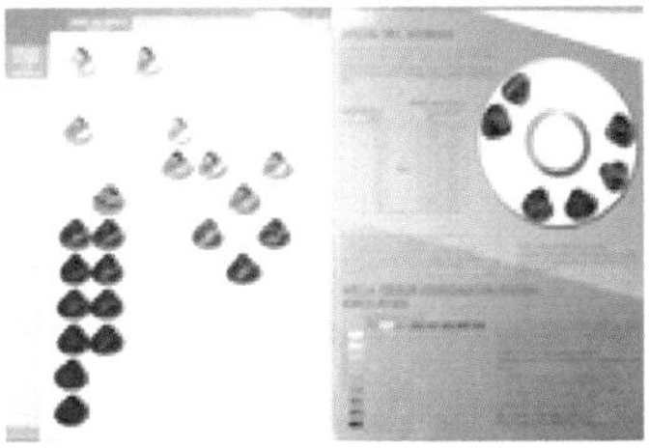	色板根据不同色系排列，便于顾客及发型师选择所需的目标色，表示所有染膏的型号
调色碗		调色碗由塑料制成，主要用于调配染发膏液。也有两个半圆拧合在一起的摇杯，是一种新式的调配染膏的工具
染发刷		染发刷具有单排列刷、两用刷（一侧是齿梳，一侧是毛刷）等种类，用于涂染发膏

美发师（五级）第2版

续表

工具名称	图示	性能和用途
染发专用围布		染发专用围布的布质涂有一层塑胶，通气防水，可防止顾客衣物受污染；另有一次性围布，安全、卫生
试剂秤		用来调配染膏的工具。以电子秤为主，可以更科学地控制调配染膏的量
搅拌器		搅拌器形似打蛋器，主要用于调匀染膏，调色均匀、速度快捷。操作时分别将染膏和双氧乳放在容器内，合并拧紧后，摇晃片刻，拧开即可使用
染发专用工具车		染发专用工具车配有专用柜子排放双氧乳、染刷、染发碗、染膏等

续表

工具名称	图示	性能和用途
锡纸		锡纸主要用于挑染、漂染、片染、技术染等。操作时将需要染发的发片分出包裹，可不使染膏外溢而影响染色效果，并起到保温、隔离作用
红外线加热器	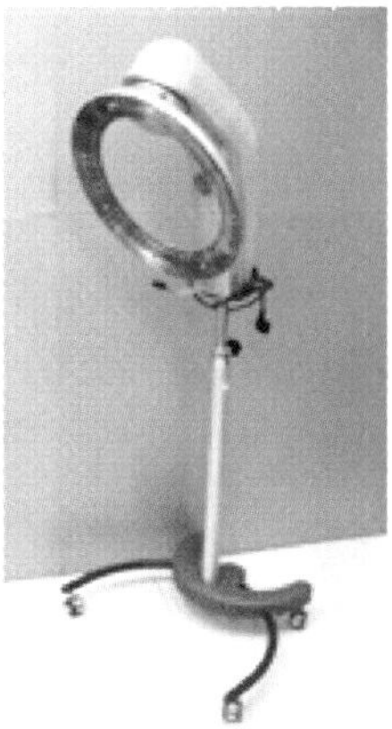	红外线加热器俗称"飞碟"，有加热促进染膏氧化的作用，并可缩短染发时间

第2节　美发电器设备的分类、性能、维护与保养

学习目标

● 了解美发电器设备的分类
● 掌握美发电器设备的性能、维护与保养

知识要求

一、吹风机的分类

吹风机分为有声吹风机、无声吹风机及大吹风机（又称烘发机）。

美发师（五级）第2版

1. 有声吹风机

有声吹风机内有电动机，电动机带动风翼将电热丝产生的热量从吹风口吹出，其特点是功率大，风力强，适合于吹粗硬的头发，但噪声大。一般按温度设有大风挡和中风挡两个挡位，使用时可按头发性质按动风力挡，同时风口可套上扁形或伞形的吹风套，使风力成一条线或片状。

2. 无声吹风机

无声吹风机采用感应式电动机，噪声小，功率一般为 450～500 W。按温度的高低分一挡、二挡，适合于吹细软的头发或头发定型时用。

3. 大吹风机

大吹风机又称烘发机，主要作用是头发盘卷发圈后套在头上吹干发圈上的头发。它是一种大型美发用具，根据结构分为封闭式、开启式、智能型、红外线烘发器等多种。根据其装置形式有站立式、挂壁式、台式等多种。目前，大吹风机都采用有机玻璃罩式（可开启），有恒温和定时装置，功率为 400～800 W，并且有多挡温度（冷、温、热）可以自行调节。带微电子装置的可自动调节温度，头发干后会自动停止。红外线烘发器以红外线均匀地加热头发，也能促进化烫液、染发剂、护发素发挥作用，缩短干燥时间，提高烫发、染发、护发的质量。

另外，还有家庭用吹风机、红外线吹风机、分离式吹风机等。家庭用吹风机功率小，一般在 400～550 W 之间，适合个人整发。红外线吹风机是用红外线的热光来烘干头发，光线柔和均匀，可使头发干燥而不受损伤。分离式吹风机的电动机与吹风机分离，装在工具台或美发椅上，通过软管接至吹风口上，使用时吹风很轻，且无噪声。

二、电推剪、电剪、蒸汽机使用知识

1. 电推剪的使用

用右手（或左手）的食指与拇指执在电推剪外壳的前部，其余三指把住推壳下端，稳住推身，在左手（或右手）梳子配合下用肘部力量向上推移。

2. 电剪的使用

电剪是由传统的火钳烫发工具演变而来的，由于操作简单、方便，早在 20

世纪 30 年代在理发行业就广泛应用，深受广大顾客的欢迎，至今仍有使用的价值。电剪形似剪刀，一片带凹槽，另一片呈圆柱体，通过电源加热后夹住头发，使头发弯曲变形，但这种变形只能是物理性的，并不能改变头发内部蛋白质的结构，所以用电剪烫出的小波纹一般只能保持一周左右，且遇湿就会变直。电剪使用时要与梳子密切配合，在梳子的引导下进行操作。电剪插入头发内时，呈圆柱体的一部分插入，凹槽在头发的上面，否则容易产生一道凸痕。电剪适于对粗、硬、厚的头发进行操作。它的优点是烫出的波浪纹路上下衔接自然，波花纹大，卷曲自然，易梳理。

3. 蒸汽机的使用

蒸汽机是利用蒸汽浴的原理，用蒸气对头发和头皮进行处理的一种机器，是一种大型的美发工具。湿热的蒸气会使头发软化，加强烫发用品和护发用品对头发的渗透作用，利于头发吸收，同时也缩短了操作时间。

三、美发电器设备的保养和安全使用常识

1. 电推剪的保养和安全使用常识

（1）电推剪在使用的过程中如出现响声太大、刀片颤动过大的现象，可轻度旋松调节螺钉，调正压脚螺钉。

（2）如发现有漏发或没有颤动力的现象，可轻度旋紧调节螺钉。刀片发热时，可以在刀片齿间滴些润滑油。

（3）电推剪在连续使用 6 ~ 8 min 后，须关闭电源，稍待片刻再使用，这样做的目的主要是防止烧坏线圈。

（4）电推剪的电压有 220 V、36 V 和 24 V 等几种，可根据不同需要进行选择。36 V 和 24 V 属安全电压，但需配备低压变压器使用。注意：用低压变压器的电推剪不能直接插入 220 V 电源上。

（5）在理湿发或较硬、脏的头发时，电推剪的速度应适当放慢，适当旋紧调节螺钉，加大颤动力。

2. 电吹风机的保养和安全使用常识

（1）大、小电吹风机都是带电操作的工具，在不使用时应放置于干燥处妥

美发师（五级）第 2 版

71

善保存，防止受潮。如发现受潮，在使用前应用电笔检查一下是否有漏电现象，如发现有漏电应停止使用。

（2）电吹风机要安全使用。在接上电源前将开关拨到"OFF"位置上，若电源线有损坏，应停止使用，并及时修理更换。在浴室或近水源的地方使用时，注意不可掉进水里，进水后会引起触电危险。电吹风机不要放在高温的地方，不要阻塞入风口或出风口，使用时不可放在床上或被褥上。使用时切勿吹向眼部或其他任何敏感部位。使用完毕后，应将开关拨回"OFF"位置，并将电源插头拔出。

3. 电器设备保养

（1）烘发机的保养。应定期彻底轻擦，主要是清理内部脏物，并对电动机进行清洗换油工作。

（2）蒸汽机的保养。蒸汽机的水罐要放洁净的蒸馏水，并经常清洗，以防水垢阻塞喷管，造成蒸气无法喷出。

第3节 美发用品的种类、成分和用途

学习目标

● 了解常用美发用品的分类
● 掌握常用美发用品的成分、性能和用途

知识要求

一、洗发用品

1. 种类

市场上有很多种洗发用品，其中有国内公司生产的化妆品，有合资公司生产的化妆品，还有进口的高档化妆品；有香波、洗发膏、洗发粉、洗发精、二合一洗发香波及各种营养型洗发用品。总的来说，可以分为日常洗发用品和专业洗发用品两大类。

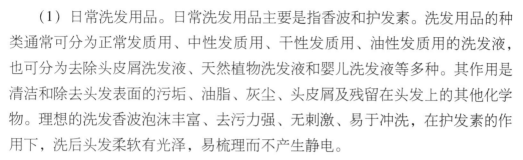

（1）日常洗发用品。日常洗发用品主要是指香波和护发素。洗发用品的种类通常可分为正常发质用、中性发质用、干性发质用、油性发质用的洗发液，也可分为去除头皮屑洗发液、天然植物洗发液和婴儿洗发液等多种。其作用是清洁和除去头发表面的污垢、油脂、灰尘、头皮屑及残留在头发上的其他化学物。理想的洗发香波泡沫丰富、去污力强、无刺激、易于冲洗，在护发素的作用下，洗后头发柔软有光泽，易梳理而不产生静电。

（2）专业洗发用品

1）烫后洗发香波。含丰富葡萄柚成分，能平衡头发的结构组织，使烫后的头发卷更持久有力，并更具弹性。

2）染后洗发香波。含有罗望子精华，能有效降低固氧化导致的褪色现象并滋润头发，令发色更为亮丽。

3）去头皮屑洗发香波。含有金缕梅精华，能彻底地去除头皮屑并止头痒，防止头皮屑再生。

4）防脱发洗发香波。含蛇麻草精华，能促进头皮的血液循环，改善发根营养，可有效防止脱发，令头发更易梳理，充满自然光泽。

5）敏感性头皮用洗发香波。含甘菊精华，能防止头皮发炎，保持头皮的天然湿度与平衡，同时强化发质结构，使秀发更柔顺，富有光泽。

2. 成分

（1）表面活性剂。醇硫酸酯盐是香波中的一种活性剂，此外还有钠盐、铵盐、三乙醇胺盐等。这些活性剂为中性，洗净力强，在水中稳定，发泡力能满足香波起泡的需要。

（2）蛋白质、脂肪酸缩合物。它是以蛋白水介物为基础的阳离子活性剂。

（3）脂肪酸甲基牛磺酸钠。

（4）脂肪酸醇酰胺。

（5）内铵盐衍生物。

（6）氧化铵。它是促进泡沫稳定的活性剂。

其他添加剂有橄榄油、羊毛脂、植物油、脂肪酸、甘油、黏度调整剂、防腐剂及药物、香料等。

美发师（五级）第 2 版

3. 用途

（1）清洁去污。用香波洗发时，头发及头皮的污垢被香波洗发剂中的活性粒子包围，将污垢与头发及头皮分开，并分散在泡沫中顺水清除。

（2）清除代谢物（如头皮屑），促进血液循环，消除疲劳。在洗发时，洗发剂的润滑和手指对头皮的按摩，清除了污垢及头皮屑，促进了毛孔的呼吸及血液循环，能消除疲劳。

（3）保护头发毛鳞片，使其光泽柔顺。洗发后不但清爽洁净，而且洗发剂粒子会附着于头发表面，使毛鳞片更加光泽、顺滑。

（4）补充营养。洗发时，在分解污垢的同时也将营养成分补充了进去，因为当头发遇水膨胀时，洗发剂中的营养成分会通过扩张的毛发表皮层而深入内部，从而起到养护的作用。

二、护发用品

1. 种类

护发类用品种类很多，常见的有各种护发素、营养焗油膏、修护受损发质的深层护理膏、精华素护发油、倒膜护理霜、精油护理、保湿顺发液、平衡营养润发素等。

2. 成分

（1）护发素。护发素是一种比较大众化的护发用品，它的 pH 值为 4～5，比头发的 pH 值略低。护发素的作用是把洗发后张开的表皮层鳞片收拢，在头发的表面形成一层保护膜，锁住头发的水分和油脂，使头发健康地生长。

（2）各类营养焗油膏。营养焗油是目前大众护理头发时不可缺少的措施。焗油膏的品种很多，其主要成分为多种营养调理剂、羊毛脂、保湿剂等。通过焗油机的热蒸气可使头发充分膨胀，同时吸收营养，给头发以最大限度的营养护理，使已受损伤的头发恢复生机。

营养焗油膏的作用是深入发根，强化毛囊新生组织，滋润干燥分叉的头发，促进代谢，使头发老化角质活化，并补充维生素 E 和水分，修护受损及经过漂、染、烫的头发，同时能温和地刺激头发和头皮，在头发表面形成特殊保护膜，阻

隔高热与化学酸剂的侵害，帮助清除静电，使头发变得柔软，充满弹力。

3．用途

（1）护发素的用途。用清水将洗发液冲净后，把偏酸性的护发素涂抹在头发上，这样能够使张开的表皮层合拢，酸碱中和，对头发起保护作用。同时，其中的阳离子季铵盐可以中和残留在头发表面的阴离子，并留下一层均匀的单分子膜。这层单分子膜能使发质柔软，抗静电，使头发易于梳理，并对头发的损伤有一定程度的修复作用。

（2）各种营养焗油膏的用途

1）营养润发。头发干枯、开叉、发黄、缺少水分、缺少油脂时，通过焗油，头发在蒸气的作用下逐步膨胀，其表皮层张开，同时发根充分吸收焗油膏中的营养成分（如维生素、蛋白质和羊毛脂等），达到增加头发的光泽、滋润头发的功效。

2）修复。由于毛发吸收多种营养物质，从而改善了头发的状态，使毛发表面的毛鳞片得到营养滋润，增强了抗静电、抗紫外线的能力，并恢复头发的生机。

3）保护。烫发、染发、漂发后的头发都会受到一定的损伤，通过焗油护理，可以使受损的头发得到一定程度的填补修复，从而起到保护作用。

三、烫发用品

1．种类及其成分

这里所说的烫发用品仅指冷烫剂或冷烫液。它主要由两剂配合使用：第一剂俗称冷烫精，主要起分解作用；第二剂是中和剂，主要起重组固定作用。

冷烫剂有碱性、微碱性、酸性三大类。

（1）碱性冷烫精主要成分是硫化乙酸醇，pH 值在 9 以上，属抗拒性冷烫精，适合于较粗硬或未经烫染处理过的"生发"。

（2）微碱性冷烫精主要成分是碳酸氢铵，pH 值在 7 ~ 8 之间，属于普通冷烫精，应用较广，适合于一般正常发质。

（3）酸性冷烫精属于高档烫发精，主要成分是碳酸铵，pH 值在 6 以下，接

美发师（五级）第 2 版

近头发正常的 pH 值，对头发起到保护作用。而第二剂的中和剂，主要成分是过氧化氢或溴化钠。由于过氧化氢具有褪色的弊端，所以现在多采用溴化钠。

2. 用途

无论哪一类冷烫剂，其烫发原理都是一样的，因为任何一种卷发都意味着头发的自由膨胀，这是使直发变卷的先决条件。而头发的膨胀是源于外部给予的化学和物理的作用，使头发的部分张力解除，使头发皮质层软化，以适应卷杠给予发杆的物理作用，使直发变得卷曲。

从化学角度讲，软化也意味着在头发角朊组织内，通过冷烫剂的渗透，某些使头发具有张力的串联物的分子进行分解和改变，即分解和改变氢化串、盐串和二硫串，来达到改变发型的目的。

氢化串与盐串溶解于水，而二硫串不溶于水，极具抗拒性，因此分解后必须再经过重组（中和定型）的作用，才能使头发达到永久性的卷曲。

四、染发、漂发用品

头发的漂洗和染发都是通过使用漂染发用品改变头发的原有色素来完成的。前者是原有色素消失变浅（或称漂浅），后者是染深或者染浅。

1. 种类

（1）染发用品种类。有焗染膏、染发水、洗染香波、染发膏、一洗黑、一焗黑等多种染发用品。

（2）漂发用品的种类。有彩色焗油膏、七彩焗油、漂淡剂、漂黄剂、可丽丝系列漂染剂等。

2. 作用原理

漂染通常采用双氧水加漂粉（或洗色粉）涂于头发上将头发里的天然色素（粉状色素和扩散状色素）逐渐流失而变浅，当头发漂浅时随时间变化会呈现出不同程度的暖色，这些暖色并非人工色素，而是头发里的自身颜色，故称基底色。基底色会从深褐色慢慢变成深红色、橙色，最后变成浅黄色，漂浅过程就是褪去原有色素的过程。染发是使用染发剂和氧化剂通过染发膏内的氧的作用放出氧分子，氧分子把天然色素漂浅至目标色度的底色，还有部分氧分子将人工色素

氧化（经过 35 min 后，人工色素的颜色已被氧化），最后的结果将是两种颜色合成即染发膏颜色加已漂浅的底色，从而改变头发原有的颜色。因此，染发的过程即是漂浅天然色素和氧化人工色素的过程。染发用品一般分为短暂性染发用品（气喷色彩或笔画色彩）、半永久性染发用品（无须与双氧水相混合）、永久性染发用品（氧化性，需要与氧化剂调配使用）和原色染发剂（氧化性，同永久性染发用品一样需要与氧化剂调配使用）。

五、美发固发用品

随着科学技术的进步，美发、固发造型用品越来越多，作用也越来越大，常用的有以下几种。

1. 发油

发油呈液体状，无色无味，能增加头发的油性和光亮，使头发柔顺、自然，富有动感。发油适用于干性和中性发质。

2. 发蜡

发蜡呈膏状，具有芬芳香味，油性较大，能增加秀发的光泽度，也有一定黏度，既适用于头发造型，又能使头发保持湿润感，起到保护头发的作用。发蜡不适用于油性发质。

3. 发乳

发乳呈乳状，白色，富含水分，油质少，适用于多种发质。发乳便于头发造型，增加头发的水分和光泽，但会使头发具有油腻感。

4. 发雕

发雕呈乳状，具有黏度，便于头发造型，并保持头发一定的柔软度。

5. 啫喱

啫喱呈透明膏状，轻盈亮泽，持久保湿，水溶性配方，有清爽感，能够起固发作用。

6. 发胶

发胶种类较多，塑造力特强，无僵硬感，水溶性配方，有无色、单色、七彩色等几种，便于局部造型，起固发定型作用。

7.摩丝

摩丝呈泡沫状，白色，具有芬芳香味，用于局部造型，增加定型效果，能显示头发的湿度和亮度。

模拟测试题

1. 填空题（请将正确的答案填在横线空白处）

（1）电推剪可分为有线电推剪和_____两种。

（2）围颈纸可隔离剪发大围布与_____的接触，起保证卫生的作用。

（3）薄型小抄梳主要用于_____时配合电推剪进行操作。

（4）发胶种类较多，塑造力特强，便于局部造型，起_____作用。

（5）冷烫液中的第一剂俗称冷烫精，主要起_____作用。

（6）护发素分为干性、中性、油性三种，常常与_____配套使用。

（7）洗发用品有保护头发_____，使头发光泽柔顺的作用。

（8）营养焗油膏有营养润发作用、_____和保护作用。

（9）烫发是通过物理作用和_____使头发卷曲变形。

（10）漂发用品的种类有彩色焗油膏、七彩焗油、_____、漂黄剂、可丽丝系列漂染剂等。

2. 判断题（下列判断正确的请打"√"，错误的打"×"）

（1）剪刀又称美容剪，是剪发的特殊工具。（   ）

（2）尖尾梳的作用是梳顺发丝，分出发片，用以分区，方便卷杠操作。（   ）

（3）红外线加热器俗称"飞碟"，有加热促进染膏挥发的作用。   （   ）

（4）削刀主要用于削薄发丝和制造柔和纹理。（   ）

（5）掸刷是剪发后掸净颈部碎发的专用工具。（   ）

（6）洗发用品有香波、护发素、洗发精、二合一洗发香波等。（   ）

（7）染发剂可以弥补白发增多的缺陷。（   ）

（8）烫发可以使干枯发黄的头发变得柔软亮丽。（   ）

（9）在洗发用品中钠盐、铵盐、三乙醇胺盐等活性剂为中性，洗净力强，

在水中活跃，发泡力能起到使香波起泡的作用。（　　　）

（10）年轻人喜欢将局部头发漂染成色彩明快、具有跳跃感的新发型。（　　　）

3. 选择题（下列每题有 4 个选项，其中只有 1 个是正确的，请将其代号填在括号内）

（1）牙剪起着（　　　）、制造层次和色调的作用。

A. 制造层次　　　　B. 修剪色调　　　　C. 增加发量　　　　D. 减少发量

（2）发梳有细齿梳、（　　　）和粗齿梳多种。

A. 大齿梳　　　　　B. 薄齿梳　　　　　C. 中齿梳　　　　　D. 厚齿梳

（3）漂染通常是将头发里的（　　　）逐渐流失而变浅。

A. 天然色素　　　　B. 人工色素　　　　C. 化学色素　　　　D. 植物色素

（4）日常洗发用品主要是指香波和（　　　）。

A. 营养润发素　　　B. 护发素　　　　　C. 焗油膏　　　　　D. 倒膜

（5）蒸汽机的水罐要放洁净的（　　　），并经常清洗。

A. 矿泉水　　　　　B. 自来水　　　　　C. 凉开水　　　　　D. 蒸馏水

（6）烫发或染发后都需要_____，不应等到头发损伤严重时再进行挽救。

A. 再次修剪　　　　B. 焗油护理　　　　C. 洗发护理　　　　D. 吹风造型

（7）如果是损伤较重的头发，应每周护理_____。

A. 一次　　　　　　B. 两次　　　　　　C. 三次　　　　　　D. 四次

（8）当染发剂中的_____进入头发后，可改变原来的发色。

A. 颜料　　　　　　B. 双氧乳　　　　　C. 色素　　　　　　D. 基色

（9）头发的_____是由许多蛋白质分子组成的。

A. 纤维组织　　　　B. 中心组织　　　　C. 表皮层　　　　　D. 细胞组织

（10）洗发时，在分解污垢的同时也将营养成分补充了进去，从而达到_____的作用。

A. 保护　　　　　　B. 养护　　　　　　C. 护理　　　　　　D. 清理

模拟测试题答案

1. 填空题

（1）充电式无线电推剪　　（2）皮肤　　（3）推剪色调　　（4）固发定型

（5）分解　　（6）洗发剂　　（7）毛鳞片　　（8）修复作用　　（9）化学作用
（10）漂淡剂

2. 判断题

（1）×　　（2）√　　（3）×　　（4）√　　（5）√　　（6）× （7）√
（8）×　　（9）×　　（10）√

3. 单选题

（1）D　　（2）C　　（3）A　　（4）B　　（5）D　　（6）B　　（7）A　　（8）C
（9）D　　（10）B

第6章 洗发与按摩

第1节　洗发

学习单元1　洗发准备

学习目标

● 了解发质的特性和各类洗发液、护发用品的作用
● 掌握不同发质选用相应洗发液、护发用品的常识

知识要求

一、发质的分类与识别方法

1. 分类

美发师主要是用眼睛看、用手摸来识别发质。首先应该区分头发是属于油性、干性或是中性。

（1）油性发质。头发由于油脂分泌太多，不论在视觉还是触觉上都能感到很油腻，并伴有许多头屑脱落。

（2）干性发质。头发由于自然油脂和水分不足，在视觉上光泽度不强，触摸时有粗糙感。

（3）中性发质。头发比较健康，视觉上柔滑光亮，触摸时有柔顺感。然后用手摸头发，判断头发是健康的、受损的还是细软的。

2. 识别方法

发质识别的基本方法是：

（1）看。用眼睛可以观察出头发透露出的若干信息。中性头发乌黑发亮，柔润，亮泽，有弹性；干性头发蓬松，缺乏油脂；油性头发油脂较多，光亮，柔韧，有头皮屑且较黏。识别发质视觉分析占35%。

（2）摸。对美发师而言，手的触觉能力是十分重要的，通过触摸能判断出头发的质地。手感柔滑、有弹性的发质属健康头发，手感粗糙、干燥的发质属受

损头发，手感细软、无弹性的发质属细软头发。

（3）嗅。不洁和有头皮疾患的头发会产生异味，健康而清洁的头发则无异味。

（4）询问。向顾客询问有关头发的情况，如常使用什么洗发液，头皮、头发有什么反应，烫染情况等，这些信息有助于美发师的工作。

（5）倾听。倾听是听顾客谈论头发健康状况以及平时的习惯，可从中得到若干信息。

美发师通过这些方法可以对顾客的头发有一个大致了解，再进行综合分析，即可制定出一套洗、护头发的方案。

二、各类洗发液的特性

1. 日常洗发用品

日常洗发用品主要是指香波和护发素。洗发用品通常可分为正常发质用、中性发质用、干性发质用和油性发质用的洗发液，也可分为去除头皮屑洗发液、天然植物洗发液和婴儿洗发液等多种。其作用是清洁和除去头发表面污垢、油脂、灰尘、头皮屑及残留在头发上的其他化学物质。理想的洗发香波泡沫丰富，去污力强，无刺激，易于冲洗，在护发素的作用下，洗后头发柔软有光泽，易梳理而不产生静电。

2. 专业洗发用品

（1）烫发后洗发香波。含丰富葡萄柚成分，能平衡头发的结构组织，使烫后头发卷度更持久有力，并更有弹性。

（2）染后洗发香波。含有罗望子精华，能有效降低固氧导致的褪色现象并能滋润头发，令发色更为亮丽。

（3）去头皮屑洗发香波。含有金缕梅精华，能彻底地去除头皮屑，并能止头痒，防止头皮屑再生。

（4）防脱发洗发香波。含蛇麻草精华，能促进头皮的血液循环，改善发根营养，可有效防止脱发，令头发更易梳理，充满自然光泽。

（5）敏感性头皮用洗发香波。含甘菊精华，能防止头皮发炎，保持头皮的天然湿度与平衡，同时强化发质结构，使秀发更柔顺，富有光泽。

三、水与头发的关系

水是氢和氧的化合物。氢和氧都是气体，用电流可以把水分解，分解所得到的氢气是氧气的2倍。水属于中性氧化物，是一种无色无嗅无味的液体，沸点为100℃，冰点为0℃。由于水是中性物质，既不是酸性，也非碱性（pH值为7），因此它对皮肤和头发无害。因为自然界中没有什么物质绝对不溶于水，所以水有时被称为万能溶剂。也正是由于这一原因，处于纯净状态的水是十分稀有的。

1. 天然水与头发的关系

各种天然水构成水循环的一部分，它们之间的差异在于所含的杂质不同。雨水最为纯净，十分接近蒸馏水，其中仅含有来自空气的气体溶质而无固体溶质，至少在空气未受污染的地区是如此，故洗发宜用雨水。大部分自来水是河水，河水中含有溶解的气体，通常也含有某些溶解的固体杂质。这些固体杂质的含量和种类取决于河水流经的岩石和土壤的成分及被水冲刷走的量。河水中还含有悬浮固体物质，因此看上去像泥浆般浑浊。泉水和井水都经过土壤的渗透，大多数杂质在渗透中除去，因而显得晶莹清澈。然而，井水或泉水中也存在气体和固体杂质，也许还有病菌，因此未经供水部门化验与核准的水不能作为饮用水。海水中所溶解的固体杂质最多，主要是氯化钠（食盐）。头发沾上海水后应冲洗干净，否则水分蒸发后留下的盐会在头发上形成积垢。盐有吸湿性，能吸收湿空气中的水汽，使头发僵硬而无光泽。

2. 硬水与软水

含有一定数量的钙、镁、铁、铝、锰的碳酸盐及其氯化物、硫酸盐、硝酸盐杂质的水称为硬水。除去钙、镁盐类等物质的水称软水。硬水中肥皂不易起泡，软水中肥皂则易起泡。通过加热、离子交换等方法，可以将水的钙、镁离子去除，即将硬水软化。

3. 水的表面张力

在一小杯水中，水分子互相吸引，因而能够聚集。而在表面的水分子，由于分子之间只有横向及内向的引力而没有向上的作用力。因此，在整个水面上就存在着一定的内向拉力，造成水面的收缩，这种拉力就是水的表面张力。由于表面张力的作用，水面上形成一层水膜，这层膜使滴到头发或织物上的水滴能够形成水珠，而不会渗透或润湿头发或织物。由于具有高度的表面张力，所以水是一种不良的湿润剂。

四、头发护理的常识

1. 各种发质的护理方法

（1）油性发质。油性头发最大的特点就是油脂腺分泌过量，自然油脂与水分过多，比例不协调。洗发时选用适合油性发质、pH 值偏高的强碱性洗发液，才能彻底清除多余的油脂，将头发清洗干净，勤洗发可改善油性发质。

（2）干性发质。干性发质与油性发质相反，缺少油脂和水分。洗发时应选用干性发质专用的洗发、护发用品，最好的护理方法是早晚按摩头皮，促进头皮的新陈代谢。还可以定期焗油，以加强对头发的保护。

（3）中性发质。中性发质是一种最为理想的头发，在日常生活中，为保持原有的状态不受外来因素的影响，在正确的洗发过程中，选择中性的洗发和护发产品即可达到目的。

（4）受损发质。由于外界原因引起的受损发质，比较干燥，容易折断。护理时要使用弱碱性或酸性洗发液和酸性较强的护发素并定期焗油，以加强对头发的保护。

2. 护发用品的选用

（1）油性发质可选用水分较多的护发用品。

（2）干性发质和受损发质可选用偏酸性营养护发用品。

（3）中性发质可选用普通的护发用品。

3. 头发的保养措施

（1）开叉的头发。必须剪去发尾开叉的头发，否则无法进行保养。

（2）干枯的头发。首先考虑增加头发的营养、油脂可使其有光泽，防止干燥。

（3）烫、染过的头发。烫、染过的头发，可以使用烫后、染后头发护理产品，清除残留的化学沉淀物，恢复头发正常的 pH 值，防止继续氧化，合拢表皮层形成保护膜。

美发师（五级）第 2 版

五、洗发操作的质量标准

洗发质量的要求是将头发洗干净，洗发后发丝蓬松不黏，无头皮屑、污垢。其基本标准如下：

1. 发际线内皂沫丰富均匀

发际线以内皂沫丰富均匀，头发能充分浸润。

2. 皂沫不滴淌在顾客的脸、颈部，不滴淌在围布上

洗发时要注意皂沫不要滴淌到顾客的脸部、颈部及围布上。

3. 抓擦手法正确熟练，顾客头部无大幅度的颤动

在洗发中正确、熟练地使用抓擦手法，双手左右交叉、前后交叉，顾客头部无大幅度的颤动，同时注意顾客的感觉，轻重适宜，自然轻松。

4. 冲洗干净，头发柔顺自然

冲洗后，头发上无残留污垢、泡沫，头发滑润不黏，头发擦干后柔顺自然。

5. 毛巾包头平整不松散

洗发完毕后用干毛巾包头，要求毛巾平服，松紧适宜，不散落。

学习单元 2 洗发操作

学习目标

- 了解坐洗、仰洗的操作程序
- 熟悉洗发效果不佳的原因
- 掌握坐洗、仰洗的操作步骤和操作方法

知识要求

一、坐洗的操作程序

1. 涂洗发液操作

操作者站在顾客正后方，一只手拿洗发液，涂于头顶部，另一只手拿小水

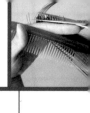

瓶，涂洗发液的手在头顶作顺时针或逆时针方向旋转，另一只手缓缓加水（先转手指后加水），将洗发液打出泡沫，然后均匀涂抹于前发区、两侧区和后颈区，直到洗发液浸湿所有头发。注意洗发液不要流到顾客的脸部或颈内。

2. 抓擦头皮

抓擦头皮原则上应该以指肚为着力点，如顾客需要，可用指甲轻抓头皮，但指甲必须剪短、挫圆，以免损伤头皮。抓擦头皮的主要目的是止痒。由于头部已经由洗发液湿润，抓起来就比较润滑。顺序是：两手从前发际线向后做交叉移动，再从前额两侧提抓至顶部，接着从后颈部向上提抓。注意泡沫始终集中在头顶部。在抓擦过程中以头顶为中心，从前到中，两侧向上至头顶，后颈部向上至头顶部，动作幅度要小，落指要轻。如顾客感到某一部位特别痒时，也可多抓擦几次，观察顾客表情，征求顾客意见，依顾客需求进行操作，要掌握好力度。

3. 冲洗

抓擦结束后请顾客坐到洗头盆处进行冲洗，并要求顾客头部前倾略低些，靠近冲水池，以便操作。操作时，先打开冷水，再开热水，调节好水温，一般以40℃左右为宜（要根据季节、室温和顾客的要求掌握）。拿起喷水莲蓬头，距头皮5 cm左右对准头部冲洗。莲蓬头要以先四周、后中间的顺序，做不同角度和方位的移动，使头皮、头发全部得到冲洗，冲洗时要用手指在头皮上轻轻搔动，并在头发上轻轻抖动，将头发冲透、冲净。在冲洗后脑部时左手应张开虎口使拇指与食指成八字形，护住颈部，让水沿耳廓向前通过鬓角向下流，以免淌入颈内。头发冲净后要涂抹适量护发素，涂抹时要均匀，并让护发素在头发停留1～2 min，然后用水冲净。

4. 干毛巾包头

冲洗完毕，先用干净毛巾把头发上、脸上、颈项及额上的余水擦去，将毛巾自颈部向上把头发兜入毛巾内包住，要求顾客抬起头来，四周发际没有水滴下。另取一热毛巾让顾客擦脸，引导顾客入座后，再取下毛巾并在头发上轻擦，把多余的水分吸干，将头发梳通顺后，准备做下一道工序。

二、仰洗的操作程序

（1）为顾客穿上客服，用塑料隔膜围在颈部衣领上。

（2）将毛巾围在衣领上，再用一条洗发围布围在顾客的胸前，左手托住顾客颈部帮助顾客躺着洗头，让顾客舒服地仰卧在洗发椅上。

（3）调节水温，以40℃为宜。调节时可用手腕内侧确认水温。

（4）开始冲洗，冲洗时要掌握好喷水角度，先沿发际线部位开始冲湿头发，在发际线周围莲蓬头向头顶部方向冲洗，其他部位莲蓬头与头发呈直角的方向冲洗，莲蓬头距头皮5 cm左右冲水。

（5）清洗耳朵周围时，注意勿让水流进耳朵内，用手挡住耳朵进行冲洗。

（6）将适量的洗发液均匀涂抹在头发各部位。

（7）双手沿着发际以画圆圈的方式移动，轻轻揉擦出丰富泡沫。

（8）泡沫布满头发后，再用双手将头发集中在头顶中央，然后手指稍微伸直，配合头形，用指肚来轻揉头部洗净头发。

（9）从前额发际线开始冲洗至两侧，冲洗两侧时，用手掌挡住耳朵，以防水流进耳朵内。来回几次将洗发液冲干净。

（10）再从头顶冲至后颈部，将头轻轻托起，从后脑部冲水，两手配合，左手握莲蓬头，右手托起头部轻轻搔动，重复几次，将后颈处泡沫冲净。

（11）最后再冲洗一遍。从前额发际线左右至耳侧，由头顶至后颈两侧。

（12）涂抹护发素。将适量护发素均匀涂抹在头发上，轻揉按摩。注意头皮上不要涂抹过多护发素，因为护发素过多会堵塞头皮毛孔，影响头发生长。

（13）将护发素洗净。冲洗方法同洗发中冲水一样，将头发上的护发素冲洗干净。

（14）用干毛巾将头发擦干并包好，扶住顾客颈部抬起头部，让顾客坐起。至此仰洗基本完成。

三、洗发的止痒方法

止痒是洗发环节中的一个关键步骤。痒的感觉是由于灰尘、微生物、分泌物等作用而产生的。止痒的方法大体上有抓擦止痒、水温止痒、按摩止痒、药物止痒。

1. 抓擦止痒

抓擦止痒一般针对头皮特别刺痒的部位，例如，有些人所谓头火大，长时间

连续地挠痒也不解决问题。在这种情况下，可以用手抓一下，同时用指肚进行摩擦或在洗发前使用钢丝刷、梳子梳刷头皮。在一般洗发时，由于洗发液的刺激，发际线处可用手轻微地抓擦。

2. 水温止痒

在冲洗过程中，边冲，边晃，边抖，同时逐渐加热，以达到止痒目的。但在加热时应注意顾客的承受能力。

3. 按摩止痒

指肚和指甲并用，以指肚为主，结合头部穴位采用按摩式轻搓进行止痒。

4. 药物止痒

洗发中可以使用含有止痒药物的洗发液，或洗完头后用奎宁水、止痒水、酒精之类的制剂涂抹、摩擦头皮，使顾客感到舒适。

四、洗发效果不佳的原因

洗发效果不佳表现在：①毛发黏不蓬松；②毛发滑而起泡；③毛发表层仿佛有一层灰色的膜；④发丝缠绕，不易梳理；⑤头表皮屑依旧存在，用指甲一抓就会有一层分泌物；⑥头皮依旧发痒。

1. 发黏不蓬松

这是由于头发没有洗干净，洗发液没有足量，且抓擦不到位，使用的洗发液质量有问题。

2. 滑而起泡

在涂洗发液时，先在头发上涂洗发液，后上清水，使之起泡，事后没有对头顶发根加以彻底的冲洗，使洗发液残留于头皮、发根上。洗完后，用木梳把头皮上洗发液残留的部分梳上来而产生泡沫。

3. 毛发上仿佛有层灰色的膜

造成这种现象的原因有两点：一是使用了劣质洗发液；二是洗发时间过长，鳞片受损，或由于过度地抓擦头发产生静电，而吸附了一些分子。

美发师（五级）第2版

4. 发丝缠绕不易梳理

首先是洗发前没有梳理头发，其次是没有使用润丝露。

5. 头表皮屑仍然存在

这种情况的出现，一是前期的工序未做好；二是洗发的工序未做到位，洗得不彻底。

五、洗发效果不佳的补救方法

一般出现上述情况时，首先考虑的是重洗，并在重洗的过程中，选择适当的洗发液；用梳子把头发发根梳几下，再进行冲洗；可以用点白醋来解决头发灰蒙蒙的问题；洗发时一定要使用护发素，尤其是烫染过的头发。这样就可以解决上述问题了。

六、洗发操作的质量要求

（1）发际线内皂沫丰富均匀。

（2）皂沫不滴淌在顾客的脸、颈部，不滴淌在围布上。

（3）抓擦手法正确熟练，顾客头部无大幅度的颤动。

（4）冲洗干净，头发柔顺自然。

（5）毛巾包头平整不松散。

技能要求

坐 洗 操 作

操作准备

1. 坐洗操作前的准备

（1）整理座椅及洗发盆。擦拭座椅，清洗洗发盆，保持座椅整洁无灰尘，洗发盆内无碎发。

（2）检查热水供应情况。检查热水温度，调试热水温度。

（3）准备洗发用品。准备洗发围布、钢丝刷、干毛巾、篦子、洗发液、掸刷、尖嘴水瓶、热毛巾、护发素等用品。

2. 协助顾客做好洗发前的准备

（1）帮助顾客收存好私人物品，顾客的物品应放进更衣柜并锁好。

（2）请顾客坐在洗发椅上，并请顾客将双脚搁在脚垫上。

（3）请顾客更换洗发客服，协助顾客更换洗发客服。

（4）请顾客取下饰物，如耳环、耳坠等，以避免在洗发中发生意外。

（5）为顾客围上围布、干毛巾，用塑料隔膜围在顾客颈部衣领上，再用一条干毛巾披在衣领和肩部。

3. 洗发前的梳、刷、篦、抖、掸

洗发前先要经过一个细致的梳、刷、篦、抖、掸的过程，通过美发师的细心操作，能使顾客感到洗发后头部轻松、舒适，头发洁净。

（1）梳发。用粗齿梳（或大号发梳）将顾客的头发梳通、梳顺，同时检查顾客的头皮上有无疮疤、疤痕、疙瘩以及皮肤疾患。

（2）刷发。通过刷发可以去掉头发内的头屑、污垢、分泌物，促进头皮的新陈代谢，刺激头皮发根，增进血液循环，止痒并产生舒适感。

1）刷发操作的顺序见表6—1。

表6—1　　　　　　　　　　　　刷发操作顺序

顺序 1	顺序 2

以额头的发际线中点为基准线，用刷子顺着头顶中央部位由前向后刷	刷子往右移动继续刷发，刷子刷到后颈部的中央时，再回到原来的位置，以同样的方法刷几次。注意不要刷到发际线以外，特别是不要刷痛耳朵及脸部

续表

顺序 3	顺序 4

以同样的动作刷左侧头发，刷到头顶中央的位置时，再回到额顶的中央处	用上述方法，沿发际线由左至右往头顶中央刷一遍

2）刷发要领。用手稳稳地拿住刷子，以手腕的回转使刷子完成刷发动作。刷发时刷子应稍微倾斜靠在头发上，并配合头形的弧度朝身体方向刷。

（3）篦发。用篦子从前额发际线中线经顶部至后枕篦发，再依次从前发际线的左、右两侧经左、右顶部至后枕部篦发（见图6—1）。

（4）抖发。两手十指张开、深入头发根部，从顶部依次抖动头发根部，将头皮屑、污垢及分泌物抖落下来（见图6—2）。

图6—1　篦发　　　　　　　　图6—2　抖发

（5）掸发。用掸刷从头顶部、顾客脸部、四周颈部将头皮屑、污垢及分泌物掸净（见图6—3）。

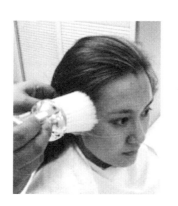

图 6—3　掸发

（6）抖净围布、干毛巾。将围布、干毛巾从顾客的身上轻轻地撤下，抖净后再重新围好，准备洗发。

操作步骤

1. 在座椅上洗发，见表 6—2。

表 6—2　　　　　　　　　　　　在座椅上洗发

步骤说明	图示
步骤 1：倒洗发液 站在顾客的正后方，左手拿着洗发液瓶，将洗发液缓缓倒入顶部头发黄金点位置，用量要适度	
步骤 2：揉洗发液 左手再拿着尖嘴水瓶，右手五指自然弯曲并分开，手指在头顶部顺时针揉动 3 圈，然后逆时针揉动 2 圈	

Meifashi

续表

步骤说明	图示
步骤3：揉泡沫 同时左手不断地在头顶部加入清水揉动出泡沫，然后将泡沫一直涂抹到头发的底层直到湿透为止 在涂抹过程中，手指指甲不可猛抓头发，这样会刺激头皮，容易引起头皮发痒，头屑增多	
步骤4：泡沫堆积在头顶 一般泡沫会与头发形成一种旋涡状，开沫的时候要及时清洗手上黏附的洗发液泡沫。将泡沫堆积在头顶的黄金点位置，不要将洗发液洒落在客户的脸上和颈部位置上	
步骤5：抓揉 逐渐将泡沫向头部的四周扩展延伸，手指在揉动时不可将客人的头部摆动过大，以免顾客产生不舒适感 在洗发液将全部头发浸湿后，头发蓬松度会增加，这时可以进行下一步的抓、揉的动作	
步骤6：从前额发际线开始抓揉 从前额发际线开始进行抓、揉动作，从中央位置向一侧开始移动，移动的速度要适度，自上而下，再回到原位置。另一侧用同样方法进行操作	

续表

步骤说明	图示
步骤7：随时调整站位进行抓揉 在对两侧和后部位置进行抓、揉操作过程中，要随时调整自己的站立位置，再进行脚步移动，移动动作与身体要协调一致	
步骤8：以水平移动或垂直移动的方法进行抓揉 两手沿着发际线开始向头部的内侧以水平移动或垂直移动的运作方式进行	
步骤9：耳后抓揉 耳后移动操作时，要以同步动作向头顶处进行抓、揉动作，当两手在头顶中央处会合后，再返回到耳后位置，可以反复进行	
步骤10：头后部单手移动进行抓揉 头后部位置可以较大幅度地进行揉动，单手移动操作至头部上方，一直移动到黄金点位置	

续表

步骤说明	图示
步骤 11：最后沿发际线处再抓、揉一遍 当头发全部抓、揉过后，要沿发际线处全部抓、揉一遍，确保发际线位置的清洁。在进行冲水前，先将双手的洗发液清洗干净，然后请顾客到洗发盆前进行冲洗操作	

在以上操作过程中，应当注意如下要点：

（1）进行抓、揉动作时，应以指肚为着力点，要询问顾客力度是否合适，如顾客需要，可用指腹与指甲平行轻搔头皮，但是指甲必须要剪短、挫圆，以免损伤客人的头皮。

（2）手指不可轻易离开头部位置，整个操作要保持动作的连贯性和持久性。

（3）在进行两侧操作时，移动应该以锯齿状的动作进行操作，幅度可大可小，可重可轻，根据实际需要来调整（见图6—4）。

（4）当移动动作幅度大时，可以稍微加重指尖的压力；当动作幅度小时，可放松手指指尖的压力（见图6—5）。

图6—4　以锯齿状的动作
进行抓揉

图6—5　根据移动幅度调整
指尖的压力

（5）两侧向上移动操作时，手指要一点一点从头顶向上移动，再一点一点向下移动（见图6—6）。

图6—6　两侧向上移动抓揉

2. 在洗发盆上冲洗，见表6—3。

表6—3　　　　　　　　　　　在洗发盆上冲洗

步骤说明	图示
步骤1：调试水温 　操作时，先打开冷水再开热水，调节好水温，一般以40℃左右为宜 　冲洗时，请顾客身体前倾并把头略压低些，靠近洗发盆，以便操作。水温根据季节、室温和顾客的要求掌握	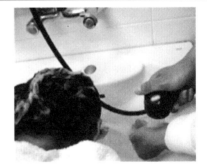
步骤2：冲洗 　拿起莲蓬头，距头皮5 cm左右对着头部冲洗 　冲洗时用手指在头皮上轻轻搔动，并在头发上轻轻抖动。冲洗时将头发冲透、冲净	

续表

步骤说明	图示
步骤3：第二次洗发、冲洗 在冲洗后脑部时左手应张开虎口使拇指与食指成八字形，护住颈部，让水沿耳廓向前通过鬓角向下流，以免淌入颈内。如顾客头发特别油腻可将第一次泡沫冲净后进行第二次洗发。第二次洗发参照第一次抓擦方法，只是手指力度略轻于第一次	
步骤4：涂护发素、冲洗干净 头发冲净后要涂抹适量护发素，涂抹时要均匀，并让护发素在头发上停留1~2 min，然后用水将护发素冲洗干净	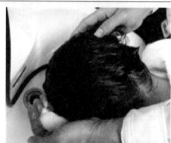
步骤5：用毛巾包头 冲洗完毕，先用干净毛巾把头发上、脸上、颈项及额上的余水擦去，将毛巾自颈部向顶部把头发兜入毛巾内包住。要求毛巾包头平整不松散，两耳露在毛巾外，顾客抬起头来，四周发际没有水滴下	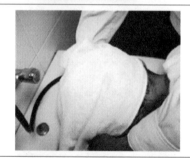
步骤6：递热毛巾请顾客擦脸 取一条热毛巾请顾客擦脸	

注意事项

（1）抓擦头皮原则上应该以指肚为着力点，如顾客需要，可用指腹与指甲

平行轻抓头皮，但指甲必须剪短挫圆，以免损伤头皮。抓擦头皮的主要目的是止痒。

（2）由于头部已经有洗发液浸润，抓起来比较润滑，注意泡沫始终集中在头顶部，在抓擦过程中以头顶为中心，从前额到头顶，两侧向上至头顶，后颈部向上至头顶，动作幅度要小，落指要轻。

（3）如顾客感到某一部位特别痒时，也可多抓擦几次，注意观察顾客表情，征求顾客意见，依顾客需要进行操作，要掌握好力度。

（4）对于气喘的顾客，冲水水流不宜太急，水温不宜太烫，以免热汽太足影响呼吸透气。

仰 洗 操 作

操作准备

仰洗的操作准备与坐洗的操作准备要求相同。

操作步骤

在仰式洗发盆上冲洗头发见表6—4。

表6—4　　　　　　　　　在仰式洗发盆上冲洗头发

步骤说明	图示
步骤1：请顾客仰卧在仰洗椅上 左手托住顾客颈部帮助顾客躺着洗头	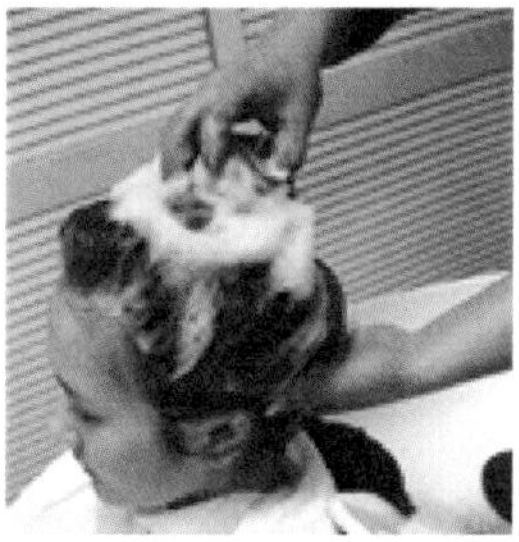
步骤2：调节水温 　调节水温，以40℃左右为宜。调节水温时可用手腕内侧确认水温，适当后开始冲洗	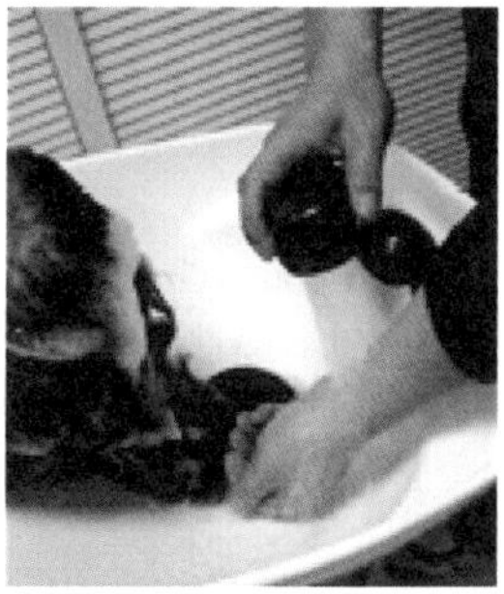

美发师（五级）第2版

99

续表

步骤说明	图示
步骤3：冲洗顺序及各部位喷水角度 先用温水将头发冲湿，冲洗时要掌握好莲蓬头角度，先沿发际线部位冲湿头发，其他部位则沿与头发呈直角冲洗，莲蓬头距离头皮5 cm左右冲水	
步骤4：避免水流入耳朵 冲洗耳朵周围时，注意勿让水流进耳朵内，用手将耳朵挡住进行冲洗	 冲洗鬓部  冲洗耳后
步骤5：涂洗发液 将适量的洗发液倒入手心涂放至顾客头顶部	

续表

步骤说明	图示
步骤 6：手指移动 两手沿发际线开始，以画圈的方式移动，使各部位的头发都产生较为丰富的泡沫	 
步骤 7：将头发集中在头顶中央 泡沫布满头部后，再用两手将头发集中在头顶中央，然后再洗。冲洗泡沫时手指稍微弯曲，配合头形，用指肚来轻揉头皮	
步骤 8：抓揉耳朵上方 从耳朵上方开始抓揉	
步骤 9：冲洗右耳、左耳 左手从前额发际部位开始，以"之"字形动作移动，洗到头中心后，用同样的方法洗到两耳前，来回重复洗几次。"之"字形的动作幅度可大可小，当幅度大时，稍微加重指尖的压力；当动作幅度小时，放松手指即可	

美发师（五级）第 2 版

续表

步骤说明	图示
步骤10：从耳后向后顶部冲洗 接着从耳后以大的"之"字形动作向头顶冲洗，当双手在头顶碰到时，再回到耳后来回冲洗	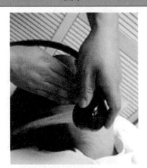
步骤11：从头顶向颈部冲洗 手指小幅度一点一点从头顶向下移动，当移到后颈部时即基本洗好。慢慢地将顾客的头颈托高，从下向上洗，再改变方向由上往下洗，重复几次。慢慢地将顾客颈部放下，注意要将后颈部的泡沫冲洗干净，这样，第一次洗发完毕	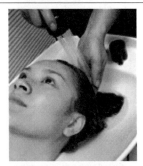
步骤12：沿发际冲洗、用手掌拍打 用温水沿发际线慢慢地冲洗冲水。必须将头发散开，让水充分地冲到头皮与发根上，同时用手掌进行轻轻拍打	
步骤13：第二次洗发 如顾客头发特别油腻，可进行第二次洗发。第二次洗发时，从前额左鬓角的发际开始，用第一次洗发的方法反复洗两次。当冲洗耳后、颈部发际、四周发际等部位时，动作节奏可以适当地加快，按照上述动作再将额前发际部分的头发仔细地清洗。以较大的幅度，从前额到中央，再到后枕部位，以交叉的手法进行按摩，并往返地搓揉头皮及发根	

续表

步骤说明	图示
步骤 14：第二次冲水 先调整好水温和水压，并注意喷头的角度，将发际线处的泡沫冲洗干净	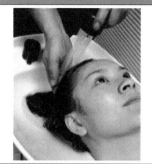
步骤 15：冲洗耳后及颈部 冲洗耳朵时应注意，随着喷头水流的方向移动左手，由发际洗到耳后，用两手轻轻地将顾客的头部抬高，使顾客脸侧向一边，然后开始冲洗耳后至脖颈，一般冲洗 2~3 次。冲洗颈部时，水量宜大一些，将头发彻底冲净	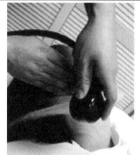
步骤 16：涂抹护发素、冲洗护发素 将护发素均匀地涂抹在头发上，两手手指紧贴头皮，轻轻拍打头皮，并轻揉头发，停留 3~5 min 使护发素充分吸收。最后将涂抹的护发素冲净	 涂抹护发素 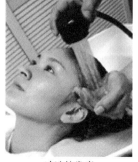 冲洗护发素

续表

步骤说明	图示
步骤17：干毛巾包裹头发 用干毛巾将头发擦干并包好，至此仰洗操作基本完成	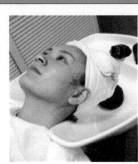

注意事项

1. 洗发时切不可用指甲猛抓头发

抓擦头皮原则上应该以指肚为着力点，如顾客需要，可用指腹与指甲平行轻抓头皮，但指甲必须剪短挫圆，以免损伤头皮。因为抓红或抓破的头皮在 2~3 天的恢复期内，容易引起头皮发痒，并刺激头皮而使头屑增多。正确的方法是按摩洗发。

2. 注意观察顾客的表情

在仰洗操作中注意观察顾客的表情，征求顾客意见，依顾客需要进行操作。如顾客感到某一部位特别痒时，也可多抓擦几次，要掌握好力度。

3. 洗发时间不宜太久

一般洗发液中的洗洁剂会损伤头发，因此洗发时间太长，会使洗发液停留在头发上的时间增加，加重头发损伤。

4. 勿用太烫的水洗发

头发的97%是一种角质蛋白。如用太烫的水洗发，容易使头发受损。通常洗发的水温是39~42℃最佳。

5. 应将洗发液冲净

洗发液残留在头发上，会使毛发受损，因此应冲净洗发液。

6. 洗发后应用护发素

洗发后用护发素润发，能使头发表皮层合拢，达到头发光亮、柔软的效果，这是保护头发发质的最佳方法。

7. 洗发时要注意顾客的体质状况

对高血压顾客仰洗时，头不能仰得太低，身体不能太高。

第2节　头部、面部及肩颈部按摩

学习目标

- 了解头面部、肩颈部按摩的作用
- 了解头部肩颈背按摩的经络、穴位
- 掌握头部、面部及肩颈部按摩的常用手法和技巧

知识要求

一、美发行业按摩的作用

美发按摩我国古已有之，在明清时期的《净发须知》中已有记载。几百年来，按摩一直是我国理发业的传统配套服务项目。现代美发按摩主要在美发厅或美容院进行。美发行业的按摩，一般是指头部按摩、面部按摩及肩颈部的按摩。

美发行业的按摩是有选择地在几条经络上以指代针，施以手法，或点、按、压、揉一些主要的腧穴，或抚、摩、拨、弹相应的肌肤筋腱，或抖、摇、捻等有关的关节，以求得疏通气血，调节功能，护理肌肤，活络筋骨，从而达到消除疲劳、振奋精神，给顾客一种轻松舒适的享受。

二、头部及肩颈部按摩的常用手法

在按摩中常用的手法有点、揉、抚、摩、按、压、推、抹、滚、拍、拿、捏、叩等。

1. 点

用拇指、中指或食指的指端取某一穴位由上往下轻轻用力，此法为点。点法

有指点和屈指点两种。指点是用拇指端点压体表。屈指点又分为屈拇指点和屈食指点。屈拇指点是用拇指指间关节挠侧点压体表，屈食指点是用食指近侧指间关节点压体表。这种方法作用面积小，力量较大。

2. 揉

用拇指、中指或食指的指腹轻按某一穴位做轻柔、小幅度的环旋揉动，此法为揉。揉法分掌揉和指揉两种。掌揉法是用手掌大鱼际或掌根吸定于一定的部位或穴位上，腕部放松，以肘部为支点，前臂做主动摆动，带动腕部做轻柔缓和的摆动。指揉法是用手指罗纹面吸定于一定的部位或穴位上，腕部放松，以肘部为支点，前臂做主动摆动，带动腕、掌和指做轻柔缓和摆动。操作时，用力要轻柔，动作要协调而有节奏。

3. 抚

用指腹轻放于穴位上，做徐缓而轻柔的直线来回或环旋的抚摩，此法为轻摩又称为抚。抚是摩法的一种，操作时动作要平稳，在操作中抚法很少单独使用。

4. 摩

用拇指、中指或食指的指腹或掌面吸附于穴位或肌肉上，做环形而有节奏抚摩，做环旋抚摩时顺时针或逆时针方向均可，每分钟频率约 120 次，此法称为摩。摩法有掌摩法和指摩法两种。掌摩法是用掌面附着于一定部位上，以腕关节为中心，连同前臂做节奏性的环旋运动。指摩法是用食指、中指和无名指的指面，附着于一定的部位上，以腕关节为中心，连同掌做节奏性的环旋运动。操作时，关节自然展曲，腕部放松，指掌自然伸直，动作要缓和而协调。

5. 按

用拇指、中指或食指的指端取某一穴位由上往下做按压，稍用力。按压时手指不要移位。手指按压的特点是接触面小，刺激的强弱容易控制调节。按法有指按法和掌按法两种。用拇指或指腹按压体表，称指按法。用单掌、双掌或双掌重叠按压体表，称掌按法。操作时，用力部位要紧贴体表，不可移动，用力要由轻而重，不可用暴力猛然按压。

6. 压

用拇指、中指或食指的指端取某一穴位由上往下做按压，压的动作与按法相

似，"按"偏于动，"压"偏于静，压的力量应较按为重。按压时手指不要移位。

7. 推

推是用拇指腹作力，按经络循行或肌纤维平行方向推进，在推进过程中，可在穴位上做缓和的按揉动作。推法是指肚、手掌或肘部着力于一定的部位上，进行单方向的直线运动。操作时，指、掌或肘要紧贴体表，用力要稳，速度要缓慢而均匀。

8. 抹

用拇指螺纹面紧贴皮肤做上下左右或弧形曲线往返推动，此法称为抹。抹法的动作与推法相似，推法是单方向移动，抹法则可根据需要任意往返移动，抹法的着力一般比推法重，抹时要求用力均匀动作缓和，防止推破皮肤，此法常用于头面部及掌指部。

9. 滚

滚法是以手掌背部近小指侧着于施术部位，掌指关节略屈曲，通过腕关节的主动屈伸，带动前臂外旋和内旋，使手背小指侧在施术部位连续不断地来回滚动，反复操作。

10. 拍

用虚掌拍打体表，称拍法。操作时，掌手指自然并拢，指关节微屈，平稳而有节奏地拍打按摩部位。常用于肩背部、腰骶部及下肢外侧部。

11. 拿

拿法是用大拇指、食指和中指或大拇指和其余四指做相对用力，在一定的部位和穴位上进行有节奏地提、捏。操作时用力要由轻至重，不要突然用力，动作要缓和而有连贯性。此种手法多用于颈、项、肩等部位。

12. 捏

捏法有三指捏和五指捏两种。三指捏是用大拇指、食指与中指夹住肢体，相对用力挤压。五指是用大拇指与其余四指夹住肢体，相对用力挤压。在做相对用力挤压动作时，要循序而下，均匀而有节奏。

美发师（五级）第2版

13. 叩

轻击为叩，叩法是两手半握拳呈空拳，以腕部屈伸带动手部，用掌根及指端着力，双手交替叩击施术部位，或以两手空拳的小指及小鱼际的尺侧叩击施术部位。或者以双手拳相合，掌心相对，五指略分开，用手部的指及掌的尺侧叩击施术部位。

三、头面部及肩颈部按摩操作的技巧

按摩手法是一项基本技能。作为手法，不是随意简单的动作，而是有一定规范和要求的技术动作。熟练的手法应具备持久、有力、均匀、柔和的特点。

（1）"持久"是指手法能持续运用一定时间，保持动作和力量的连贯性，不能断断续续。

（2）"有力"是指手法必须具备一定的力量，这种力量不是固定不变的，而是根据按摩对象、施治部位和手法性质而定。

（3）"均匀"是指手法动作的节奏性和用力的平稳性。动作不能时快时慢，用力不能时轻时重。

（4）"柔和"是指手法动作的稳柔、灵活及力量的缓和，使手法轻而不浮，重而不滞。所以柔和并不是软弱无力，而是不能用滞劲、蛮力或突发暴力。

以上四方面是密切相关、相辅相成、互相渗透的。持久能使手法逐渐渗透有力，均匀协调的动作使手法更趋柔和，而力量与技巧相结合则使手法既有力，又柔和，这就是通常所说的"刚柔相济"。在临床运用时，力量是基础，手法技巧是关键，两者必须兼有，缺一不可。体力充沛，能使手法技术得到充分发挥，运用起来得心应手。反之，如果体力不足，即使手法技术掌握得很好，运用起来也难免力不从心。冰冻三尺，非一日之寒，要使手法持久有力，均匀柔和，达到刚中有柔、柔中有刚、刚柔相济的程度，必然要经过一定时期的手法训练和实践操作，才能由生而熟，熟而生巧，乃至得心应手，运用自如。

四、头面部及肩颈部按摩操作的要求

经络要压，穴位要按，肌肉要摩，说的是在按摩过程中要有一个延续性，不

能有间断，要求每一个动作之间环环相扣。在按摩时，穴位与穴位的操作要有连贯性，即在做完上一个穴位按摩后，要压着经络移动到第二个穴位进行按摩，手指不能离开头皮或皮肤到下一个穴位进行按摩。

按摩操作中要灵活运用各种手法，不能使用单一的手法，而要灵活运用点、揉、抚、摩、按、压、推、抹、滚、拍、拿、捏、捻、叩等多种手法进行操作。

五、头面部及肩颈部按摩操作的禁忌

美发业的按摩虽然在减轻人们疲劳方面有很大的效果，但也有一定的局限性，存在着不适合按摩或按摩后有一定的危险性，也就是禁忌证。如顾客有禁忌证，则应禁止进行按摩。

有下列症状者禁做或慎做按摩：

（1）患有传染性疾病，被按摩部位有结核、肿瘤、皮肤病、炎症或皮肤损伤等，禁做按摩。

（2）不能经受按摩刺激者，患有严重高血压、心脏、肺、肝、脑等重要器官疾病者，慎做按摩。

（3）高烧发热者、怀疑有骨折者、精神病情绪不稳定者、酒醉者。

（4）出血性疾病或者有出血倾向者。如血小板减少、恶性贫血、白血病等。

（5）恶性肿瘤和艾滋病患者。

六、头部按摩中的经络、穴位

洗发工序中头部按摩的常用经络 4 条、穴位 17 个，可分为 4 条路线来进行按摩，如图 6—7 所示。

1. 督脉经
督脉经包括神庭、上星、囟会、百会等穴位。

2. 足太阳膀胱经
督脉经包括眉冲、曲差、五处、承光、通天等穴位。

3. 足少阳胆经（一）
督脉经包括头临泣、目窗、正营、承灵等穴位。

4. 足少阳胆经（二）

督脉经包括曲鬓、率谷、完骨、风池等穴位。

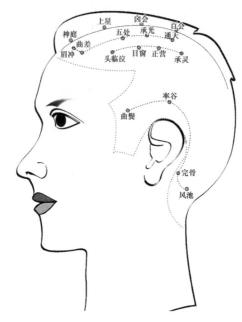

图6—7　洗发中头部按摩穴位图

七、头、面部按摩中的经络、穴位

头面部按摩的常用经络8条、穴位39个，可分为5条路线来进行按摩。如图6—8所示。

起始线：印堂穴——太阳穴。

1. 督脉经

印堂穴——神庭穴——上星穴——囟会穴——百会穴。

2. 足太阳膀胱经

睛明穴——攒竹穴——眉冲穴——曲差穴——五处穴——承光穴——通天穴。

3. 手少阳三焦经、手太阳小肠经、手阳明大肠经、足阳明胃经、任脉经、经外奇穴

鱼腰穴——丝竹空穴——瞳子髎穴——承泣穴——四白穴——巨髎穴——迎

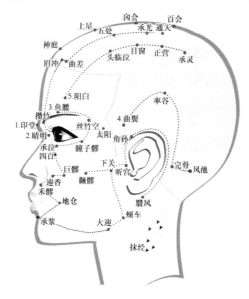

香穴——禾髎穴——地仓穴——承浆穴——大迎穴——颊车穴——下关穴——颧髎穴——听宫穴——角孙穴——翳风穴。

4. 足少阳胆经

曲鬓穴——率谷穴——完骨穴——风池穴。

5. 足少阳胆经

阳白穴——头临泣穴——目窗穴——正营穴——承灵穴。

图6—8　头面部按摩穴位图

八、肩、颈部按摩中的经络、穴位

颈、肩部按摩的常用穴位有15个，可分为两条路线来进行按摩。如图6—9所示。

1. 颈部按摩常用穴位

风府、哑门、大椎（督脉经）、风池（足少阳胆经）、天柱（足太阳膀胱经）等。

2. 肩部按摩常用穴位

肩井（足少阳胆经）、天髎、肩髎（手少阳三焦经）、肩髃（yú）（手阳明大肠经）、大杼（zhù）（足太阳膀胱经）、肩中俞、曲垣（yuán）、天宗、肩贞（手太阳小肠经）等。

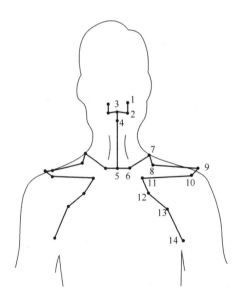

图6—9　颈肩部穴位图

注：上图中的经络、穴位左右对称。

1—风池　2—天柱　3—风府　4—哑门　5—大椎　6—肩中俞　7—肩井

8—天髎　9—肩髃　10—肩髎　11—大杼　12—曲垣　13—天宗　14—肩贞

技能要求

头 部 按 摩

操作准备

中围布1条，干毛巾1条。

操作步骤

头部按摩涉及4条经脉，在按摩程序上分4条路线来进行。

步骤1

（1）从顾客的右前侧围上中围布，肩部披上干毛巾。

（2）用右手拇指依次按、揉（督脉经）。第一线路：神庭穴（按、揉）——

上星穴（按、揉）——凶会穴（按、揉）——百会穴（按、压）。

（3）每穴位按摩 8～10 次。

（4）最后用右手拇指从督脉经的百会穴向前推抹至神庭穴。

步骤 2

（1）双手食指、拇指依次按、揉（足太阳膀胱经）。第二线路：眉冲穴（按、揉）——曲差穴（按、揉）——五处穴（按、揉）——承光穴（按、揉）——通天穴（按、揉）。

（2）每穴位按揉 8～10 次。

（3）最后用右手拇指从督脉经的百会穴向前推抹至神庭穴。

步骤 3

（1）双手食指、拇指依次按、揉（足少阳胆经）。第三线路：头临泣穴（按、揉）——目窗穴（按、揉）——正营穴（按、揉）——承灵穴（按、揉）。

（2）每穴位按揉 8～10 次。

（3）最后用右手拇指从督脉经的百会穴向前推抹至神庭穴。

步骤 4

（1）双手食指、拇指依次按、揉（足少阳胆经）。第四线路：曲鬓穴（按、揉）——率谷穴（按、揉）——完骨穴（按、揉）——风池穴（按、揉）。

（2）每穴位按揉 8～10 次。

（3）最后用右手拇指从督脉经的百会穴向前推抹至神庭穴。

步骤 5

双手十指在头部两侧用拿的手法进行有节奏的提、捏按摩。

注意事项

（1）按摩手法要柔和，用力要适中，轻重要适宜，不可用暴力、蛮力。

（2）向前推抹督脉经时，用力要均匀和缓，移动应缓慢。

（3）按摩操作时手指在穴位上不要移位。

（4）手法运用要灵活自如，不损伤顾客的头皮。

（5）按摩操作时，顾客头部不要有大的颤动。

（6）按摩操作时剪去手指甲，手上不可佩戴任何饰品，以免损伤顾客的头皮。

美发师（五级）第 2 版

头、面部按摩

操作准备

中围布、干毛巾、热毛巾各 1 条，按摩霜、护肤霜各 1 瓶。

操作步骤

步骤 1

顾客取仰卧姿势躺在美发椅上，美发师从顾客的右前侧围上中围布，前颈部围上干毛巾，并站在顾客头部后 0°位进行操作；用热毛巾擦脸，并擦按摩霜或富含油脂的护肤霜，以减少按摩时手与面部皮肤的摩擦阻力。

步骤 2

（1）双手拇指指腹分抹印堂至额部并向左右太阳穴分抹。第一线路：印堂穴——太阳穴（分抹）。

（2）该按摩线路为头面部经络按摩的起始线，也是头面部按摩中每一条按摩线路操作前必做的起姿势。

（3）头面部按摩中每一条按摩线路操作前，印堂穴——太阳穴分抹的操作一般要做 3 次。

（4）在最后一次分抹到太阳穴时进行由轻柔渐重，再由重渐轻柔的按摩。

步骤 3

（1）右手拇指正峰点、按、揉（督脉经）。第二线路：印堂穴（按、揉）——神庭穴（按、揉）——上星穴（按、揉）——囟会穴（按、揉）——百会穴（按、揉）。

（2）每穴位按揉 8~10 次。

（3）两手拇指从百会穴处，同时向前推抹至神庭穴。

步骤 4

（1）双手拇指按、揉（足太阳膀胱经）。印堂穴——太阳穴（分抹、按、揉），第三线路：睛明穴（按、揉）——攒竹穴（按、揉）——眉冲穴（按、揉）——曲差穴（按、揉）——五处穴（按、揉）——承光穴（按、揉）——通天穴（按、揉）。

（2）每穴位按揉 8~10 次。

（3）两手拇指汇集至督脉经百会穴处，同时向前推抹至神庭穴。

步骤5

（1）双手拇指点、按、揉（手少阳三焦经）、（手太阳小肠经）、（手阳明大肠经）、（足阳明胃经）、（任脉经）、（经外奇穴）。印堂穴——太阳穴（分抹）。第四线路：鱼腰穴（按、揉）——丝竹空穴（按、揉）——瞳子髎穴（按、揉）——四白穴（按、揉）——巨髎穴（按、揉）——迎香穴（按、揉）——禾髎穴（按、揉）——地仓穴（按、揉）——承浆穴（按、揉）——大迎穴（按、揉）——颊车穴（按、揉）——下关穴（按、揉）——颧髎穴（按、揉）——听宫穴（按、揉）——角孙穴（按、揉）——翳风穴（按、揉）。

（2）每穴位按揉 8～10 次。

步骤6

（1）双手拇指点、按、揉（足少阳胆经）。印堂穴——太阳穴（分抹）。第五线路：曲鬓穴（按、揉）——率谷穴（按、揉）——完骨穴（按、揉）——风池穴（按、揉）。

（2）每穴位按揉 8～10 次。

（3）双手大、小鱼际推抹左、右侧胸锁乳突肌（头面部按摩图中颈部箭头处，手法要求：从小鱼际转腕至大鱼际，一推到底，不停滞，不回抹，推抹 3～4 次）。

步骤7

（1）双手拇指点、按、揉（足少阳胆经）。印堂穴——太阳穴（分抹）。第六线路：阳白穴（按、揉）——头临泣穴（按、揉）——目窗穴（按、揉）——正营穴（按、揉）——承灵穴（按、揉）。

（2）每穴位按揉 8～10 次。

（3）两手拇指汇集至督脉经百会穴处，同时向前推抹至神庭穴。

步骤8

用辅助手法进行调整加深按摩的作用：

（1）双手十指在头部两侧用拿的手法进行有节奏的、由重至轻、由慢至快的旋转，双手十指同时进行提、捏按摩，此法重复数次。

（2）两手拇指指腹分抹额部。

美发师（五级）第2版

（3）两手大鱼际抚、摩、拿、捏面部皮肤、肌肉。

（4）双手十指分抹耳轮、耳垂。

（5）两手十指合拢指叩击额部、颞部、顶部。

（6）两手掌心对扣两侧耳门穴、太阳穴，表示按摩操作结束。

（7）最后用热毛巾擦脸，再涂抹护肤霜，按摩操作全部结束。

注意事项

（1）按摩手法要柔和，用力要适中，轻重要适宜，不可用暴力、蛮力。

（2）向前推抹督脉经时，用力要均匀和缓，移动应缓慢。

（3）按摩操作时手指在穴位上不要移位。

（4）手法运用要灵活自如，不要损伤顾客的头皮、皮肤。

（5）按摩操作时应剪去手指甲，手上不可佩戴任何饰品，以免损伤顾客的皮肤。

颈、肩、背部按摩

操作准备

中围布、干毛巾各1条。

操作步骤

步骤1

（1）顾客取坐势，两手肘部支撑在腿上或美发椅扶手上，背微弯曲。

（2）美发师站在顾客的背后正中，即0°位，双手做好按摩准备。

步骤2

（1）双手拇指指腹按、揉（足少阳胆经）。第一线路：风池穴（按、揉）。

（2）该穴位按揉8～10次。

步骤3

（1）双手拇指点、按、揉（足太阳膀胱经）。第二线路：天柱穴（点、按、揉）。

（2）该穴位按揉8～10次。

步骤4

（1）右手拇指正峰点、按、揉（督脉经）。第三线路：风府穴（点、按、揉）——哑门穴（点、按、揉）——大椎穴（点、按、揉）。

（2）每穴位按揉 8～10 次。

（3）右手拇指、食指拿、捏后颈部胸锁乳突肌、头半棘肌、头夹肌。

步骤 5

（1）双手拇指点、按、揉（手太阳小肠经）。第四线路：肩中俞穴（按、揉）。

（2）该穴位按揉 8～10 次。

步骤 6

（1）双手拇指指腹向上按、压（足少阳胆经）。第五线路：肩井穴（拿）。不可过重。

（2）该穴位按揉 8～10 次。

（3）按摩肩井穴时双手不可用力过重。

步骤 7

（1）双手拇指按、揉（手少阳三焦经）。第六线路：天髎穴（点、捻、揉）。

（2）该穴位按揉 8～10 次。

步骤 8

（1）双手拇指点、按（足太阳膀胱经）。第七线路：大杼穴（点、按）。

（2）该穴位按揉 8～10 次。

步骤 9

（1）双手拇指点、按、揉（手阳明大肠经）。第八线路：肩髃穴（点、捻、揉）；

（2）该穴位按揉 8～10 次。

步骤 10

（1）双手拇指按、揉（手少阳三焦经）。第九线路：肩髎穴（点、捻、揉）。

（2）该穴位按揉 8～10 次。

步骤 11

（1）双手拇指点、按、揉（手太阳小肠经）。第十线路：曲垣穴（按、揉）——天宗穴（点、按）——肩贞穴（按、揉）。拇指按在肩贞穴位，其余四指握住肩峰，边按、揉，边弹、拨肩肌腱群。

（2）每穴位按、揉，弹、拨 8～10 次。

美发师（五级）第 2 版

117

步骤 12

（1）右手或左手滚、揉肩背部（2～3遍）。

（2）双手虚掌拍打肩背部（2～3遍）。

（3）双手空心拳叩击肩背部（2～3遍）。

注意事项

（1）按摩操作时两手用力要均匀，轻重要适宜，有些穴位用力时应由轻至重，不可突施暴力、蛮力。

（2）肩背部按摩时手法要柔和，运用要灵活自如。

（3）按摩操作时手指在穴位上揉动的幅度不可太大，如幅度太大可能会移位至其他穴位。

（4）按摩操作时剪去手指甲，手上不可佩戴任何饰品，以免损伤顾客的皮肤。

（5）颈部按摩操作一般每周不宜超过 3 次。

模拟测试题

1. 填空题（请将正确的答案填在横线空白处）

（1）水是_____的化合物。

（2）护发素是一种大众化的护发用品，它的 pH 值为_____。

（3）开叉的头发必须剪去发尾开叉部分，否则无法进行_____。

（4）痒的感觉是由于灰尘、微生物_____等的作用而产生的。

（5）洗发前先要经过一个细致的梳、刷、_____、抖、掸的过程。

（6）按摩中的_____是指手法能持续运用一定时间，保持动作和力量的连贯性，不能断断续续。

（7）按摩操作时剪去_____，手上不可佩戴任何饰品，以免损伤顾客的皮肤。

（8）在按摩中，用拇指、中指或食指的指端取某一穴位由上往下轻轻用力，此法为_____。

（9）在_____中，向前推抹督脉经时，用力要均匀和缓，移动应缓慢。

（10）颈部按摩操作一般每周不宜超过_____。

2. 判断题（下列判断正确的请打"√"，错误的打"×"）

（1）美发师主要是用手摸来识别发质。（　　）

（2）烫发后的洗发香波，含罗望子精华，能平衡头发的结构组织，使烫后头发卷度更持久有力，并富有弹性。（　　）

（3）水被称为万能溶剂。（　　）

（4）头发蓬松不黏、无头屑、无污垢、干净是洗发的质量要求。（　　）

（5）止痒的方法大体有抓擦止痒、水温止痒、按摩止痒、药物止痒。（　　）

（6）美发行业的按摩是有选择地在几条经络上以掌代针，施以手法。（　　）

（7）现代美发按摩主要在美发厅或美容院进行。（　　）

（8）颈部按摩的常用穴位有风府、哑门、大椎、风池、玉枕、通天等。（　　）

（9）头面部按摩中督脉经按摩的顺序为：印堂穴——神庭穴——上星穴——囟会穴——百会穴。（　　）

（10）肩颈部按摩可分为四条路线来进行。（　　）

3. 选择题（下列每题有 4 个选项，其中只有 1 个是正确的，请将其代号填在括号内）

（1）对美发师而言，手的触觉能力是＿＿＿＿重要的，通过触摸能判断出头发的质地。

A. 非常　　　　　B. 十分　　　　　C. 极其　　　　　D. 相对

（2）氢和氧都是气体，用电流可以把水分解，分解所得到的氢气是氧气的＿＿＿＿。

A. 两倍　　　　　B. 一倍　　　　　C. 三倍　　　　　D. 半倍

（3）调节水温，以＿＿＿＿为宜。调节时可用手腕内侧确认水温。

A. 30℃　　　　　B. 35℃　　　　　C. 40℃　　　　　D. 45℃

（4）冲洗时，莲蓬头距头皮＿＿＿＿左右冲水为宜。

A. 10 cm　　　　B. 8 cm　　　　C. 5 cm　　　　D. 2 cm

（5）头发洗净后要涂抹适量护发素，涂抹要均匀并让护发素在头发上停留＿＿＿＿min，然后用水冲净。

A. 0.5　　　　　B. 1　　　　　C. 1.5　　　　　D. 1~2

美发师（五级）第 2 版

（6）美发行业的按摩，一般是指头部按摩、面部按摩及_____的按摩。

A. 肩颈部　　　　　B. 手臂　　　　　C. 上半身　　　　　D. 全身

（7）在按摩中，_____是指手法动作的稳柔、灵活及力量的缓和，使手法轻而不浮，重而不滞。

A. 持久　　　　　B. 均匀　　　　　C. 有力　　　　　D. 柔和

（8）洗发工序中头部按摩的常用穴位有_____。

A. 15 个　　　　　B. 16 个　　　　　C. 17 个　　　　　D. 18 个

（9）头面部按摩可分为_____路线来进行。

A. 4 条　　　　　B. 5 条　　　　　C. 6 条　　　　　D. 7 条

（10）肩颈部按摩的常用穴位有_____。

A. 12 个　　　　　B. 15 个　　　　　C. 17 个　　　　　D. 20 个

模拟测试题答案

1. 填空题

（1）氢和氧　　（2）4～5　　（3）保养　　（4）分泌物　　（5）篦

（6）持久　　（7）手指甲　　（8）点　　（9）头面部按摩　　（10）3 次

2. 判断题

（1）×　　（2）×　　（3）×　　（4）√　　（5）√　　（6）×　　（7）√

（8）×　　（9）√　　（10）×

3. 选择题

（1）B　　（2）A　　（3）C　　（4）C　　（5）D　　（6）A　　（7）D　　（8）C

（9）B　　（10）B

第 7 章　修剪

第1节　修剪工具的使用

学习单元 1　电推剪操作的基本方法

学习目标

● 了解电推剪的正确使用方法
● 掌握电推剪操作的基本方法

知识要求

一、美发操作基本功的训练

美发工作是一项技术性较强的工作，美发师必须要有一定的基本功。

美发师的工作需要长时间站立操作，上肢经常凌空抬起，与自己两肩相平，或提得更高。一方面，如果没有较好的身体素质，或缺乏耐力是很难持久的。另一方面，如果指、腕、肘、臂动作不灵活，两手配合不协调，使用工具不熟练，就很难顺利完成美发服务工作。此外，如果缺乏全面的基本功训练，经过若干年工作，很容易患上各种职业病。基本操作训练的内容有两方面：第一，基本姿势训练，包括站立、抬臂姿势训练，手腕、手指动作训练。第二，操作方法训练，包括基本动作训练、各种工具运用训练。

1. 美发操作站立姿势的训练

基本站立姿势是指美发操作时的站立姿势和上肢的操作姿势，也是进行操作训练的起点。

美发师的正确站立姿势一般称为"丁字步"，即要求身体直立，胸部微微挺起，腰部自然伸直，两眼平视在一点上，两腿垂直分开，一足向前斜伸，一足与其成直角，两足站立成"丁"字形，似队列训练的稍息姿势。实际操作时，站立位置应与美发椅相距 10 cm 左右，身体不能倚靠在椅背上，两脚可以轮换，但上体姿势保持不变（见图 7—1）。

美发师的上肢操作姿势，是将两臂抬起，与肩相平，两肘向胸前弯曲成

75°，肌肉放松，两手自然向前平伸，待进行操作时，再根据操作要求练习各种不同的动作。这种操作姿势应用范围很广，洗发、剪发、剃须、烫发、染发、吹风、梳理等基本上都是在这种姿势下进行的。

2. 手腕训练

手腕训练，也叫摇手训练，主要锻炼腕关节。训练方法有以下几种；一种是上下左右往返摆动，手腕与胳膊角度为 70°～ 90°之间。另一种是由内向外、自外向内做圆圈运动，手腕与胳膊为 180°～360°之间。训练时先按基本操作姿势站立，两手平伸，手心向下，双手同时进行。先练习上下摆动，形态如同招手，然后练习左右摆动，但摆动幅度要大，接着成环形转动，要求两臂不动，以腕关节上下或回旋转动（见图 7—2）。开始时动作要慢些、时间短些，以后逐步加快、加长，直到完全运转自如。

图 7—1　美发师站立姿势训练

图 7—2　手腕训练

3. 手指训练

手指训练是指持梳子方法的训练，即端梳法和捏梳法。手指训练主要目的是使手指关节灵活，具有耐力，使用工具得心应手。手执梳子的训练一般有两种。一种是用拇指和食指夹住梳子，中指抵住梳身，俗称端梳子（见图 7—3）；另一种是用拇指和食指捏住梳子，中指靠住梳身，俗称捏梳子（见图 7—4），训练时左手执梳子，梳子放在右手手心做 180°翻动，使梳子在手指的操纵下转动自如，同时也可手执梳子，做上下或左右摆动，以使手腕灵活。

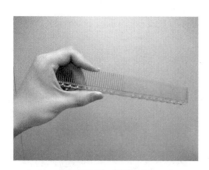

图7—3　端梳子

图7—4　捏梳子

二、电推剪的使用方法

1. 电推剪的正确持法

用右手的拇指尖轻放在电推剪的正面中前部，拇指和电推剪刀身约为45°的夹角，其余四指放在电推剪的后部，轻微散开握住电推剪刀身（见图7—5）。

2. 推剪操作的训练

要掌握好电推剪，应根据电推剪操作的要求，练好正确、规范的基本动作和各种操作方法。训练时右手持电推剪，左手拿梳子，一边梳通扶直头发根部一边进行推剪，在稳定的状态下用电推剪贴着梳子剪去梳齿上多余的头发，然后再梳起一片头发进行推剪。以此类推，循环往复。电推剪在梳子的

图7—5　电推剪的正确持法

配合下逐步往上推剪，推剪时电推剪的刀头底部要与梳子平行并轻微贴在梳子上移动，以此推剪去多余的头发，推剪时运用手臂肘部的力量向上推移。

3. 电推剪操作的基本方法

（1）满推。满推（见图7—6）是指电推剪的刀齿平贴着梳面进行满齿推剪头发，也称全齿推。操作时右手持电推剪，左手持梳子，电推剪的刀齿平贴着梳面，腕关节基本不动，依靠肘部轻轻向后或向前进行推剪。这种方法适用于推剪两边鬓发、后脑正中部位及短发类的顶部头发。利用满推从上向下推剪后颈部倒长和斜向生长的毛发，称为反推（见图7—8）。

a)

b)

c)

图 7—6　满推

a）鬓部满推　b）后颈部满推　c）顶部满推

（2）半推。半推（见图 7—7）就是运用局部刀齿推剪。这种推剪法有用小抄梳衬托进行操作和不用梳子衬托操作两种方法。用小抄梳衬托半推操作时，小抄梳抄起头发，用电推剪左右两侧的四五根刀齿剪去梳子上的头发，主要用于头发边沿或起伏不平的地方；不用小抄梳衬托半推操作时，微微将手腕向外向内转动，使掌心略转向右边（或左边），用电推剪左角边或右角边的四五根刀齿推剪头发，主要用于色调底部及耳夹部位。

（3）反推。反推（见图 7—8）是指电推剪的刀齿平贴着梳面进行满齿推剪头发，也称全齿推。操作时右手持电推剪，左手持梳子，电推剪的刀齿平贴着梳面，腕关节基本不动，依靠肘部轻轻向后或向前进行推剪。这种方法适用于推剪两边鬓发、后脑正中部位及短发类的顶部头发。

图 7—7　半推

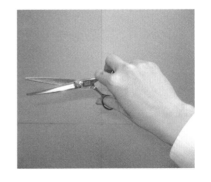

图 7—8　反推

美发师（五级）第 2 版

4. 电推剪操作的技巧

（1）把稳电推剪的刀身。电推剪刀齿运动时会产生震动，并使电推剪左右摇晃而影响推剪的效果，因此需要加强手对电推剪的控制，善于运用手指平稳地握住，使电推剪的刀齿对准所需推剪头发的部位，并向所需运动的方向移动，不因其震动而碰伤顾客头皮或推剪出的头发长短不一。

（2）善于掌握电推剪刀齿的角度。正确的持法应该是电推剪的刀齿与头皮保持平行，齿板贴着皮肤而不能将齿尖对着皮肤。推剪长发类各种发式还要注意刀齿角度的变化，向上推剪至一定程度时，要用腕力将电推剪齿板微微向外移动，与头皮略微拉开一些距离，这样，色调下部就不会上下一样光净。

（3）正确掌握肘部移动的速度。肘部移动的速度要与电推剪运动的速度相吻合。推剪操作时，肘部移动的速度过慢或快慢不一，推剪出的头发很难达到长短匀称，同时推剪色调时应自下而上一气呵成，不能中途停顿，否则发式会受到影响。

5. 电推剪与梳子的配合操作

按基本姿势站立，两臂平举，左手执梳子，右手执电推剪，电推剪轻轻地贴在梳子上，梳子与电推剪刀齿作斜形交叉，两手同时向一定方向移动，移动时右手操作电推剪，左手端稳梳子，密切配合。

（1）平面练习。按基本姿势站立，两臂平举，左手执梳子，右手执电推剪轻轻地贴在梳子上，右手执电推剪随着梳子自右向左地在平面上作直线运动。练习时，电推剪不能摇晃，梳子应平稳，不能忽高忽低。

（2）弧形练习。按基本姿势站立，两臂平举，左手执梳子，梳齿向上，电推剪贴着梳面，两手同时自下向上作弧形线移动。在教习头模的后枕部，肘部随着腕关节的转动轻轻向上或向前推移。这种方法适用于推剪两鬓、后枕部及短发类顶部头发。它是电推剪操作的基本功，所以必须反复练习，直至掌握操作要领为止。

（3）斜面与侧面练习。在弧形推剪的方法中，还可以利用腕部转动改变电推剪的运动方向，使电推剪分别向左或向右偏斜着往上推剪，或横向从左右侧面

向前推剪，主要用于推剪耳后或耳轮上部两侧的头发。

训练中，每一种推剪方法，一般应能坚持 10～15 min 才符合要求。

技能要求

电推剪操作的训练

操作准备

真发教习头模、电推剪、头模支架、中号梳、小抄梳等。

操作步骤

步骤 1 将头模正确稳妥地安置在支架上，梳通头发。

步骤 2 右手正确执好电推剪，接上电源，启动开关（充电推剪检查电能是否充足）。

步骤 3 左手拿起梳子，按照发式要求及头发长短来选用梳子，并选择执梳子的方法。

步骤 4 从右鬓发际线开始，经耳上、后脑至左鬓角推剪出色调与轮廓。双手配合进行推剪，梳子梳起一片头发，电推剪贴着梳子剪去梳齿上的头发，右手持推剪，左手拿梳子，一边梳一边推剪，持推剪的手要平稳有力。

步骤 5 满推，电推剪刀齿与头发全面接触，推剪去大面积的头发，这种方法一般用于推剪两边鬓发、后脑正中部分及短发类顶部头发。在满推的方法中还可以利用腕部转动来改变电推剪运动的方向，使电推剪分别向左右偏斜着往上推剪，或横带斜向左右从侧面向前推剪。

步骤 6 半推，用局部刀齿推剪头发，剪去小面积的头发，这种方法一般用于推剪耳夹边沿以及头部某些起伏不平之处的头发。

步骤 7 反推，用电推剪推去朝上生长的头发，这种方法一般用于推剪后颈部倒长和斜向生长的毛发，操作时电推剪由上向下反推。

注意事项

（1）注意手持电推剪的方法及使用电推剪的方法。

（2）注意梳子使用的方法、角度、坡度、力度。梳子的作用是扶直头发，引导电推剪剪发。梳子的正确使用在推剪中起着十分重要的作用。

学习单元 2 剪刀操作的基本方法

学习目标

● 了解剪刀、牙剪等剪发类工具的正确使用方法
● 掌握剪刀、牙剪操作的基本方法

知识要求

一、剪刀操作基本功的训练

1. 剪刀的基本执法

剪刀有两片刀刃，一片为动片，另一片为静片。使用时将剪刀正面（有螺帽的一面）朝上，右手的拇指套进动片指环，无名指套进静片指环（见图7—9），小指轻搭在指环后部的指撑上或自然弯曲，食指、中指钩住静片，这样可以更好地稳定剪刀。拇指指端轻搭在动片指环内。注意拇指不要完全套入指环，用拇指的摆动来带动活动刀片的开合，当松开拇指弯曲手指，剪刀便可以藏在掌心里，用拇指和食指拿住梳子。这样就可以用同一只手握剪刀和拿梳子，便于修剪时的操作（见图7—10）。

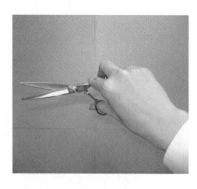

图7—9　剪刀的基本执法

图7—10　剪刀藏在掌心

2. 剪刀操作的训练

练习时，按基本姿势站立，左手执梳子，右手握剪刀，剪刀不动柄的刀锋与梳子齿背成直线相贴（见图 7—11），两手同时自下而上地移动，移动至头模顶部后，再回下来重复练习。一面右手拇指不停地摆动，一面肘部随着梳子移动。注意只能拇指摆动，其他四指稳住刀身不动，拇指摆动速度要均匀，左手所持梳子不摇动，向上移的速度要慢一些为宜，以便与实际操作速度相仿。移动时，剪刀不动的这面刀锋始终与梳子保持平行，右手拇指摆动的速度要均匀，左手所持梳子不能摇动。

图 7—11　剪刀操作的训练

二、剪刀的使用方法

剪刀的操作比较复杂，剪法变化也多，不同的要求就有不同剪法，归纳起来可分为基本剪法、梳子配合剪法和手配合剪法等三种。

1. 剪刀的基本剪法

剪刀的基本剪法包括平口剪、削剪、刀尖剪三种。

（1）平口剪。平口剪又称满口剪（见图7—12）。平口剪运用最为广泛，操作时刀尖固定指向左方，女式修剪左侧轮廓线时，要将手腕翻转反剪，这时刀尖指向右方，手腕不动，靠肘部移动位置，做向上或向前的单线运动。这种方法，适用于修剪两鬓、耳后、后脑正中部位及短发类顶部等部位的头发。

图 7—12　平口剪

（2）削剪。削剪又称滑剪（见图7—13）。用左手的食指和中指捏住一束头发的发梢并夹成薄薄一片，略向上提拉成一定的倾斜角度，张开刀口将头发嵌入，借腕力使刀锋在发梢到发根之间有选择地作上下来回地滑动，将头发削断。这种方法主要用在将部分过厚的头发削薄。

美发师（五级）第2版

图7—13 削剪

a）由上往后削剪 b）上下来回削剪

（3）刀尖剪。刀尖剪又称疏剪（见图7—14）。刀尖剪是用手指夹住一片头发，用剪刀尖将头发发尾剪成锯齿状，使头发飘逸有动感。其剪的幅度大小可根据发式设计要求或发量而定。

2. 梳子与剪刀的配合剪法

当梳子执持姿势或角度变化时，剪刀剪法也随之变化。梳子到哪里，剪刀剪到哪里，练习剪刀操作，首先要练习剪刀配合梳子同时运动。

（1）挑剪。挑剪就是用梳子挑起一股头发用剪刀剪去过长发梢的基本剪法，主要用于调整层次的高低，也可用于修整某部位头发过长或脱节。这种剪法适用于修剪轮廓与层次（见图7—15）。

（2）压剪。压剪是用梳子从靠近发梢的地方插入头发，再将梳背贴头皮压住，使被压住的头发不会左右移动，然后用满口剪法将参差不齐、生长不规则的头发剪去（见图7—16）。

图7—14 刀尖剪　　　　图7—15 挑剪　　　　图7—16 压剪

3. 手与剪刀配合的剪法

在梳子无法发挥作用的时候，如修剪轮廓调整顶部头发层次，或最后对发梢边沿修饰时，都要靠左手辅助动作配合，剪法也随着配合的手势变化而变化。

（1）夹剪。夹剪是女式修剪中用途最广的一种修剪方法，主要用于修剪发型的初步轮廓、调整头发层次。夹剪操作的方法分为外夹剪和内夹剪两种。

1）外夹剪。用梳子梳起一股（或一片）头发，以食指与中指夹住，提拉起来，使发梢朝上，然后用剪刀贴着指背，把手指间夹缝中露出的头发剪去（见图 7—17）。

2）内夹剪。用梳子梳起一股（或一片）头发，以食指与中指夹住，提拉起来，使发梢露在手心内，然后用剪刀贴着指腹剪去指间夹缝中露出的发梢（见图 7—18）。

（2）抓剪。抓剪是用梳子梳起一股头发，以拇指与食指将头发抓成一束并提拉至一定的方向和角度，然后在头发上确定一剪切点，用剪刀进行一刀剪切即可形成轮廓和层次。抓剪修剪后的头发成弧形，抓剪一般用于剪顶部、额前部和两侧，以形成弧形轮廓（见图 7—19）。

图 7—17　外夹剪

图 7—18　内夹剪

图 7—19　抓剪

（3）托剪。托剪是用左手手指托住剪刀刀身，缓缓地引导剪刀小开小合地修剪头发的一种方法。托剪分为水平托剪和垂直托剪两种。

1）水平托剪是左手手指托住剪刀刀身作水平方向的修剪，此方法一般用于前额刘海和四周边沿形线的剪切，如女式发式轮廓下沿线的修剪（见图 7—20）。

2）垂直托剪是左手手指托住剪刀刀尖部位作垂直方向的修剪，此方法一般用于男式色调和发式轮廓线的修饰（见图7—21）。

图7—20　水平托剪　　　　　　　　图7—21　垂直托剪

三、牙剪（锯齿剪）操作的基本方法

1. 牙剪操作的基本动作

（1）牙剪的执法。牙剪的剪刀口一片是普通的剪刀刀刃，另一片是锯齿状的剪刀刀刃，锯齿形状各式各样，有的顺序排列，有的间隔排列，有的一长一短参差排列。无论何种形式的排列，都是起到减少发量、制造参差层次和色调的作用。牙剪执法同剪刀一样。

（2）牙剪的操作训练。牙剪的主要功能是削薄，操作时特别要注意牙剪的角度、位置和发量。要视发式的需要及发量的具体情况来操作。尤其要注意刀刃的锋利度，采用半剪、满剪，切忌在同一位置进行多次运动，并结合梳子的指引进行适当的运行。

2. 牙剪操作的基本方法

牙剪操作的基本方法分为半剪和满剪两种。

（1）半剪。半剪就是在操作中使用牙剪一半以下的刀齿进行削发，该操作方法主要用于头发较少部位的削剪和少量削剪的操作（见图7—22）。

（2）满剪。满剪就是在操作中使用牙剪一半以上的刀齿进行削发，该操作方法主要用于头发较多部位的削剪和较大量削剪的操作（见图7—23）。

3．牙剪的使用要求

牙剪一般是在发式的具体要求下使用。层次的参差、发量厚薄的匀称以及发梢的虚实效果，均可以用牙剪来操作实施。牙剪一般在梳子和手指的指引、配合下使用。

图7—22　半剪

图7—23　满剪

第2节　男式基本发式的修剪

学习单元1　男式基本发式基础

学习目标

● 了解男式基本发式的概念
● 熟悉三部三线位置变化的关系
● 掌握生理特征对发式轮廓线与基线位置的影响
● 掌握男式有色调发式推剪的质量标准

知识要求

一、发型与方式

发型是指头发的基本式样，也就是留发长短的标准。它是按照事先确定的式样，通过电推剪、剪刀等工具的操作来体现的，操作一经完成就难以更改。

发式则是在发型的基础上进一步加以变化，通过梳理以及吹风、加热、定型，并结合各人的脸型、头型特征、年龄、职业等条件塑造出各自不同的款式。

二、发式分类

男式基本发式的分类一般以留发长短为标准，大致可分为短发类发型和长发类发型两大类。每类发型中因造型不同又有多种多样的具体发式，它们之间有区别但不能截然划分（见表7—1）。

表7—1　　　　　　　　　　　　　　　男式基本发式分类

基本分类	具体发式	说明
短发类	平头式（又称平顶头）	外形轮廓呈方形，两侧及后部的头发较光净，有色调。顶部留发20~30 mm左右，有些平头顶部留发在4~10 mm之间。发型整洁、凉爽、阳刚、时尚
	圆头式（又称圆顶头）	头发的两侧及后部较光净、有色调，顶部头发短而呈圆形
	平圆式	是平头式与圆头式的结合，顶部短发呈平圆形
	游泳式	是在平圆头的基础上变化而成的发式，顶部头发比平圆头式要长，轮廓呈弧形，简洁明快
长发类	短长式	留发较短，头发最长处在顶部
	中长式	留发范围在两鬓角至后枕部以上的范围内
	长发式	留发范围介于中长式与超长发式之间
	超长发式	留发范围超越后颈部发际线

三、男式基本发型的三部三线

1. 头面部名称

美发推剪、修剪、吹风操作中头面部各部位的名称分别是额部、前额发际线、前顶部、顶部、后顶部、枕部、后颈部、左侧部、右侧部、鬓部、鬓脚、鬓角、耳上、耳后侧（见图7—24）。

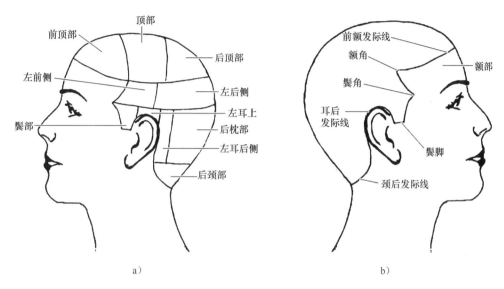

图7—24　头面部名称

a）头面部左侧面名称　b）头面部右侧面名称

2. 三部

在男式推剪操作中，为了准确地确定发型的留发长度、推剪的高低，习惯上都按头发生长的情况，以及头颅和五官外形的位置，将头发部位分为三部、三线（见图7—25）。其中，三部为顶部、中部、底部。

（1）顶部。又称发冠部位，由额前发际线延伸到后脑隆起的枕骨部位均属顶部，各种发型所需要的头发，都留在这一部分，修剪中的层次衔接调和、均匀厚薄也体现在这一部分。顶部是修剪与造型的主要范围，也是剪刀操作的主要范围。

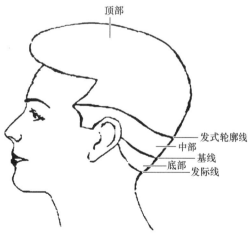

图7—25　三部三线图

美发师（五级）第2版

135

（2）中部。中部又称二部，这一部位在顶部与底部之间。中部上缘的位置在枕骨中间的枕外隆凸部分，下缘则在颈部的上端，枕外脊部分。中部正好处在后脑鼓起部分的下端，形成一个倒坡形，推剪中的轮廓齐圆、色调均匀主要体现在这一部分，也是电推剪操作的主要范围。

（3）底部。基线的下缘部分至发际线的边缘，即从枕外脊以下至颈脖上的发际线上，是属于"打底子"的部分。在男式有色调发型推剪中，要求底部光净，接头精细。

3. 三线

在顶部与中部、中部与底部的交界处及底部的下沿处形成三条线，这三条线即发际线、基线、发式轮廓线。

（1）发式轮廓线。发式轮廓线是顶部和中部的分界线，也是下部色调与上部层次的分界线，它是一条活动线，随着发型式样及留发长短的变化，它的位置也上下移动，因此发式轮廓线就是一条定式线。

（2）基线。基线是中部和底部的分界线，是一条抽象的假设线，同时也是一条活动线，随着发型式样及留发范围的变化，它的位置也上下移动，因此基线是一条留发的起始线。

（3）发际线。发际线是指头发与皮肤的自然分界线，即毛发自然生长的边缘线，它连接着顶部、中部和底部。

从后脑正中看，头发的三个部位大体如此。但从两侧来看，分界的位置却不相同。由于头发在人的头部是自前额至后颈部成斜面生长的，部位之间分界是两侧略高于后枕部。顶部与中部之间的交接线，自左右两侧的鬓角开始，对等地呈水平状经耳上斜向后环绕至枕骨部汇合，这条弧形线同时也是长发类中长式的标准发式轮廓线。在中部和底部之间的一条交接线，其两侧位置在耳后发际线边沿上，向后至枕外脊上一点汇合，这条所连成的弧线称作基线，是电推剪操作"接头"的起点。

由此可见，三部和三线的关系是密不可分的，它决定着发式推剪的效果。

四、三部三线位置变化的关系

1. 各种发式轮廓线和基线的位置变化

男式推剪中三部、三线之间的关系主要是由发式轮廓线的变化来确定的。发

式轮廓线把头发分为上下两大部，即上部为层次，通过修剪来体现，下部为色调，通过推剪来体现。发式轮廓线的上下移动，会使发式改变形态。发式轮廓线向上移，顶部层次就变短，中部色调幅度就拉长，色调颜色就淡；发式轮廓线向下移，顶部层次就放长，中部色调就缩短，色调颜色就深。这一上一下的移动便产生了截然不同的两种发式形态效果，并由此而推出长、中、短几种发式的轮廓线。通常都以居中为标准，如前、中、后，左、中、右，上、中、下，美发亦是如此。因此，在男式有色调发型中，将中长式的发式轮廓线来作为各种发式的标准轮廓线，并根据留发长短来决定其具体位置。

（1）短长式。短长式的发式轮廓线位置在额角至鬓角的 1/2 处范围内，后脑部发式轮廓线的中心点略高于中长式的汇合点。在枕骨隆凸的上端，额前两侧的点应在额角至鬓角的 1/2 处范围之间。

（2）中长式。中长式自左右两侧的鬓角开始，对等地呈水平线经耳上并斜向后环绕至枕骨部汇合，以脑后中心点之间的差距为比例，一般中长式与短发式相距 7 mm。

（3）长发式。长发式在中部范围内，后脑部轮廓线中心点应在中长式轮廓线的下端，但不能低于枕外隆凸部分，如留薄鬓角其轮廓线位置则略低一些，以脑后中心点之间的差距为比例，一般长发式与中长式之间相距 10 mm。

（4）短发类发式。平头、圆头、平圆头属于短发类发式，其发式轮廓线位置略高于短长式的轮廓线，具体差别是向两侧延伸的线端较短长式略高一些。游泳式的发式轮廓线位置相当于中长式的轮廓线，主要区别是游泳式的中部层次短，顶部留发也短。

（5）超长发。超长发由于留发较长，超过发际线，其发式轮廓线低于发际线（见图 7—26）。

2. 基线与轮廓线的关系

在推剪操作中，一般电推剪直接从发际线推向轮廓线，基线似乎不复存在了，但是在实际操作中，为了中部色调的需要，电推剪开始时紧贴头皮，越过发际后逐步悬空推向轮廓线，这样发际线周围比较光净，稍上就会出现匀称的色调，而电推剪开始悬空时起点的那条线，实际上就是一条看不见的基线，但有的时候发际线直接推向轮廓线，发际线外不要光净，那么基线就与发际线成为一条

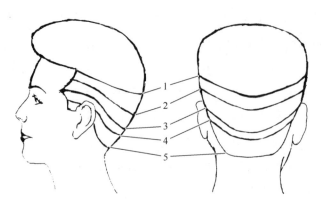

图7—26　发式轮廓线位置图

1—短发类发式轮廓线　2—短长式发式轮廓线　3—中长式发式轮廓线

4—长发式发式轮廓线　5—超长式发式轮廓线

线，而这样的轮廓线位置就显得高了，可以适当调低。长发类的长发式轮廓线位置调低后，色调就显得深，如果轮廓线位置不变，色调就显得淡。因此就有深淡色调的区分。深淡色调要根据发式的要求、年龄的大小、留发的长短来掌握，不能千篇一律。如青年式要求色调深，推剪后仍保持成像推剪过有数天又长出来的样子。而中长式则要求色调淡，柔和匀称。若忽视了这些不同之处，也就足以影响发式轮廓。

　　关于发式的基线与轮廓线的相互关系仍然十分重要。美发师只有掌握好各种发式的基线、轮廓线的位置，并做到心中有数，才能完整地处理好各种发式。虽然目前男式发型留长，趋向深色调，有些超长发，轮廓线与基线合一，但正规发型（男式）即使是现代新发型，也很重视基线与发式轮廓线的关系，处理得当，将使发式更加完美。

　　由此可以清楚地看出，发际线、基线、发式轮廓线三者之间既相辅相成，又相互制约，每个人的发际线高低是完全不一样的。发际线高低直接影响轮廓线、基线的位置，但基线位置的高低与发式能否符合标准，也有很大关系，基线的位置高低与否应根据各种发式的要求来决定，而各种发式轮廓线要根据留发长短来确定。

五、生理特征对发式轮廓线与基线位置的影响

1. 发际线高低对基线、轮廓线的影响

各人发际线位置的高低不完全相同，如果遇到后颈部发际线位置有偏高或偏

低现象，基线位置不随之调整会影响发型的色调，因为按照操作要求，在推剪操作的中部，要反映出黑白匀称的色调来，使黑发在皮肤色的衬托下体现出由浅入深、明暗谐和的色调来。如发际线过高，为了保持发际线与基线的距离，让基线与轮廓线的位置也按比例提高，发式轮廓就会显得前后不匀称。如轮廓线不动，基线按比例提高，则基线与轮廓线之间的距离过短，就达不到色调柔和匀称的要求。遇到这种情况，只能相应调整基线位置，适当缩短与发际线之间的距离。相反，如果发际线较低，则可按一般比例，略向下移动基线与轮廓线位置，否则底部太大，与整个轮廓线也不协调。

2. 头发生长的疏密对基线与轮廓线位置的影响

各人的头发生长情况很不一样，有粗硬茂密，有细软稀疏，紧贴头皮，若掌握不好，也会影响到色调问题。因此，实际操作时应视头发生长情况灵活掌握。如头发生长浓密，基线与轮廓线应该比一般标准略微提高，但轮廓向上移动幅度要小于基线的移动速度，使两线之间距离较一般标准缩短一些。如头发生长较为稀疏，紧贴头皮的，则可以将基线位置向下移动一些，使其与轮廓线之间的距离适当扩大。

3. 颈部胖瘦对基线的影响

人的颈部有长短、粗细、胖瘦等差别。有人颈椎骨较长，体态消瘦，显得颈部特别长；也有人颈椎骨较短，体态肥胖，颈肌发达，显得颈部较粗、较短。所以基线位置还需要结合颈部的生长情况一并考虑。属于前一种情况的，基线位置应该略低于正常标准，这样看起来不会感觉颈部过长。属于后一种情况的，要把基线位置定得高一些，这样能够避免给人的颈部过短的感觉，但是如果碰到颈部肌肉太发达且皮肤松弛的情况，即使颈部较短，基线也不能提得过高，否则会使人产生不舒服的感觉。

六、男式有色调发式推剪的质量标准

1. 色调均匀，两边相等

色调是肤色与发色交溶后产生的，如同画家描绘的水墨画那样，使皮肤的颜色逐渐由显而隐、由亮至暗，即从基线发根透露出肤色到轮廓线位置肤

色逐渐隐没，显得浓淡适宜，头发的颜色由浅至深，自然地组成明暗均匀的色调，主要体现在中部。不能推剪得黑一块白一块，也不能推剪得上黑下白，黑白分明，更不应有一部分头发凸出或凹进的现象，这也是衡量推剪操作技术的主要标准之一。两边留发长短，色调深浅，以及轮廓位置的高低等，则要求左右相称。

2. 轮廓齐圆，厚薄均匀

轮廓主要指中部与顶部在头发向四周披覆时，都要构成大致相等的弧形，无论从哪个角度看，顶部要有一个圆球状的感觉（短发类平头和平圆头顶部不要呈半圆球形），自脑后鼓起的枕骨隆突处向下，要成倒坡形，坡度要陡一些，但不能作过大的倾斜。轮廓周围无论是横向、斜向、直向，引出来的线条都应该是弧形的，不能有锯齿状缺角，也不该有破折或卷曲产生的棱角，这样就必须使轮廓周围的发梢修得整齐，自顶心向后或向左、右梳。不论是挑头路还是不挑头路，都要长短适度，自顶心向下，有如羽毛排列一般，显得有层次，且厚薄均匀，顶部的头发不应有过于高耸式凹陷的起伏，要显得浑厚饱满。这是推剪操作的具体标准。

3. 高低适度，前后相称

左右鬓发是轮廓的组成部分，因此在向上推剪时，也需要保持色调的匀称。鬓角的高低、色调的深浅，两边都要对称，不能互不相关，否则看上去很不协调，从侧面来看，顺着头发自然生长的趋势，这个轮廓线需要带着一定的斜度，使额前部分略高于后脑部分，以求前后相称。如果轮廓前后高低不分，如同头上顶着一个锅盖，会显得不协调。

学习单元 2　男式有色调发式推剪

学习目标

- 了解男式有色调发式推剪的操作程序
- 熟悉男式有色调发式推剪的质量标准
- 掌握男式有色调发式推剪的基本方法

知识要求

一、男式长发类有色调发型推剪、修剪的方法

男式长发类有色调发型包括长发式、中长式和短长式三类。

1. 推剪四周色调

（1）推剪鬓角色调。从鬓角开始，用小抄梳的前端贴住鬓角下部，角度根据发式轮廓线的位置及留发长度而定，梳子与头皮的夹角越小，留下的头发就越短，轮廓线的位置也就越高。电推剪使用半推法，与梳子配合，推剪出耳前色调。鬓角处不能有棱角出现，两侧色调均匀，发式轮廓线相等（见图7—27）。

（2）推剪耳上色调。梳子前端贴住发际线，角度向外倾斜，电推剪使用半推法，至耳上轮廓时，梳子向上呈弧形线移动，用电推剪剪去梳齿上的头发，使色调均匀，轮廓齐圆，并与耳前连接（见图7—28）。

图7—27　推剪鬓角色调

图7—28　推剪耳上色调

（3）推剪耳后色调。梳子在耳后斜向梳起头发，梳齿向外倾斜，角度越大，留下的头发越长，梳背紧贴发际线，用半推法将头发剪去，推剪出均匀色调，并与耳上连接（见图7—29）。

（4）推剪后颈部色调。采用梳子配合，推剪时梳子紧贴头皮，接着梳齿略离开头皮向外倾斜，最后整个梳子悬空，不再与头皮接触，电推剪随着梳子的方向向上移动，边移边推剪去梳齿缝内露出的发梢，使留下的头发逐渐由短而长，并产生匀称的色调。推剪后脑中部时，两手臂要悬空，因此用力一定要均衡，特别是右手所持的电

推剪要轻轻平贴在梳子上，落刀重了可能影响梳子所持角度的准确性，致使把头发推剪成黑一块白一块，后颈部发际线处应推剪成弧形（见图7—30）。

图7—29　推剪耳后色调

图7—30　推剪后颈部色调

2. 推剪发式轮廓线

（1）推剪两侧发式轮廓线。用中号梳推剪耳上部的头发，需用半推法横带斜地去推；侧面的则用斜推方法，向右斜推或向左斜推；推剪顶部四周头发时，悬空把头发挑起来，把稳角度后再行推剪，使周围轮廓推出弧形线（见图7—31）。

（2）推剪后枕部发式轮廓线。梳子呈水平状或倾斜状，梳齿向上，梳面与头皮有一定的角度，角度越大，留下的头发越长。电推剪操作时，使用满推，梳子呈水平状向上慢慢移动，电推剪剪去梳齿上的头发并产生齐圆的轮廓线。在与耳后的轮廓线连接时，将梳子斜形操作，使轮廓线呈圆弧形。由于枕骨向外隆起，推剪时电推剪在梳子的引导、衬托下沿着隆起轮廓的外围进行推剪，电推剪随着梳子的变化而相应变化（见图7—32）。

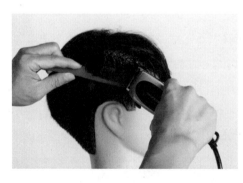

图7—31　推剪两侧发式轮廓线

图7—32　推剪后枕部发式轮廓线

（3）推剪耳后侧发式轮廓线。推剪耳后侧发式轮廓线时，梳子要斜向梳起头发，电推剪剪去梳齿上的头发，梳子继续梳起头发并呈圆弧形向上移动，电推剪剪去梳齿上的头发并产生齐圆的轮廓线（见图7—33）。

3. 修剪

（1）修剪层次。男式发式修剪以均等层次和低层次混合形为主，修剪时，从前额开始到头顶，将发片正常提升至与头皮呈90°，使用活动设计线，手位与头部曲线平行，修剪成均等层次。在两侧和后脑部分，手位倾斜，把顶部和轮廓线处的头发用弧线连接，修剪成低层次，使上下部分连接（见图7—34）。

图7—33　推剪耳后侧发式轮廓线　　　　　图7—34　修剪层次

活动设计线是一条活动的线，但含少量刚修剪过的头发，其长度作为接下来发区修剪的指引。

固定设计线是一条不变的固定的线，长度都受其指引，采用这个设计线达到修剪长度。

（2）修饰轮廓。从右鬓发开始，将轮廓线处的头发缓慢向上提升，同时用挑剪的方法将过长的头发剪去，修饰轮廓线上因为头发堆积而形成的重量线，使上下两部分连接得较为协调，并且把轮廓线修饰成弧形（见图7—35）。

（3）修饰色调。对于色调不够匀称的部分应进行细致的加工。头形凹陷处可能会出现较深的色调，可用刀尖剪的方法调整，使其柔和，使整个色调均匀柔和（见图7—36）。

美发师（五级）第2版

图 7—35 修饰轮廓

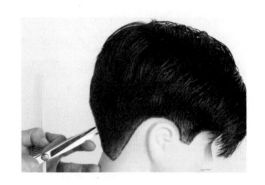

图 7—36 修饰色调

（4）调整发量。调整厚薄前，应认真观察头发的密度，根据发型要求，决定打薄的部位和打薄的量，打薄时根据发型的要求、头发的密度，确定牙剪在发片的发根、发中、发尾上的位置，以及发片切口的角度（见图7—37）。

图 7—37 调整发量

二、男式短发类有色调发型的推剪方法

男式短发类有色调发型包括平头式、圆头式、平圆头式和游泳式四类。短发类发型的推剪一般先从顶部开始，然后再推剪四周。

（1）推剪顶部。先要考虑是平头式还是圆头式，然后再操作。如平顶头要求顶部扁平，一般先将头顶部中心部位推剪好，把电推剪端平，从前向后平稳地推，使顶部先剪成平方形，为顶部头发作出一个标准水平；在推剪至两侧及后脑枕骨部分时，为了使头部保持弧形，轮廓不能采取满推，而要将梳子斜着拿，用部分刀齿推去梳面上露出的头发。平圆头式则顶部中间要平，接近两侧时要成弧形，电推剪要带弧形地运行（见图7—38）。

（2）推剪周围轮廓。顶部推剪后，再从右边鬓发开始，略带一定角度向上推剪到顶部，与顶部周围头发连成一体，略带弧形，不露连接痕迹（见图7—39）。

图7—38　推剪顶部　　　　　　图7—39　推剪周围轮廓

三、男式各类有色调发型的区别

1. 中长式与长发式的区别

中长式的推剪方法与长发式基本相同，不同之处有以下几点：

（1）中长式的轮廓倒坡比长发式要小。中长式从发际线向上采取斜形直上的推剪法，到轮廓线时则弧形上去，其弧线比长发式大些，关键在于肘部逐渐向上抬，因为它的轮廓线比长发式高，中部色调上下幅度比长发式略长，因此中部下半部应推剪成倒坡形，中部上半部推剪成与头皮平行，推剪至轮廓线时肘部应逐渐向上抬，使轮廓趋于弧形。

（2）电推剪与梳子交叉运用。在推剪后脑中部时，电推剪与梳子要交叉运用，必须掌握好梳子与电推剪的腾空，应垂直而带弧形上去，不能有倒坡，否则容易产生一道箍，使轮廓不协调或产生堆积。

（3）发式轮廓线的部位要准确无误。中长式的发式轮廓线自左右两侧的鬓角开始，对等地呈水平线经耳上并斜向后环绕至枕骨部汇合，推剪时首先要考虑

美发师（五级）第2版

145

发式轮廓线的部位，不盲目推剪，做到心中有数，其次电推剪的悬空程度也是决定发式的重要环节。

2. 短长式与中发式的区别

短长式的推剪方法与中长式相比有以下几点需要注意：

（1）短长式发式轮廓线的倒坡比中长式要小。从发际线向上采取斜形直上的推剪法，到轮廓线时呈弧形上去，其弧度比中长式小，关键在于肘部要逐渐向上抬，因为它的轮廓线比中长式高，中部色调上下幅度比中长式长，因此中部下半部应推剪成直形，中部上半部推剪成与头皮平行，推剪至轮廓线时肘部应逐渐向上抬，使轮廓趋于弧形。

（2）电推剪与梳子交叉运用。短长式在推剪后脑中部时，电推剪与梳子要交叉运用，必须掌握好梳子与电推剪的腾空，应垂直而带弧形上去，不能有倒坡，否则容易产生一道箍，使轮廓不协调或产生堆积。

（3）发式轮廓线的部位要准确无误。推剪时首先要考虑发式轮廓线的部位，不盲目推剪，做到心中有数，其次电推剪的悬空程度也是决定发式的重要环节。

技能要求

男式有色调长发式的推剪

操作准备

（1）推剪操作前准备好剪发围布、干毛巾、围颈纸、电推剪、中号发梳、小抄梳、剪刀、牙剪、掸刷等工具、用品。

（2）披上干毛巾。

（3）围上围颈纸。

（4）围上大围布。

（5）用梳子将头发梳通梳顺，同时观察毛发流向、头部有无疤痕等。

操作步骤

步骤1　推剪色调、轮廓的初样

根据长发式的要求，确定长发式色调、发式轮廓线的位置。推剪时按照由右至左、由下而上的顺序进行操作，用中号发梳配合电推剪从右鬓角（见图

7—40）经右耳上、右耳后侧（见图7—41）、后颈部（见图7—42）、左耳后侧至左右耳上、左鬓部推剪出色调、轮廓的初样。

图7—40　推剪右鬓角　　　　图7—41　右耳后侧　　　　图7—42　推剪后颈部

步骤2　对四周色调进行精细操作

（1）推剪右鬓部、右耳上。从鬓角开始，用小抄梳的前端贴住鬓角下部，角度根据长发式发式轮廓线的位置及留发长度而定，梳子与头皮夹角越小，留下头发越短，轮廓线位置就越高。推剪时梳子前端贴住发际线，角度向外倾斜，电推剪使用半推法，与梳子配合，推剪出鬓部色调（见图7—43）。至耳上轮廓时，梳子向上呈弧形线移动，用电推剪剪去梳齿上的头发，并与耳前连接，鬓角处不能有棱角出现，色调要均匀（见图7—44）。

图7—43　推剪右鬓部　　　　　　　图7—44　推剪右耳上

（2）推剪右耳后侧。梳子在耳后斜向梳起头发，梳齿向外倾斜，角度越大，留下的头发越长，梳背紧贴发际线，电推剪用半推法，将头发剪去，推剪出均匀的色调，并与耳上连接（见图7—45）。

（3）推剪后颈部。梳子呈水平状或倾斜状，梳齿向上，梳面与头皮有一定的角度，角度越大，留下的头发越长。电推剪操作时，使用满推，梳子呈水平状向上慢慢移动（见图7—46）。

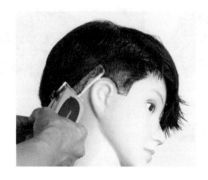 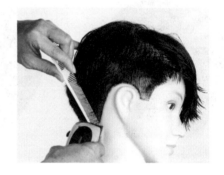

图7—45　推剪右耳后侧　　　　　　　　图7—46　推剪后颈部

（4）推剪左耳后侧。小抄梳前端紧贴头皮，后部有选择地腾空，在贴近耳后发际线处，用推剪的左侧齿板角的几根齿切断头发，并产生倒坡状的色调（见图7—47）。

（5）推剪左耳上、左鬓部。用小抄梳按所需长度扶直鬓脚的头发，电推剪用半推法以45°切断头发，逐步产生均匀的色调，鬓角处不能有棱角（见图7—48）。

 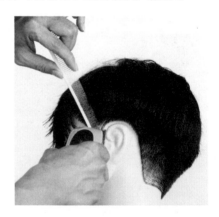

图7—47　推剪左耳后侧　　　　　　　　图7—48　推剪左耳上、左鬓部

步骤3　对发式轮廓线进行精细操作

长发式发式轮廓线的位置是从两鬓角下经两耳上、两耳后侧至后枕部下

10 mm处。推剪时按照由右至左、由下而上的顺序进行操作。

（1）用中号发梳配合电推剪从右鬓部经右耳上、右耳后侧、后颈部、左耳后侧至左耳上、左鬓部推剪发式轮廓线。推剪两鬓部、两耳上时发梳呈水平线梳起头发，右手持电推剪肘部逐渐向上抬，剪去梳齿上的头发以产生齐圆的轮廓线（见图7—49）。

（2）推剪两耳后侧时梳子斜形梳起头发，电推剪剪去梳齿上的头发并产生齐圆的发式轮廓线。推剪后颈部时发梳呈水平线梳起头发，右手持电推剪肘部逐渐向上抬，剪去梳齿上的头发并产生齐圆的轮廓线，使轮廓趋于弧形（见图7—50）。

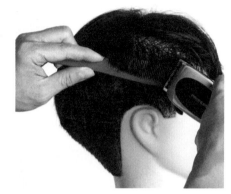

图7—49　推剪右鬓部

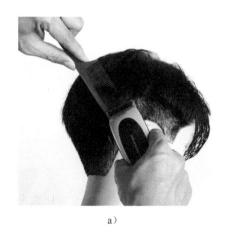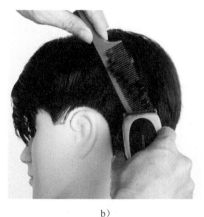

a)　　　　　　　　　　　　　b)

图7—50　推剪两耳后侧
a)推剪右耳后侧　b)推剪左耳后侧

（3）推剪后的两侧色调要均匀，发式轮廓线的位置要符合长发式标准，前后高低要适度，发式轮廓线要齐圆（见图7—51）。

（4）修剪顶部头发层次。男式发式以均等层次和低层次混合形为主，修剪时，从前额开始到头顶，将发片与头皮提拉呈90°，使用活动设计线，手位与头

美发师（五级）第2版

图7—51 推剪左鬓角

部曲线平行，修剪成均等层次。在两侧和后脑部分，手位倾斜，把顶部和轮廓线处的头发用弧线连接，修剪成低层次，使上下部分连接。

1）用夹剪的方法，按序分批由前额往后顶部、后枕部修剪头发层次（见图7—52）。

2）用夹剪的方法修剪发式轮廓线。发式轮廓线形成后，周围发梢仍可能有长短不一，还需要自前额开始，沿发式轮廓线周围再修剪一遍，分片有序地剪去有锯齿状、参差不齐的发梢，一般采用夹剪方法处理（见图7—53）。

图7—52 修剪顶部头发层次

图7—53 修剪发式轮廓线

3）用挑剪的方法修饰发式轮廓线一圈。从右鬓发开始，将发式轮廓线处的头发缓慢向上梳起，用挑剪的方法修饰因为头发堆积而形成的重量线，使上下两

部分连接得较为协调，并且把轮廓线修饰成弧形（见图7—54）。

（5）修剪前额头发层次。用挑剪的方法修剪额前层次。额前头发的长度一般向两边梳与鬓部的发式轮廓线相连接为正好。

1）修剪左前额头发层次。挑剪时先将额前头发梳向左鬓部，梳子端平将头发挑至90°，剪刀剪去梳子上的头发，再用相同的方法向上剪第二发片，注意第一发片与第二发片的距离跨度要短，以相同的方法向上剪至前顶部（见图7—55）。

图7—54　修饰发式轮廓线

图7—55　修剪左前额头发层次

2）以相同的方法剪右前额的头发层次。

3）修剪前额正中头发层次。将前额头发向前梳，以前额两边头发的长度为基准，梳子端平将头发挑至90°，剪刀剪去梳子上的头发，再用相同的方法向上剪第二发片，注意第一发片与第二发片的距离跨度要短，以相同的方法向上剪至前顶部（见图7—56）。

（6）修饰色调。用挑剪或刀尖剪的方法修饰色调。对于色调不够匀称的部分应进行细致的加工，头形凹陷处可能会出现较深的色调，可用刀尖剪的方法调整，使其柔和，从两鬓角到后颈处的色调要均匀（见图7—57）。

（7）调整头发厚薄。用刀尖剪来处理发梢，减轻发梢的重量，用牙剪调整头发厚薄。调整厚薄前，应认真观察头发的密度，根据发型要求，决定打薄的部位和打薄的量，打薄时根据发型的要求、头发的密度，确定牙剪在发片的发根、发中、发尾上的位置，以及发片切口的角度（见图7—58）。

美发师（五级）第2版

图7—56　修剪前额正中头发层次

图7—57　修饰色调

a）

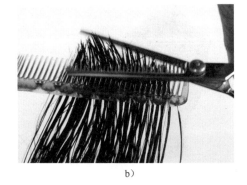

b）

图7—58　调整头发厚薄

a）刀尖剪处理发梢　b）牙剪调整头发厚薄

（8）调整修饰。用梳子将头发全部梳通梳顺，检查一遍，对发式进行最后的修饰调整，对发式轮廓线四周的发梢毛边可用垂直托剪的方法修饰（见图7—59）。

（9）用掸刷将碎发扫干净，撤除围布完成修剪（见图7—60）。

图7—59　调整修饰

图7—60　男式长发类有色调发型推剪、修剪完成图

注意事项

（1）长发式的发式轮廓线的定位要准确，两侧发式轮廓线高低要一致。

（2）两边的色调均匀度要相等。

（3）头发层次清晰分明，厚薄均匀。

（4）在修剪顶部层次时可采用夹剪的方法，也可采用挑剪的方法进行修剪，还可采用夹剪与挑剪结合的方法进行。

男式有色调中长式发型推剪

操作准备

（1）推剪操作前准备好剪发围布、干毛巾、围颈纸、电推剪、中号发梳、小抄梳、剪刀、牙剪、掸刷等工具、用品。

（2）披上干毛巾。

（3）围上围颈纸。

（4）围上大围布。

（5）用梳子将头发梳通梳顺，同时观察毛发流向、头部有无疤痕等。

操作步骤

步骤 1　推剪色调、轮廓的初样

根据中长式的要求，确定中长式色调、发式轮廓线的位置。推剪时按照由右至左、由下而上的顺序进行操作，用中号发梳配合电推剪从右鬓角经右耳上、右耳后侧、后颈部、左耳后侧至左右耳上、左鬓部推剪出色调、轮廓的初样（见图7—61）。

步骤 2　对四周色调进行精细操作

（1）推剪右鬓部、右耳上。从鬓角开始，用小抄梳的前端贴住鬓角下部，角度根据中长式发式轮廓线的位置及留发长度而定，梳子与头皮夹角越小，留下头发越短，轮廓线位置就越高。推剪时梳子前端贴住发际线，角度向外

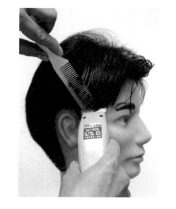

图 7—61　推剪色调、轮廓的初样

倾斜，电推剪使用半推法，与梳子配合，推剪出鬓部色调。至耳上轮廓时，梳子向上呈弧形线移动，用电推剪剪去梳齿上的头发，并与耳前连接，鬓角处不能有

棱角出现，色调要均匀（见图7—62）。

（2）推剪右耳后侧。梳子在耳后斜向梳起头发，梳齿向外倾斜，角度越大，留下的头发越长，梳背紧贴发际线，电推剪用半推法将头发剪去，推剪出均匀的色调，并与耳上连接（见图7—63）。

图7—62　推剪右鬓部、右耳上

图7—63　推剪右耳后侧

（3）推剪后颈部。梳子呈水平状或倾斜状，梳齿向上，梳面与头皮有一定的角度，角度越大，留下的头发越长。电推剪操作时，使用满推，梳子呈水平状向上慢慢移动（见图7—64）。

（4）推剪左耳后侧。小抄梳前端紧贴头皮，后部有选择地腾空，在贴近耳后发际线处，用推剪的左侧齿板角的几根齿切断头发，并产生倒坡状的色调（见图7—65）。

图7—64　推剪后颈部

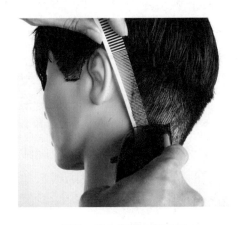

图7—65　推剪左耳后侧

（5）推剪左耳上、左鬓部。用小抄梳按所需长度扶直鬓脚的头发，电推剪用半推法以45°切断头发，逐步产生均匀的色调，鬓角处不能有棱角（见图7—66）。

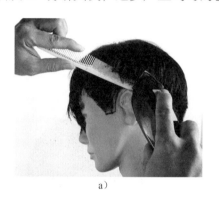
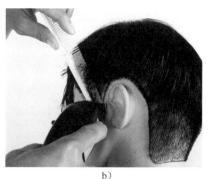

a)   b)

图7—66　推剪左耳上、左鬓部

a）推剪左耳上　b）推剪左鬓部

步骤3　对发式轮廓线进行精细操作

中长式发式轮廓线的位置是从两鬓角经两耳上、两耳后侧至后枕部处。推剪时按照由右至左、由下而上的顺序进行操作。

（1）用中号发梳配合电推剪从右鬓部经右耳上、右耳后侧、后颈部、左耳后侧至左耳上、左鬓部推剪发式轮廓线。推剪两鬓部、两耳上时发梳呈水平线梳起头发，右手持电推剪肘部逐渐向上抬，剪去梳齿上的头发以产生齐圆的轮廓线（见图7—67）。

（2）推剪两耳后侧时梳子斜形梳起头发，电推剪剪去梳齿上的头发并产生齐圆的发式轮廓线（见图7—68）。

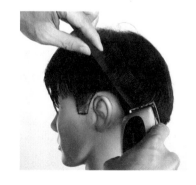

图7—67　推剪两鬓部、两耳上发式轮廓线　　　图7—68　推剪两耳后侧发式轮廓线

（3）推剪后颈部时发梳呈水平线梳起头发，右手持电推剪肘部逐渐向上抬，剪去梳齿上的头发并产生齐圆的轮廓线，使轮廓趋于弧形（见图7—69）。

推剪后的发式色调要均匀，发式轮廓线的位置要符合中长式标准，前后高低要适度，发式轮廓线要齐圆（见图7—70）。

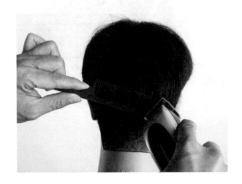 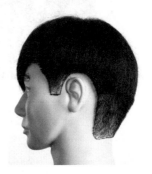

图7—69　推剪后颈部发式轮廓线　　　　图7—70　推剪后的发式色调、发式轮廓线

步骤4　修剪顶部头发层次

男式发式以均等层次和低层次混合形为主，修剪时，从前额开始到头顶，将发片与头皮提拉呈90°，使用活动设计线，手位与头部曲线平行，修剪成均等层次。在两侧和后脑部分，手位倾斜，把顶部和轮廓线处的头发用弧线连接，修剪成低层次，使上下部分连接。

（1）用夹剪的方法，按序分批由前额往后顶部、后枕部修剪头发层次（见图7—71）。

（2）用夹剪的方法修剪发式轮廓线。发式轮廓线形成后，周围发梢仍可能有长短不一，还需要自前额开始，沿发式轮廓线周围再修剪一遍，分片有序地剪去有锯齿状、参差不齐的发梢，一般采用夹剪方法处理（见图7—72）。

（3）用挑剪的方法修饰发式轮廓线一圈。从右鬓发开始，将发式轮廓线处的头发缓慢向上梳起，用挑剪的方法修饰因为头发堆积而形成的重量线，使上下两部分连接得较为协调，并且把轮廓线修饰成弧形（见图7—73）。

图 7—71　修剪顶部头发层次

图 7—72　修剪发式轮廓线

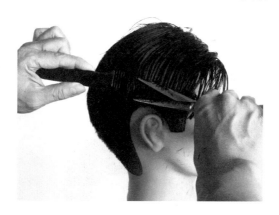

图 7—73　修饰发式轮廓线

步骤 5　修剪前额头发层次

用挑剪的方法修剪额前层次。额前头发的长度一般向两边梳与鬓部的发式轮廓线相连接为正好。

（1）剪右前额头发层次。挑剪时先将额前头发梳向右鬓部，梳子端平将头发挑至 90°，剪刀剪去梳子上的头发，再用相同的方法向上剪第二发片，注意第一发片与第二发片的距离跨度要短，以相同的方法向上剪至前顶部（见图 7—74）。

（2）以相同的方法剪左前额的头发层次（见图 7—75）。

（3）剪前额正中头发层次。将前额头发向前梳，以前额两边头发的长度为基准，梳子端平将头发挑至 90°，剪刀剪去梳子上的头发，再用相同的方法向上剪第二发片，注意第一发片与第二发片的距离跨度要短，以相同的方法向上剪至

美
发师（五级）第 2 版

前顶部（见图7—76）。

图7—74　修剪右前额头发层次

图7—75　修剪左前额头发层次

图7—76　修剪前额正中头发层次

步骤6　修饰色调

用挑剪、刀尖剪的方法修饰色调。对于色调不够匀称的部分应进行细致的加工，头形凹陷处可能会出现较深的色调，可用刀尖剪的方法调整，使其柔和，从两鬓角到后颈处的色调要均匀（见图7—77）。

步骤7　调整头发厚薄

用刀尖剪处理发梢，减轻发梢

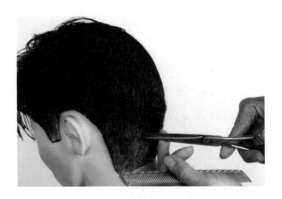

图7—77　修饰色调

的重量，用牙剪调整头发厚薄。调整厚薄前，应认真观察头发的密度，根据发型要求，决定打薄的部位和打薄的量，打薄时根据发型的要求、头发的密度，确定牙剪在发片的发根、发中、发尾上的位置，以及发片切口的角度（见图7—78）。

a)　　　　　　　　　　　　b)

图7—78　调整头发厚薄

a）用刀尖剪调整头发厚薄　b）用牙剪调整头发厚薄

步骤8　调整修饰

用梳子将头发全部梳通梳顺，检查一遍，对发式进行最后的修饰调整，对发式轮廓线四周的发梢毛边可用垂直托剪的方法修饰（见图7—79）。

步骤9　收工

用掸刷将碎发扫干净，撤除围布完成修剪（见图7—80）。

图7—79　调整修饰

图7—80　男式中长式有色调发型
推剪、修剪完成图

注意事项

（1）中长式的发式轮廓线的定位要准确，两侧发式轮廓线高低要一致。

（2）两边的色调均匀度要相等。

（3）头发层次清晰分明，厚薄均匀。

（4）在修剪顶部层次时可采用夹剪的方法，也可采用挑剪的方法进行修剪，还可采用夹剪与挑剪结合的方法进行。

男式有色调短长式发型推剪

操作准备

（1）推剪操作前准备好剪发围布、干毛巾、围颈纸、电推剪、中号发梳、小抄梳、剪刀、牙剪、掸刷等工具、用品。

（2）披上干毛巾。

（3）围上围颈纸。

（4）围上大围布。

（5）用梳子将头发梳通梳顺，同时观察毛发流向、头部有无疤痕等。

操作步骤

步骤1　推剪色调、轮廓的初样

根据短长式的要求，确定短长式色调、发式轮廓线的位置。推剪时按照由右至左、由下而上的顺序进行操作，用中号发梳配合电推剪从右鬓角经右耳上、右耳后侧、后颈部、左耳后侧至左右耳上、左鬓部推剪出色调、轮廓的初样（见图7—81）。

步骤2　对四周色调进行精细操作

（1）推剪右鬓部、右耳上。从鬓角开始，用小抄梳的前端贴住鬓角下部，角度根据短长式发式轮廓线的位置及留发长度而定，梳子与头皮夹角越小，留下头发越短，轮廓线位置就越高。推剪时梳子前端贴住发际线，角度向外倾斜，电推剪使用半推法，与梳子配合，推剪出鬓部色调。至耳上轮廓时，梳子向上呈弧形线移动，用电推剪剪去梳齿上的头发，并与耳前连接鬓角处不能有棱角出现，色调要均匀（见图7—82）。

图 7—81　推剪色调、轮廓初样

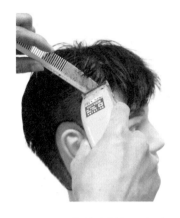

图 7—82　推剪右鬓部、右耳上

（2）推剪右耳后侧。梳子在耳后斜向梳起头发，梳齿向外倾斜，角度越大，留下的头发越长，梳背紧贴发际线，电推剪用半推法将头发剪去，推剪出均匀的色调，并与耳上连接（见图 7—83）。

（3）推剪后颈部。梳子呈水平状或倾斜状，梳齿向上，梳面与头皮有一定的角度，角度越大，留下的头发越长。电推剪操作时，使用满推，梳子呈水平状向上慢慢移动（见图 7—84）。

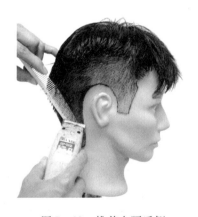

图 7—83　推剪右耳后侧

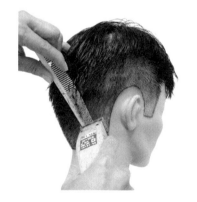

图 7—84　推剪后颈部

（4）推剪左耳后侧。小抄梳前端紧贴头皮，后部有选择地腾空，在贴近耳后发际线处，用推剪的左侧齿板角的几根齿切断头发，并产生倒坡状的色调（见图 7—85）。

（5）推剪左耳上、左鬓部。用小抄梳按所需长度扶直鬓脚的头发，电推剪用半推法以45°切断头发，逐步产生均匀的色调，鬓角处不能有棱角（见图 7—86）。

图7—85　推剪左耳后侧

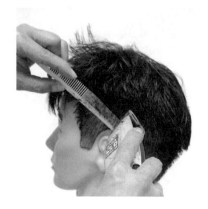

图7—86　推剪左耳上、左鬓部

步骤3　对发式轮廓线进行精细操作

短长式发式轮廓线的位置是从两额角至鬓角1/2上部经两耳上、两耳后侧至后枕部处枕骨隆凸的上端。推剪时按照由右至左的顺序进行操作。

（1）用中号发梳配合电推剪从右鬓部经右耳上、右耳后侧、后颈部、左耳后侧至左耳上、左鬓部推剪发式轮廓线。推剪两鬓部、两耳上时发梳呈水平线梳起头发，右手持电推剪肘部逐渐向上抬，剪去梳齿上的头发以产生齐圆的轮廓线（见图7—87）。

（2）推剪两耳后侧时梳子斜形梳起头发，电推剪剪去梳齿上的头发并产生齐圆的发式轮廓线（见图7—88）。

图7—87　推剪两鬓部、两耳上发式轮廓线

图7—88　推剪两耳后侧发式轮廓线

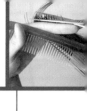

（3）推剪后颈部时发梳呈水平线梳起头发，右手持电推剪肘部逐渐向上抬，剪去梳齿上的头发并产生齐圆的轮廓线，使轮廓趋于弧形（见图7—89）。

步骤4 修剪顶部头发层次

男式发式以均等层次和低层次混合形为主，修剪时，从前额开始到头顶，将发片与头皮提拉呈 90°，使用活动设计线，手位与头部曲线平行，修剪成均等层次。在两侧和后脑部分，手位倾斜，把顶部和轮廓线处的头发用弧线连接，修剪成低层次，使上下部分连接。

图7—89 推剪后颈部发式轮廓线

（1）用夹剪的方法，按序分批由前额往后顶部、后枕部修剪头发层次（见图7—90）。

（2）用夹剪的方法修剪发式轮廓线。发式轮廓线形成后，周围发梢仍可能有长短不一，还需要自前额开始，沿发式轮廓线周围再修剪一遍，分片有序地剪去有锯齿状、参差不齐的发梢，一般采用夹剪方法处理（见图7—91）。

图7—90 修剪顶部头发层次

图7—91 修剪发式轮廓线

（3）用挑剪的方法修饰发式轮廓线一圈。从右鬓发开始，将发式轮廓线处的头发缓慢向上梳起，用挑剪的方法修饰因为头发堆积而形成的重量线，使上下两部分连接得较为协调，并且把轮廓线修饰成弧形（见图7—92）。

步骤5 修剪前额头发层次

用挑剪的方法修剪额前层次。额前头发的长度一般向两边梳与鬓部的发式轮廓线相连接为正好。

（1）修剪右前额头发层次。挑剪时先将额前头发梳向右鬓部，梳子端平将头发挑至90°，剪刀剪去梳子上的头发，再用相同的方法向上剪第二发片，注意第一发片与第二发片的距离跨度要短，以相同的方法向上剪至前顶部（见图7—93）。

（2）以相同的方法剪左前额的头发层次（见图7—94）。

图7—92 修饰发式轮廓线

图7—93 修剪右前额头发层次

图7—94 修剪左前额头发层次

（3）修剪前额正中头发层次。将前额头发向前梳，以前额两边头发的长度为基准，梳子端平将头发挑至90°，剪刀剪去梳子上的头发，再用相同的方法向上剪第二发片，注意第一发片与第二发片的距离跨度要短，以相同的方法向上剪至前顶部（见图7—95）。

图7—95 修剪前额正中头发层次

步骤 6　修饰色调

用挑剪、刀尖剪的方法修饰色调。对于色调不够匀称的部分应进行细致的加工，头形凹陷处可能会出现较深的色调，可用刀尖剪的方法调整，使其柔和，从两鬓角到后颈处的色调要均匀。

推剪后的两侧色调要均匀，发式轮廓线的位置要符合短长式标准，前后高低要适度，发式轮廓线要齐圆（见图 7—96）

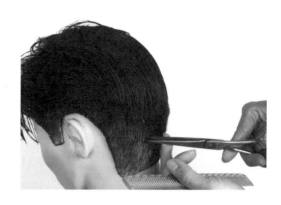

图 7—96　修饰色调

步骤 7　调整头发厚薄

用刀尖剪来处理发梢，减轻发梢的重量，用牙剪调整头发厚薄。调整厚薄前，应认真观察头发的密度，根据发型要求，决定打薄的部位和打薄的量，打薄时根据发型的要求、头发的密度，确定牙剪在发片的发根、发中、发尾上的位置，以及发片切口的角度（见图 7—97）。

a)　　　　　　　　　　　　　b)

图 7—97　调整头发厚薄

a）用刀尖剪调整头发厚薄　b）用牙剪调整头发厚薄

步骤 8　调整修饰

用梳子将头发全部梳通梳顺，检查一遍，对发式进行最后的修饰调整，对发式轮廓线四周的发梢毛边可用垂直托剪的方法修饰（见图7—98）。

图7—98　调整修饰

步骤9　收工

修剪完成后的短长式正视要求为：相等、齐圆、参差、调和；俯视要求为：对称、圆润、调和。用掸刷将碎发扫干净，撤除围布完成修剪（见图7—99）。

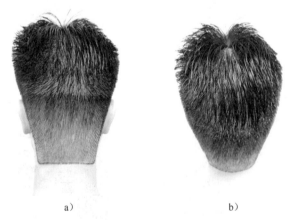

a)　　　　　　　　　　　b)

图7—99　修剪完成后的短长式

a）男式短长式后视图　b）男式短长式俯视图

注意事项

（1）短长式的发式轮廓线的定位要准确，两侧发式轮廓线高低要一致。

（2）两边的色调均匀度要相等。

（3）头发层次清晰分明，厚薄均匀。

（4）在修剪顶部层次时可采用夹剪的方法，也可采用挑剪的方法进行修剪，还可采用夹剪与挑剪结合的方法进行。

男式有色调奔式发式推剪

操作准备

（1）推剪操作前准备好：剪发围布、干毛巾、围颈纸、电推剪、中号发梳、小抄梳、剪刀、牙剪、掸刷等工具、用品。

（2）披上干毛巾。

（3）围上围颈纸。

（4）围上大围布。

（5）用梳子将头发梳通梳顺，同时观察毛发流向、头部有无疤痕等。

操作步骤

步骤 1　推剪色调、轮廓的初样

根据奔式发式的要求，确定奔式发式色调、发式轮廓线的位置。奔式发式轮廓线的位置可在长发式与中长式之间自由确定。推剪时按照由右至左、由下而上的顺序进行操作，用中号发梳配合电推剪从右鬓角（见图 7—100）经右耳上、右耳后侧（见图 7—101）、后颈部（见图 7—102）、左耳后侧至左右耳上、左鬓部推剪出色调、轮廓的初样。

图 7—100　推剪右鬓角

图 7—101　推剪右耳后侧

步骤 2　对四周色调进行精细操作

（1）推剪右鬓部、右耳上。从鬓角开始，用小抄梳的前端贴住鬓角下部，

图7—102　推剪后颈部

角度根据长发式发式轮廓线的位置及留发长度而定，梳子与头皮夹角越小，留下头发越短，轮廓线位置就越高。推剪时梳子前端贴住发际线，角度向外倾斜，电推剪使用半推法，与梳子配合，推剪出鬓部色调（见图7—103）。至耳上轮廓时，梳子向上呈弧形线移动，用电推剪剪去梳齿上的头发，并与耳前连接，鬓角处不能有棱角出现，色调要均匀（见图7—104）。

图7—103　推剪右鬓部

图7—104　推剪右耳上

（2）推剪右耳后侧。梳子在耳后斜向梳起头发，梳齿向外倾斜，角度越大，留下的头发越长，梳背紧贴发际线，电推剪用半推法将头发剪去，推剪出均匀的色调，并与耳上连接（见图7—105）。

（3）推剪后颈部。梳子呈水平状或倾斜状，梳齿向上，梳面与头皮有一定的角度，角度越大，留下的头发越长。电推剪操作时，使用满推，梳子呈水平状向上慢慢移动（见图7—106）。

图 7—105　推剪右耳后侧

图 7—106　推剪后颈部

（4）推剪左耳后侧。小抄梳前端紧贴头皮，后部有选择地腾空，在贴近耳后发际线处，用推剪的左侧齿板角的几根齿切断头发，并产生倒坡状的色调（见图7—107）。

（5）推剪左耳上、左鬃部。用小抄梳按所需长度扶直鬃脚的头发，电推剪用半推法以45°切断头发，逐步产生均匀的色调，鬃角处不能有棱角（见图7—108）。

图 7—107　推剪左耳后侧

图 7—108　推剪左耳上、左鬃部

步骤3　对发式轮廓线进行精细操作

奔式发式轮廓线的位置是从两鬃角下经两耳上、两耳后侧至后枕部下处。推剪时按照由右至左、由下而上的顺序进行操作。

（1）用中号发梳配合电推剪从右鬃部经右耳上、右耳后侧、后颈部、左耳后侧至左耳上、左鬃部推剪发式轮廓线。推剪两鬃部、两耳上时发梳呈水平线梳起头发，右手持电推剪肘部逐渐向上抬，剪去梳齿上的头发以产生齐圆的轮廓线

（见图7—109）。

（2）推剪两耳后侧时梳子斜形梳起头发，电推剪剪去梳齿上的头发并产生齐圆的发式轮廓线（见图7—110）。

（3）推剪后颈部时发梳呈水平线梳起头发，右手持电推剪肘部逐渐向上抬，剪去梳齿上的头发并产生齐圆的轮廓线，使轮廓趋于弧形（见图7—111）。

推剪后的色调要均匀，发式轮廓线的位置要符合长发式标准，前后高低要适度，发式轮廓线要齐圆（见图7—112）。

图7—109　推剪右鬓部

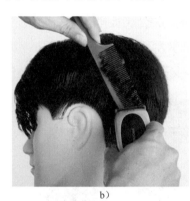

a）　　　　　　　　　　　　b）

图7—110　推剪两耳后侧

a）推剪右耳后侧　b）推剪左耳后侧

图7—111　推剪后颈部

图7—112　推剪后的后颈部色调

步骤4　修剪顶部头发层次

奔式发式以参差层次、高层次和低层次混合形为主，修剪时采用综合层次修剪法。奔式发式在吹风造型时，额前大边的纹样要求是飘逸的线条，则头发层次应采用高层次，修剪时头发层次略放长些。而在小边及小边轮廓要求饱满蓬松，修剪时应采用参差层次。修剪顶部时将发片与头皮提拉呈90°，使用活动设计线，手位与头部曲线平行，修剪成参差层次。在两侧和后脑部分，手位倾斜，把顶部和轮廓线处的头发用弧线连接，修剪成低层次，使上下部分连接。

（1）用夹剪的方法，按序分批由前额往后顶部、后枕部修剪头发层次（见图7—113）。

（2）用夹剪的方法修剪发式轮廓线。发式轮廓线形成后，周围发梢仍可能有长短不一，还需要自前额开始，沿发式轮廓线周围再修剪一遍，分片有序地剪去有锯齿状、参差不齐的发梢，一般采用夹剪方法处理（见图7—114）。

图7—113　修剪顶部层次　　　　　图7—114　修剪发式轮廓线

（3）用挑剪的方法修饰发式轮廓线一圈。从右鬓发开始，将发式轮廓线处的头发缓慢向上梳起，用挑剪的方法修饰因为头发堆积而形成的重量线，使上下两部分连接得较为协调，并且把轮廓线修饰成弧形（见图7—115）。

步骤5　修剪前额头发层次

用挑剪的方法修剪额前层次。奔式发式额前头发的长度一般向两边梳略长于鬓部的发式轮廓线为好。

（1）剪右前额头发层次。挑剪时先将额前头发梳向右鬓部按略长于鬓部发

图7—115　修饰发式轮廓线

式轮廓线的长度，梳子端平将头发挑至90°，剪刀剪去梳子上的头发，再用相同的方法向上剪第二发片，注意第一发片与第二发片的距离跨度要短，以相同的方法向上剪至前顶部（见图7—116）。

（2）以相同的方法剪左前额的头发层次（见图7—117）。

图7—116　修剪右前额头发层次

图7—117　修剪左前额头发层次

（3）剪前额正中头发层次。将前额头发向前梳，以前额两边头发的长度为基准，梳子端平将头发挑至90°，剪刀剪去梳子上的头发，再用相同的方法向上剪第二发片，注意第一发片与第二发片的距离跨度要短，以相同的方法向上剪至前顶部（见图7—118）。

步骤6　修饰色调

用挑剪或刀尖剪的方法修饰色调。对于色调不够匀称的部分应进行细致的加工，头形凹陷处可能会出现较深的色调，可用刀尖剪的方法调整，使其柔和，从两鬓角到后颈处的色调要均匀（见图7—119）。

图7—118　修剪前额正中头发层次

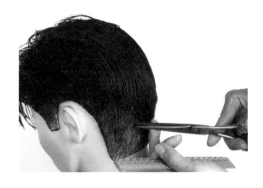

图7—119　修饰色调

步骤7　调整头发厚薄

用刀尖剪处理发梢，减轻发梢的重量，用牙剪调整头发厚薄。调整厚薄前，应认真观察头发的密度，根据发型要求，决定打薄的部位和打薄的量，打薄时根据奔式发式参差层次的要求、头发的密度，确定牙剪在发片的发根、发中、发尾上的位置，以及发片切口的角度（见图7—120）。

a)

b)

图7—120　调整头发厚薄

a）刀尖剪处理发梢　b）牙剪调整头发厚薄

步骤8　调整修饰

用梳子将头发全部梳通梳顺，检查一遍，对发式进行最后的修饰调整，对发式轮廓线四周的发梢毛边可用垂直托剪的方法修饰（见图7—121）。

步骤9　收工

用掸刷将碎发扫干净，撤除围布完成修剪（见图7—122）。

图7—121　调整修饰　　　　　图7—122　男式有色调奔式发式推剪、修剪完成图

注意事项

（1）奔式发式轮廓线的定位要准确，两侧发式轮廓线高低要一致。

（2）两边的色调均匀度要相等。

（3）顶部头发层次清晰分明，厚薄均匀，额前大边头发略放长些，小边一侧的头发略短些。

（4）在修剪顶部层次时可采用挑剪的方法进行修剪，也可采用夹剪与挑剪结合的方法进行。

第3节　女式短发修剪方法

学习目标

● 了解女式基本发型的分类
● 掌握女式基本发型修剪的操作程序和方法

知识要求

一、女式基本发型的分类

女式基本发型分类的方法有按留发长短分类、按头发的曲直条件和不同的操

作方法分类等几种。

1. 按留发长短分类

女式基本发型按留发长短可分为超长类发型、长发类发型、中长类发型、短发类发型和超短类发型五类。

（1）超长类发型。女式超长类发型的标准为：后颈部头发的下沿线超过两肩连线以下 20 cm（见图 7—123）。

（2）长发类发型。女式长发类发型的标准为：后颈部头发的下沿线在两肩连线至两肩连线以下 20 cm 之间（见图 7—124）。

图 7—123　超长类发型　　　　　　　　　图 7—124　长发类发型

（3）长发类发型。女式中长类发型的标准为：后颈部头发的下沿线在衣领上部至两肩连线之间（见图 7—125）。

（4）短发类发型。女式短发类发型的标准为：后颈部头发的下沿线在两耳垂连线至衣领上部之间（见图 7—126）。

（5）超短类发型。女式超短类发型的标准为：后颈部头发的下沿线在发际线以上、两耳侧头发短于盖半耳或两耳露出（见图 7—127）。

2. 按头发的曲直条件和不同的操作方法分类

女式基本发型按头发的曲直条件和不同的操作方法可分为直发类发型、卷发类发型和盘（束）发类发型三类。

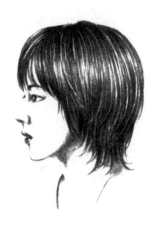

图7—125　中长类发型　　　　图7—126　短发类发型　　　　图7—127　超短类发型

（1）直发类发型。直发类发型是指没有经过烫发或做花盘卷工艺，仍然保持原来自然的直发状态，经过修剪成一定的形状，吹风梳理成型后而形成各种不同形态的发式。直发类发型中有长、中、短等多种发式，它是女式发型中最简洁、方便的发型。它有操作工序简易、梳理方便、发式自然、动感强、随和飘逸等特点。现代直发类发型的变化也很多，随着时代的进步，女式发型的修剪技术不断改进、发展和提高，出现了很多线条简洁、轮廓多样的时代发型，如平直式、蘑菇式、长穗发、短穗发、羽毛式、刺猬式、港式和奔式等，很受青年女性的青睐。

（2）卷发类发型。卷发类发型是指头发经过烫发或做花盘卷工艺后而形成卷曲形状，通过梳理、组合等操作，塑造成各种不同形状的发式。卷发类发型操作工序繁复，操作技术和造型艺术要求高，烫后的头发再经过做花盘卷，可塑性很强，能形成各种不同形状的曲线纹理，梳理后可以组合成各种各样形态优美的发式，如波浪式、大花式、油条式、翻翘式和中分式等。

（3）盘（束）发类发型。盘（束）发类发型是我国各民族的传统发型，是从梳辫、挽髻等发展演变而来。随着时代的进步和服饰、发饰的发展，盘（束）发类发型也得到了很大的发展。

盘（束）发类发型根据不同的操作方法和造型可分为堆积（组合）型、盘绕（纹理）型、包卷（卷筒）型、编扭（绞股）型等。

根据环境、场合、氛围和盘（束）发的用途可分为婚礼盘（束）发类发型、晚装盘（束）发类发型和休闲盘（束）发类发型等。

盘（束）发类发型不论直发、卷发，只要修剪得层次、厚薄、长短适宜，就能梳理成各种理想的发型式样。盘（束）发类发型可将头发通过编、扭、盘、包等手法编绞成各种不同花样并组合成型。

二、剪刀操作的基本方法

近几年来，新潮发型不断出现，发型所要求的修剪技术也由过去的几种剪法发展到现在的十几种剪法。这些新型的剪法表现的效果各有千秋。基本的修剪法有夹剪、挑剪、抓剪、削剪、锯齿剪、托剪、刀尖剪、悬空剪等。

1. 夹剪

夹剪是一种使用比较广泛的修剪方法，主要用于剪出发式的初步轮廓，调整头发层次。方法是右手持梳子，梳起一股头发，用左手食指、中间将发片夹起，然后用右手拿剪刀，用剪刀贴着手指将露出两指甲缝外的头发剪去，夹住头发的手指，要有一定的度与形，有一定的角度，有平直形、斜形、圆弧形。操作时，把头发发梢露在手心内的称为内夹剪，发梢在手背外的称为外夹剪。选择哪种剪法应根据修剪时头发的位置，一般是从左至右，再从右至左，先剪两侧后颈部，最后再剪顶部和前额，夹剪剪出的发梢边缘平钝整齐。夹剪的操作技巧如下。

（1）正确掌握头发夹起的角度。夹起角度的大小，决定层次的高低。角度大层次高，角度小层次低。15～45°为低层次，60～75°为中等层次，90～120°为高层次（见图7—128、图7—129）。

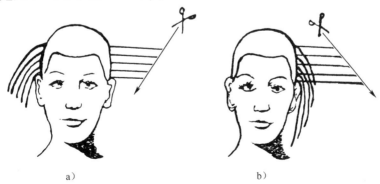

a)   b)

图7—128　内、外斜剪与层次的关系

a）向内斜剪低层次　b）向外斜剪高层次

美发师（五级）第2版

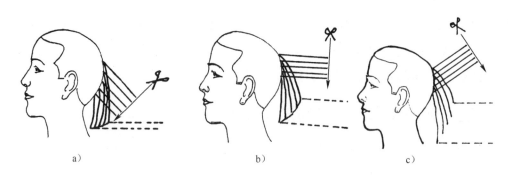

图7—129　头发提拉角度与层次的关系

a）45°角层次低　b）90°角层次适中　c）120°角层次高

（2）正确掌握剪刀运用角度。根据发型的要求，夹住头发的手指要有一定的方向性和角度，剪刀应按此方向和角度去剪。确定留发长度，一般使用平剪；使头发厚薄适当，并有一定层次，采用斜剪。不同部位的头发，从不同角度修剪，能形成高低不同的层次（见图7—130）。

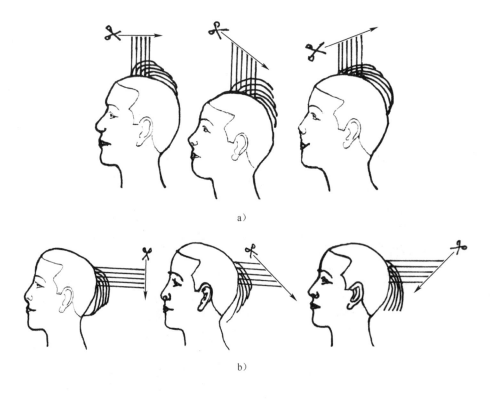

a）

b）

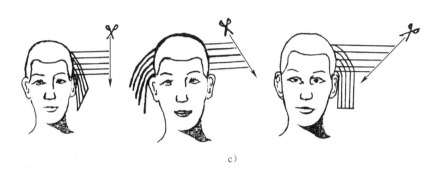

c)

图 7—130　剪刀运用角度：同一部位、不同角度修剪与层次的关系

a）顶部　b）后枕部　c）侧部

（3）根据头部轮廓的弧形线条修剪。头部轮廓是圆形的，夹剪时应随着轮廓的弧形变化修剪，不能直线进行，以免造成轮廓不齐或脱节现象。

（4）夹起的头发要求平直。夹起的头发不应歪斜而应平直，方法是：第一片发片的头发剪好后，再剪第二片发片时应包括第一发片的部分头发，以此为标准，从而使各股头发间都能很好地衔接。

2. 挑剪

挑剪是用梳子挑起一股头发，用剪刀剪去过长发梢的一种基本剪法，主要用于发式轮廓边缘，调整层次的高低及色调，也可用于修整某些部位头发过长或脱节（见图 7—131）。挑剪程序为：先后部，再两侧，这样容易达到两侧高低相等、前后衔接的要求。挑剪的操作技巧如下。

（1）剪刀与梳子密切配合。挑剪时，通常是挑一股剪一股，梳子起着引导和控制长度的作用。剪发时，剪刀的可动柄与梳子背应紧贴并成平行，这样容易把头发剪齐。

（2）正确把握挑起头发角度，以保证层次调和。根据发式要求决定层次高低，通常层次高挑起头发角度大，层次低挑起头发角度小。

（3）挑起的头发应与自然生长的弧形相适应，不能直线形向上，应按头形弧形线向上。

3. 抓剪

抓剪是用梳子梳起一股头发，用手抓住这束头发的发梢进行修剪的基本剪法

美发师（五级）第 2 版

179

（见图7—132）。它与夹剪不同，夹剪时夹住的头发成片状，修剪后头发平齐，而抓剪头发成束，修剪后头发成弧形。抓剪一般用于剪顶部、额前部两侧，以形成弧形轮廓。抓剪的操作技巧如下。

图7—131　挑剪的方法

图7—132　抓剪的方法

（1）正确掌握抓剪的部位，并根据发式的要求进行抓剪。不同部位的抓剪将产生不同的效果。

（2）抓剪时，剪刀修剪的部位要适中，不能过高也不能过低。

（3）相同部位抓起头发的宽度与修剪后形成的弧长有密切关系，宽度越大弧长越大，宽度越小弧长越小（见图7—133），不同部位的抓剪形成的弧度也不相同（见图7—134）。

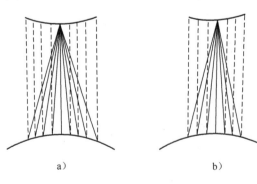

a)　　　　　　　　　　b)

图7—133　发束宽度与弧度的关系

a) 发束宽弧度大　b) 发束狭弧度小

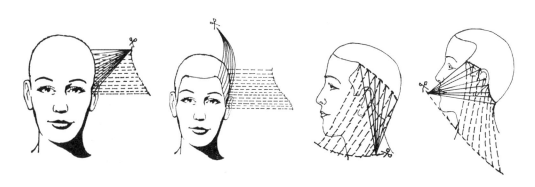

图 7—134 不同部位抓剪形成不同的弧度

4. 削剪

（1）削剪的作用与操作程序。削剪又称滑剪，是用剪刀或剃刀在一股头发上来回滑动削（切）断头发的一种方法。其主要是利用剪刀或削刀锋利的刀刃在头发上作自上而下或上下来回的滑动，剪去或削去部分头发，使头发从发根到发尾产生由粗到细、由多到少的一种状态，可调整层次、削薄、修饰轮廓等，削剪后的头发发梢成笔尖形（见图 7—135）。

a) b)

图 7—135 削剪的操作方法

a）来回削剪 b）向下削剪

（2）削剪的操作技巧

1）手指夹住的头发部位要正确。手指夹住头发的部位是剪、削刀滑动的起点，应正确掌握，并随部位变化而移动，以求轮廓削得完善。

2）用力要得当。剪刀或削刀在头发上滑动时，手指的用力要均匀。用力过重，头发就会成块削掉；用力过小，可能削不断头发。

3）要正确地掌握剪刀或削刀滑动的幅度。剪刀或削刀滑动幅度大，头发就会削去太多，层次高；剪刀或削刀滑动幅度小，削去头发少，层次低。

5. 锯齿剪

（1）锯齿剪的作用与操作程序。锯齿剪是利用锯齿剪刀进行修剪方法，因锯齿剪刀一片刀刃呈锯齿状，可利用刀尖与发片的角度和深度，起到减薄发量的作用（见图7—136）。

（2）锯齿剪的操作技巧

图7—136　锯齿剪的操作方法

1）削发部位应心中有数。锯齿剪将头发剪去一半，因此，哪些部位多剪，哪些部位少剪，要事先做到心中有数。一般额前和耳廓部及发涡处应少剪，顶部或枕部头发可适当多剪。

2）使用锯齿剪必须横着剪。锯齿剪应打横斜形地剪，头发不会产生齐叠而有层次，锯齿剪应斜形移动着剪，不能停留在一处剪，不然会因为剪去过多而造成脱节。

6. 托剪

（1）托剪的作用与操作程序。托剪的方法是用手指或梳子托住剪刀，引导剪刀进行剪发，一般用于修饰前额刘海、鬓发、后颈部发式下沿线和耳部发际线处（见图7—137、图7—138）。

图7—137　水平托剪

图7—138　垂直托剪

7. 刀尖剪

刀尖剪又称刻痕剪，操作时手指夹住一片发片，用刀尖将头发发梢剪成锯齿状，使头发形成飘逸状（见图7—139）。

8. 悬空剪

悬空剪操作时剪刀不依靠手指或梳子衬托，悬空地剪发。一般用于修饰额前短发和发际线处头发。必要时也可以贴住皮肤进行修剪（见图7—140）。

图7—139 刀尖剪

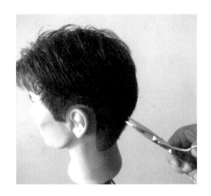

图7—140 悬空剪

三、女式短发修剪的操作程序

1. 分发区

在女式发型修剪中首先应根据发型的要求分发区，常用的分发区方法有四分区、五分区、六分区等多种。

2. 设定导线、修剪导线

导线是女式短发修剪时留发长短的基准线。常用导线设定的位置有后颈部下沿线、顶部横向线或纵向线、前额刘海等几种。

（1）后颈部导线的修剪。在后颈部下沿线最底部分出2 cm左右厚度的发片，梳顺发丝，将发片提拉至0～45°，依据留发长短，修剪出一条引导线。

（2）顶部导线的修剪。在顶部发区的横向边沿或纵向边沿分出一片2 cm左右厚度的发片，梳顺发丝，将发片提拉至90°，依据留发长短，修剪出一条引导线。

（3）前额刘海导线的修剪。在前额刘海发区的下沿分出一片2 cm左右厚度的发片，梳顺发丝，将发片提拉至45~90°，依据留发长短，修剪出一条引导线。

3. 延伸导线，逐层修剪

以导线为基准，向上延伸分一片发片梳顺，分发片的方法与第一层相同，每片发片的厚度要以能透过上面的头发看到下面修剪过的发片为好，以引导线为标准剪断。然后用同样的方法继续向上修剪，逐层延伸导线，逐片修剪，直至完成该发区的修剪。

4. 延伸导线，逐层分区完成修剪

完成第一发区的修剪后，继续延伸导线，以上述相同的方法逐层分区划片，完成各区的修剪。

5. 去角连线，调整厚薄

将各发区的发片进行去角连线，使发片与发片之间的衔接更细致调和，并调整层次厚薄，对发尾进行发量的处理，使发量适中。

6. 检查调整，修饰定型

检查调整，修饰定型是修剪操作的最后一道工序，要求对发型的轮廓、层次、发尾等各部位进行全面的检查，对不够完善或不符合发式要求的部位进行必要的修饰。

四、剪发的基本层次

层次是指头发有序地排列，是发梢重叠、有斜度的一种造型方法，不同的修剪方法形成不同的层次结构，层次是发型轮廓的重要组成部分。层次主要有以下几种。

1. 零度层次

零度层次表现为头发的层次全部集中在一起而形成直发，这种层次结构的特点是表面平滑，没有动感，顶部头发长，底部头发短，充分显示了头发的量感（见图7—141）。

2. 低层次

低层次是指在头发的边缘部位出现了坡度，其特点是头发上长下短。修剪时，头发向上逐渐放长，修剪后，头发的层次幅度较小，层次截面较小，增加了头发的厚度（见图7—142）。

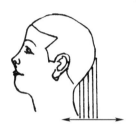

图7—141　零度层次

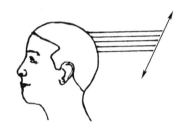

图7—142　低层次

3. 高层次

高层次与低层次相反，是指头发上短下长，头发层次的多少，要看它的长短比例。如果顶部头发与下部头发长短的差距越大，那么它的层次就越高，发型的动感就越强；反之，则层次越低，发型的动感就越弱（见图7—143）。

4. 均等层次

均等层次是指整个头部所有头发层次均匀一致，有动感（见图7—144）。

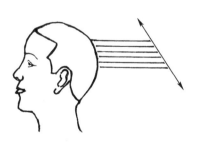

图7—143　高层次

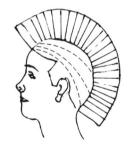

图7—144　均等层次

五、基本线条的修剪方法

1. 平直线的修剪方法

（1）分发区。将整个头部划分成6个发区（见图7—145）。

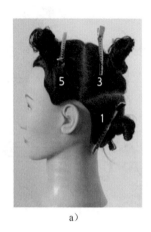 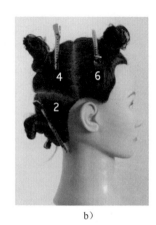

a)   b)

图7—145　分六发区

a）左侧1、3、5区　b）右侧2、4、6区

（2）修剪导线。在后发区最底部分出2 cm左右厚度的横向水平发片。梳顺发丝，依据留发长短，修剪出一条水平引导线（见图7—146）。

（3）延伸导线，分区修剪

1）剪出引导线之后，再向上分一小片发片，向下梳顺，分线方法与第一层相同，每片发片的厚度要以能透过上面的头发看到下面修剪过的发片为好，以引导线为标准剪断。然后用同样的方法继续向上修剪，直至两耳水平线处。

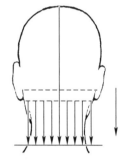

图7—146　修剪导线

2）修剪两耳水平线上方直至顶部的头发时，剪断发片的方法与下部修剪时相同。修剪时头发必须向下梳顺，提拉发片不能有角度，在不破坏引导线的情况下平齐地剪断头发。

3）修剪侧发区头发时，要将顾客的头部摆正后再修剪。先将耳朵上部分头发分出2 cm左右厚度的发片向下梳顺，以后部头发为引导平行剪齐。剪时头发不宜拉得太紧，也不可将发片向前或向后斜形剪断，必须保持直线修剪，第一层剪完继续向上，采用同样的方法修剪，直至将发区的头发剪完，如图7—147所示。另一侧修剪方法相同（见图7—147）。

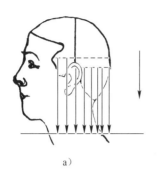

a)

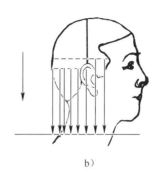

b)

图 7—147　延伸导线，分区修剪

a）修剪左侧　b）修剪右侧

（4）检查修饰、定型。完成全部修剪后，要检查两侧的头发是否一致，以及整个发式边线轮廓的修剪效果。方法是将各发区的头发向下自然下垂梳顺，看连接后是否平齐且环形地围绕头部，然后用手指抖动头发，进一步检查垂落后的自然平齐效果（见图 7—148）。

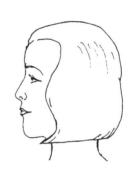

图 7—148　检查修饰、定型

2. 斜向前形线的修剪方法

（1）分发区。将整个头部划分成 6 个发区（见图 7—149）。

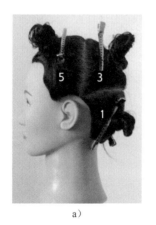

a)

b)

图 7—149　分六发区

a）左侧 1、3、5 区　b）右侧 2、4、6 区

（2）修剪导线。从后发区最底部中心线斜向分出 2 cm 左右厚度的发片，分线角度为45°左右，修剪出斜向前引导线。把要剪的头发向下梳顺，用手指夹好，发片的提拉角度与头皮呈45°，采用内夹剪的方法，先剪一侧的头发，然后用同样的方法修剪另一侧，剪出颈部轮廓的引导线（见图7—150）。

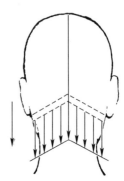

图7—150　修剪导线

（3）延伸导线，分区修剪

1）剪出引导线之后继续向上分层修剪，修剪方法与第一层相同，一直剪到头的顶部。

2）修剪侧发区时，按照后发区分片的延长线平行地分出一束头发，由颈背部向两侧进行斜线修剪，如图7—150所示。用同样的方法完成另一侧的头发（见图7—151）。

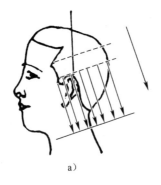
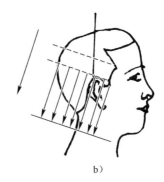

a）　　　　　　　　　　　　b）

图7—151　延伸导线，分区修剪

a）修剪左侧　b）修剪右侧

（4）检查修饰、定型。完成全部修剪后，检查整个发式边线轮廓的修剪效果，查看边沿线是否整齐，边沿层次是否衔接，两侧头发的长短是否一致（见图7—152）。

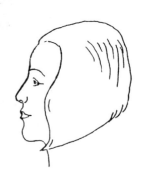

3. 斜向后形线修剪方法

（1）分发区。将整个头部划分成6个发区（见图7—153）。

（2）修剪导线。斜向后形线与斜向前形线相反，

图7—152　检查修饰、定型

188

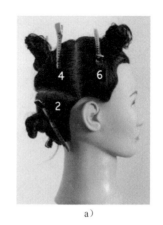

图 7—153　分六发区

a）左侧 1、3、5 区　b）右侧 2、4、6 区

也是用斜剪法进行修剪。从后发区最底部中心线斜向分出 2 cm 左右厚度发片，分线角度为 45°左右，修剪出斜向后引导线。把要剪的头发向下梳顺，用手指夹好，发片的提拉角度与头皮呈 45°，采用内夹剪的方法，先剪一侧的头发，然后用同样的方法修剪另一侧，剪出颈部轮廓的引导线（见图 7—154）。

（3）延伸导线，分区修剪。剪出引导线之后继续向上分层修剪，修剪方法与第一层相同，一直剪到头的顶部。

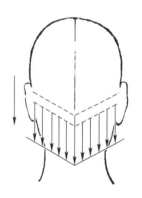

图 7—154　修剪导线

修剪侧发区时，按照后发区分片的延长线平行地分出一束头发，由颈背部向两侧进行斜线修剪，如图 7—155a 所示。用同样的方法完成另一侧的头发（见图 7—155b）。

（4）检查修饰、定型。完成全部修剪后，检查整个发式边线轮廓的修剪效果，查看边沿线是否整齐，边沿层次是否衔接，两侧头发的长短是否一致（见图 7—156）。

六、女式短发固体层次发式的基本概念

女式短发固体层次发式因修剪后的外轮廓近似长方形而得名。长方形轮廓发式是直发类发型中最基本的发型，它要求发型下沿切线的头发修剪后达到整齐划

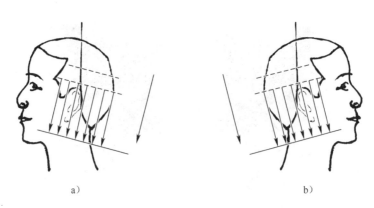

a)   b)

图7—155　延伸导线，分区修剪

a）修剪左侧　b）修剪右侧

图7—156　检查修饰、定型

一的效果，头发修剪后要梳平伏，垂落下来的头发要平齐完整，没有层次，故又称单一层次发式，也有人称之为固体型发式（见图7—157）。

图7—157　女式短发固体层次发式

七、女式短发均等层次发式的基本概念

均等层次的头发长度都是一样的，没有明显的发重，可以产生均等的方向感和动感，头发沿头部曲线散开，形成活动纹理，头发提拉角度和剪切角度均为 90°，同头部曲线平行（见图 7—158）。

图 7—158　女式短发均等层次发式

八、女式短发边沿层次发式的基本概念

边沿层次的头发长度是延续的，从内圈到外圈长度也递减，头发末梢看起来是互相堆叠在一起，从而形成一种外圈是活动纹理、内圈是静止纹理的效果，可以降低量感和横向拉宽整体轮廓。头发提拉角度和剪切角度为 0 ~ 90°（见图 7—159）。

图 7—159　女式短发边沿层次发式

美发师（五级）第 2 版

九、女式短发渐增层次发式的基本概念

渐增层次的头发长度是从内圈到外圈连续递增的，从而形成没有视觉发重的活动纹理，可以纵向拉长整体轮廓。渐增层次受人喜欢且多样化，是由于它既有层次又能保留相应的长度，有发量、纹理和方向性动感（见图7—160）。

图7—160　女式短发渐增层次发式

十、女式短发童花蘑菇式的基本概念

童花蘑菇式的头发长度是从内圈的碎尾到外圈重量的堆积。外圈长度头发末梢看起来是互相堆叠在一起，从而形成一种外圈是活动纹理、内圈是静止纹理的效果，可以提升量感和横向拉宽整体轮廓。头发提拉角度和剪切角度为0～90°（见图7—161）。

图7—161　女式短发童花蘑菇式

技能要求

女式短发固体层次发式修剪

操作准备

修剪操作前准备好剪发围布、干毛巾、剪刀、发梳、电推剪、牙剪、掸刷等剪发工具用品。

操作步骤（见表7—2）

表7—2　　　　　　　女式短发固体层次发式修剪的操作步骤

步骤	操作程序、方法和要求	图示
步骤1：分七分区	将头发分成七分区 （1）头顶区前额角至黄金点的弧线 （2）两耳上直上头顶区垂直线 （3）黄金点至颈背点垂直线 （4）两耳上入发际线呈水平线相连于后枕部中点水平线	
步骤2：分出导线	将1、2发区最下缘分出1～2 cm的发片为导线修剪发片。将水平线以下剩余的头发固定	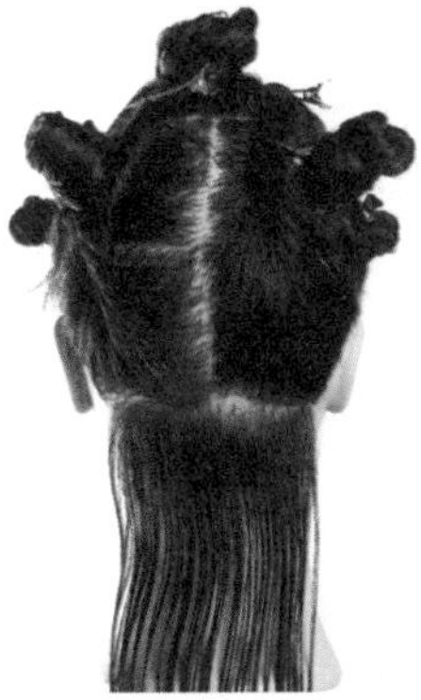
步骤3：修剪导线点	在中间取1～2 cm水平发片确定长度，0°修剪为导线	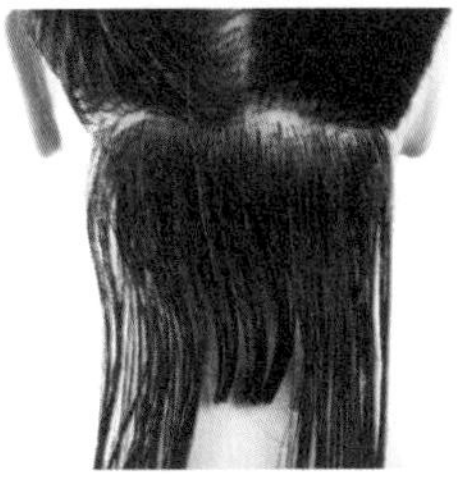

续表

步骤	操作程序、方法和要求	图示
步骤4：修剪右侧导线	以导线点头发长度为基准，修剪右侧导线	
步骤5：修剪左侧导线	以导线点头发长度基准，修剪左侧导线 导线修剪完毕	
步骤6：修剪1、2区左右两侧	将导线向上水平分出1～2 cm发片，以下面头发为引导修剪左右两侧，逐层向上至水平线	
步骤7：分出3、4区下沿发片	将3、4区下沿分出2 cm左右的发片，以1、2区导线的长度为基准	

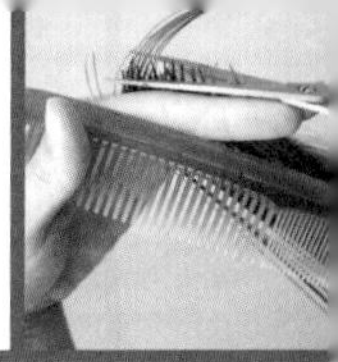

续表

步骤	操作程序、方法和要求	图示
步骤8：修剪4区导线	以2区左侧发片长为基准，发片提拉角度为0°，修剪4区导线	
步骤9：修剪3区导线	以1区右侧发片长度为基准，发片提拉角度为0°，修剪3区导线	
步骤10：完成3、4区发片的修剪	以3、4区导线为基准逐片完成3、4区发片的修剪	
步骤11：分出5区下沿发片	将5区下沿分出2 cm左右的发片	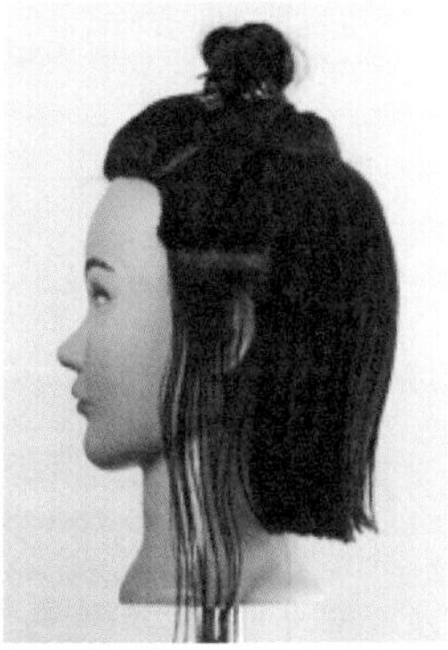

Meifashi

续表

步骤	操作程序、方法和要求	图示
步骤12：修剪出5区导线	以3区右侧发片为基准，发片提拉角度为0°，修剪出5区导线	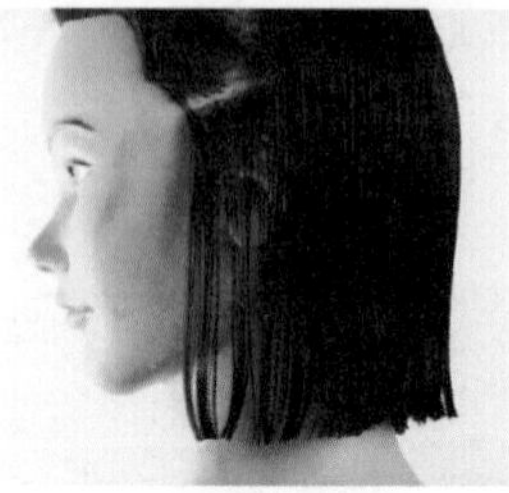
步骤13：完成5区发片的修剪	以同样的方法逐片修剪5区发片，完成5区发片的修剪	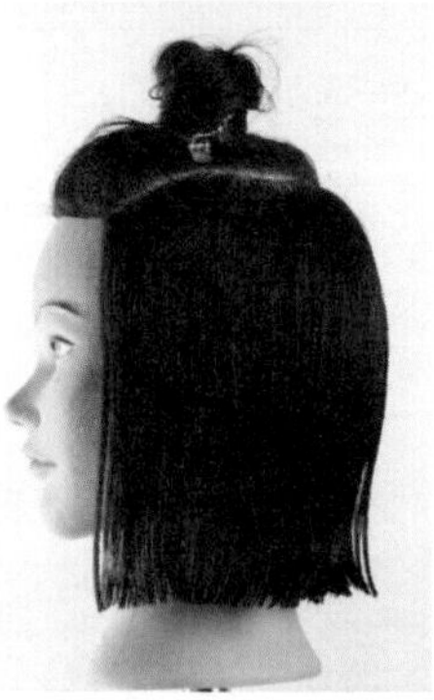
步骤14：分出6区下沿发片	将6区下沿分出2 cm左右的发片	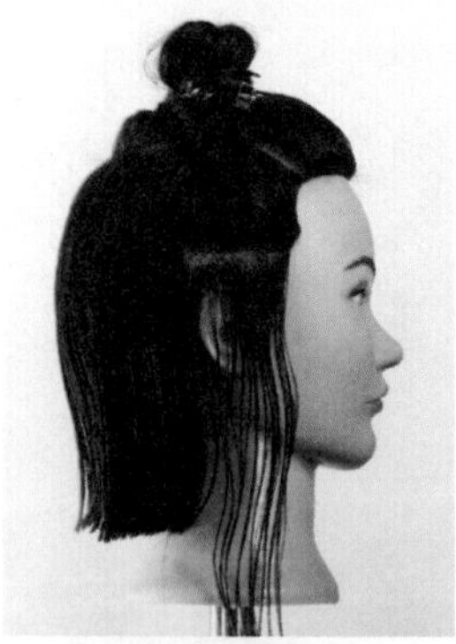
步骤15：修剪出6区导线	以4区左侧发片为基准，发片提拉角度为0°，修剪出6区导线	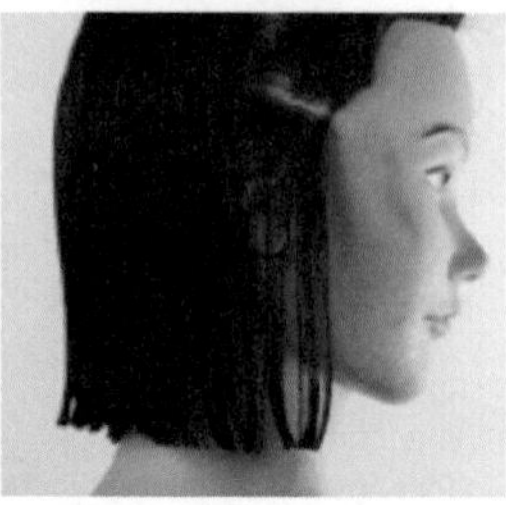

续表

步骤	操作程序、方法和要求	图示
步骤 16：完成 6 区发片的修剪	以同样的方法逐片修剪 6 区发片，完成 6 区发片的修剪	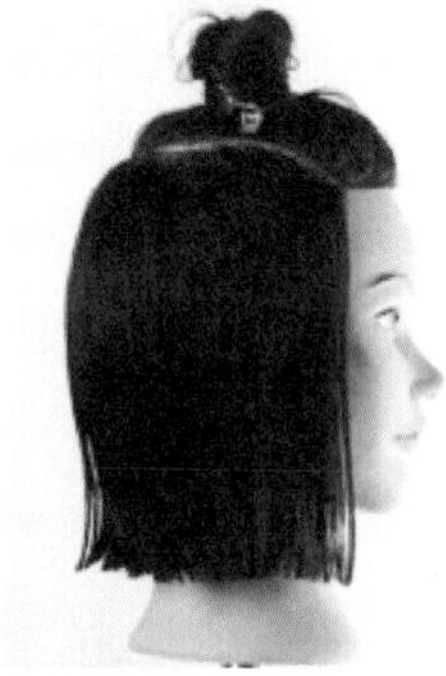
步骤 17：分出 7 区下沿发片	将 7 区下沿分出 2 cm 左右的发片。以下层为引导 0°角修剪	
步骤 18：完成 7 区发片的修剪	以同样的方法逐片修剪区发片，完成 7 区发片的修剪	
步骤 19：检查两侧长度	检查两侧发片的长度高低一致	

美发师（五级）第 2 版

197

発师（五级）第2版

步骤	操作程序、方法和要求	图示
女式短发固体层次发式修剪后的效果图	正面效果图	
	左侧面效果图	
	右侧面效果图	
	背面效果图	

注意事项

（1）修剪时保持全头头发湿度一致。

（2）修剪时手指指位是掌心向下。

（3）眼睛平视所剪发片。

（4）身体站位随分发片的移动而移动。

女式短发均等层次发式的修剪

操作准备

修剪操作前准备好剪发围布、干毛巾、剪刀、发梳、电推剪、牙剪、掸刷等剪发工具、用品。

操作步骤（见表7—3）

表7—3 　　　　　　　　　女式短发均等层次发式修剪的操作步骤

步骤	操作程序、方法和要求	图示
步骤1：分7分区	将头发分成7分区 （1）头顶区前额角至黄金点的弧线 （2）两耳上直上头顶区垂直线 （3）黄金点至颈背点垂直线 （4）两耳上入发际线呈水平线相连于后枕部中点水平线	
步骤2：修剪7区头顶纵向导线	在7区头顶纵向分一发片，提拉角度90°，剪切角度90°，修剪出纵向导线	

续表

步骤	操作程序、方法和要求	图示
步骤3：修剪7区头顶横向导线	在7区头顶横向分一发片，提拉角度90°，剪切角度90°，修剪出横向导线	
步骤4：逐片完成7区修剪	按上述方法将7区头发逐片修剪完成	
步骤5：修剪5区纵向导线	在5区纵向分一发片，以7区横向发片为基准提拉角度90°，剪切角度90°，剪出5区纵向导线	
步骤6：逐片完成5区修剪	以5区纵向导线为基准，逐片修剪完5区发片	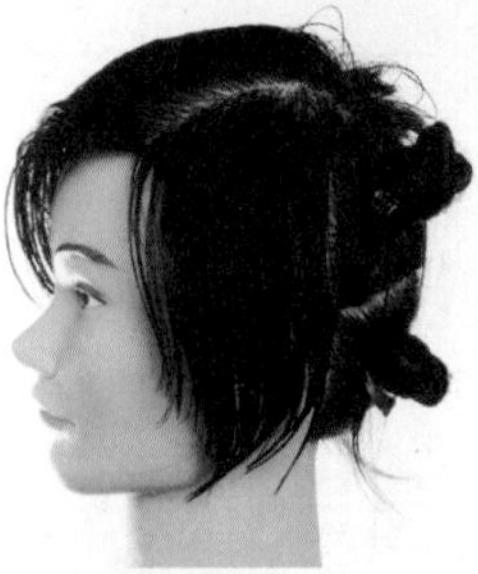
步骤7：修剪6区纵向导线	在7区头顶纵向分一发片，以7区横向发片为基准提拉角度90°，剪切角度90°，剪出6区纵向导线	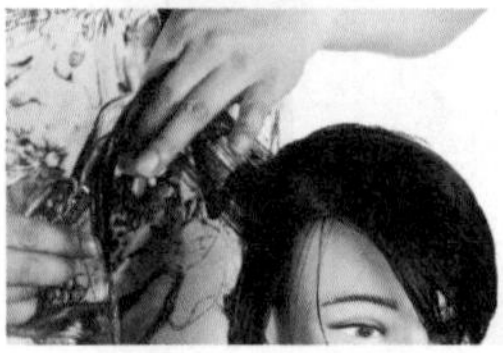

续表

步骤	操作程序、方法和要求	图示
步骤 8：逐片完成 6 区修剪	以 6 区纵向导线为基准，逐片修剪完 6 区发片	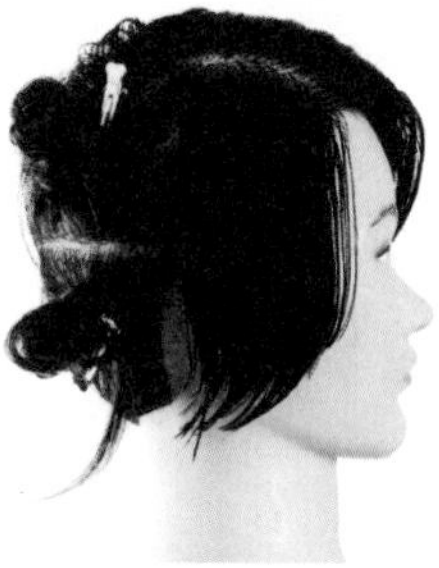
步骤 9：修剪 3 区头顶纵向导线	在 3 区头顶纵向分一发片，提拉角度 90°，剪切角度 90°，剪出 3 区纵向导线	
步骤 10：逐片完成 3 区修剪	以 3 区纵向导线为基准，逐片完成 3 区发片的修剪	
步骤 11：修剪 4 区纵向导线	在 4 区头顶纵向分一发片，以 3 区纵向发片为基准，剪出 4 区纵向导线	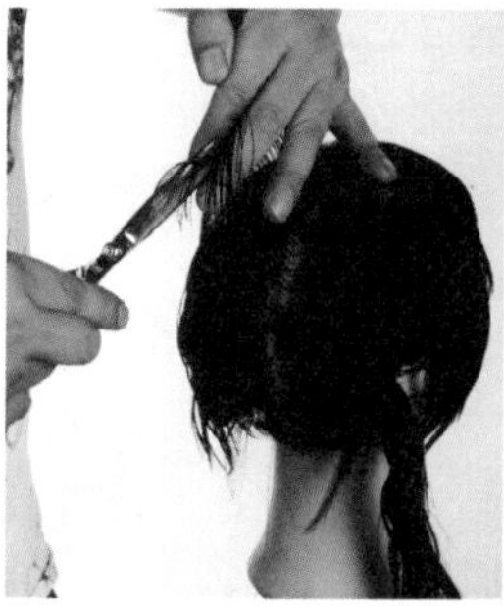

续表

步骤	操作程序、方法和要求	图示
步骤12：逐片完成4区修剪	以4区纵向导线为基准，逐片完成4区发片的修剪	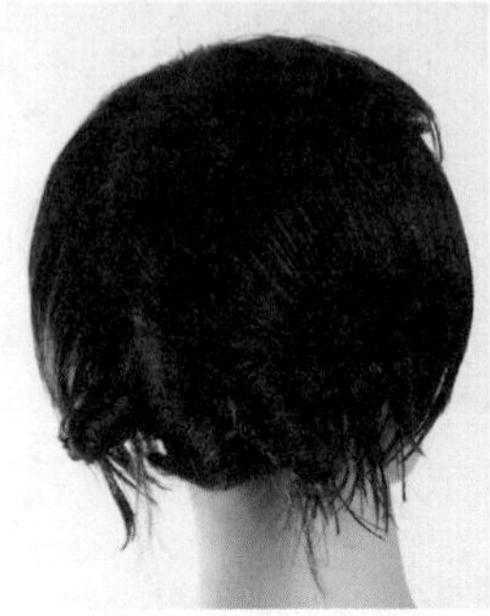
步骤13：修剪1区纵向导线	在1区分一纵向发片，以3区纵向发片为基准，提拉角度90°，剪切角度90°，剪出1区纵向导线	
步骤14：逐片完成1区修剪	以1区纵向导线为基准，垂直分份提拉，剪切角度90°，逐片向左修剪1区发片	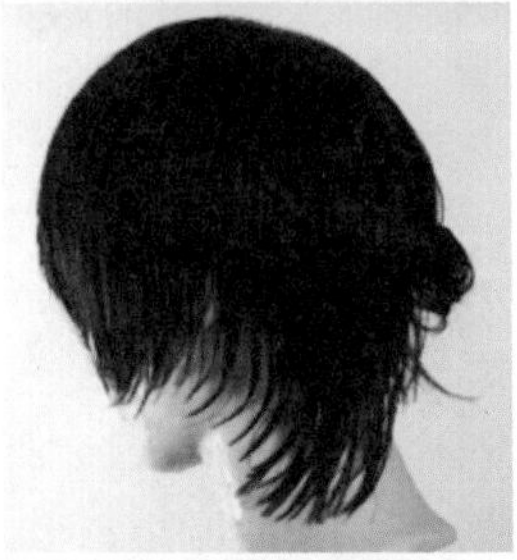
步骤15：修剪2区纵向导线	在2区分一纵向发片，以4区纵向发片为基准，提拉角度90°。剪切角度90°，剪出2区纵向导线	
步骤16：逐片完成2区修剪	以2区纵向导线为基准垂直分份，提拉角度90°，剪切角度90°，逐片向右修剪2区发片	

续表

步骤	操作程序、方法和要求	图示
步骤 17：各发区连接修饰调整	将各发区连接进行修饰调整	
女式短发均等层次发式修剪后的效果图	正面效果图	
	左侧面效果图	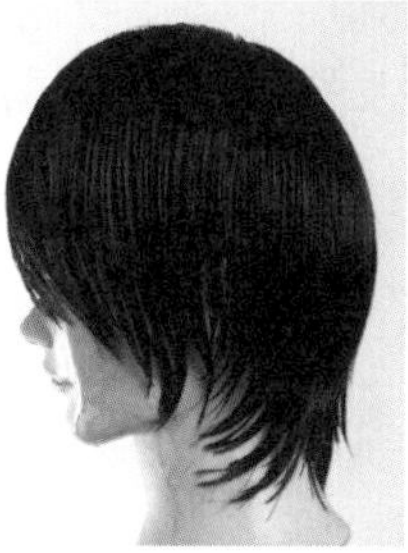
	背面效果图	

注意事项

（1）修剪时保持全头头发湿度一致。

（2）修剪时发片与发片之间要去角连接。

（3）检查切口时，注意修剪后的发片应呈圆弧状。

（4）修剪时保持全头角度切口统一。

女式短发边沿层次发式的修剪

操作准备

修剪操作前准备好剪发围布、干毛巾、剪刀、发梳、电推剪、牙剪、掸刷等剪发工具、用品。

操作步骤（见表7—4）

表7—4 　　　　　女式短发边沿层次发式修剪的操作步骤

步骤	操作程序、方法和要求	图示
步骤1：分七分区	将头发分成七分区 （1）头顶区前额角至黄金点的弧线 （2）两耳上直上头顶区垂直线 （3）黄金点至颈背点垂直线 （4）两耳上入发际线呈水平线相连于后枕部中点水平线	 
步骤2：1、2区上下两层发片区	将1、2区发片合并，以水平线平均分成上下两个发片区	

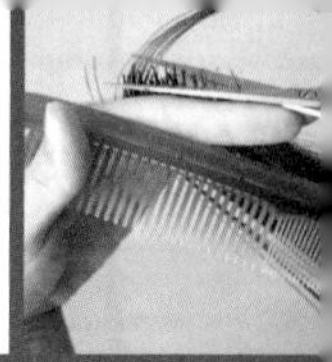

续表

步骤	操作程序、方法和要求	图示
步骤 3：剪出下层发片区的导线点	在下层发片区正中挑一垂直发片，宽度为 2 cm	
步骤 4：剪出下层发片区的导线	发片与头皮提拉角度小于 90°，剪刀剪切角度小于 90°，剪切留发长度约 5 cm（约颈部的 1/2），剪出导线	
步骤 5：修剪下层右侧发片	以导线的提拉角度、剪切点为基准，在导线的右侧分出一垂直发片，将导线与该发片梳在一起，以导线为基准，修剪该发片	
步骤 6：逐片完成下层右侧发片的修剪	以相同的方法逐片向右修剪完发片	

美发师（五级）第 2 版

续表

步骤	操作程序、方法和要求	图示
步骤7：逐片完成下层左侧发片的修剪	以相同的方法逐片向左修剪完发片	
步骤8：剪出上层发片区的导线	在1、2区上层发片区正中挑一垂直发片，将下层发片区的导线一起提拉	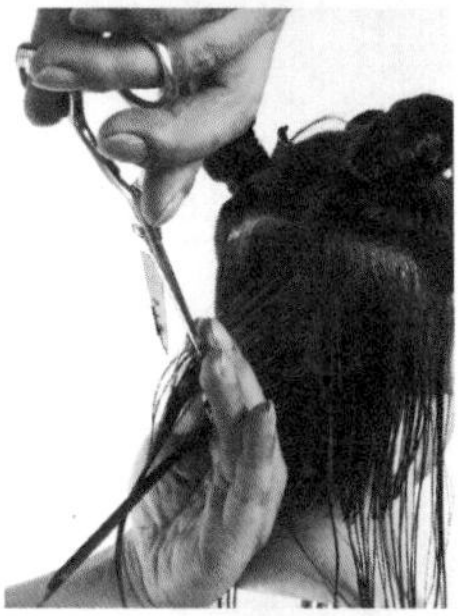
步骤9：逐片修剪上层发区发片	以导线的提拉角度、剪切角度为基准，逐片修剪上层发片区	
步骤10：逐片完成上层发片的修剪	以相同的方法逐片向左右修剪上层发片区	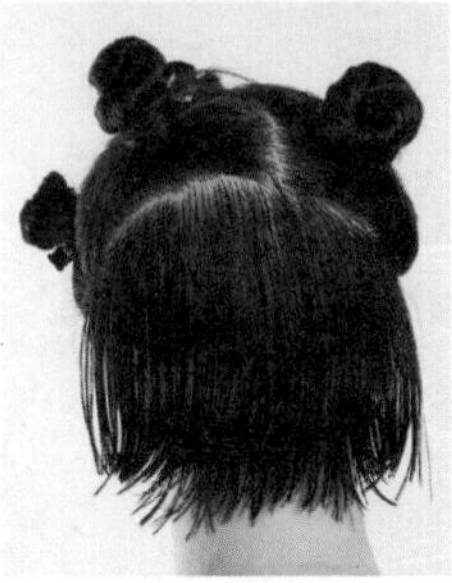

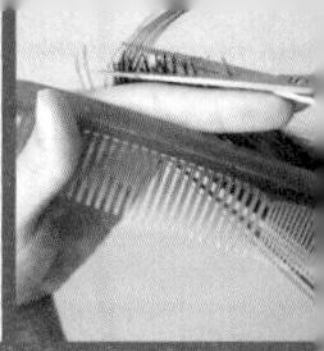

续表

步骤	操作程序、方法和要求	图示
步骤 11: 3、4 区上下两层发片区	将 3、4 区发片合并，以水平线平均划分为上下两层发区	
步骤 12: 修剪下层发片的导线	在下层发片区中点分一垂直发片，以提拉角度小于 90°，剪切角度小于 90°，以 1、2 区上层发片区头发长度为基准进行修剪	
步骤 13: 逐片修剪下层右侧发片	以该发片修剪后的相同长度、提拉角度、剪切角度将右侧发区的头发逐片修剪完成	
步骤 14: 逐片完成下层左侧发片的修剪	以该发片修剪后的相同长度、提拉角度、剪切角度将左侧发区的头发进行逐片修剪	

美发师（五级）第 2 版

续表

步骤	操作程序、方法和要求	图示
步骤15：完成下层右侧发区的修剪	以该发片修剪后的相同长度、提拉角度、剪切角度将右侧发区的头发逐片修剪完成	
步骤16：修剪5区垂直导线	将5区发片右侧分一垂直发区，以相邻修剪后3区头发的提拉角度、剪切角度为基准，修剪导线	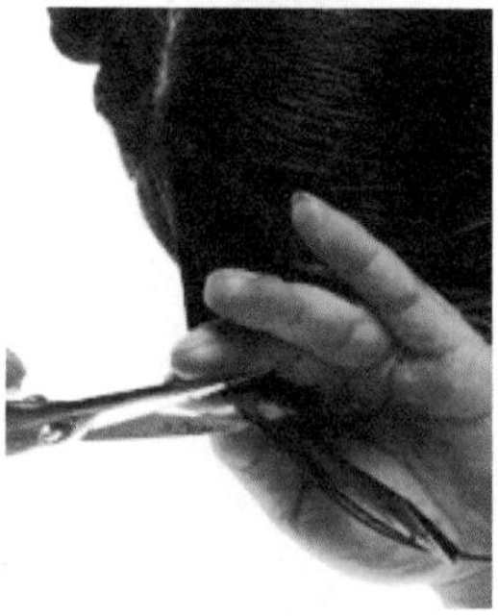
步骤17：逐片完成5区发片的修剪	以5区导线为基准，向前逐片完成修剪	
步骤18：修剪6区垂直导线	将6区发片左侧分一垂直发区，以相邻修剪后4区头发的提拉角度、剪切角度为基准，修剪6区的导线	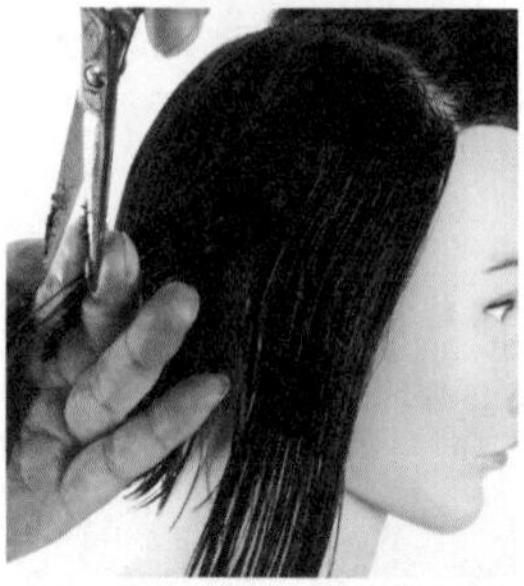

续表

步骤	操作程序、方法和要求	图示
步骤19：逐片完成6区发片的修剪	以6区导线为基准，向前逐片完成修剪	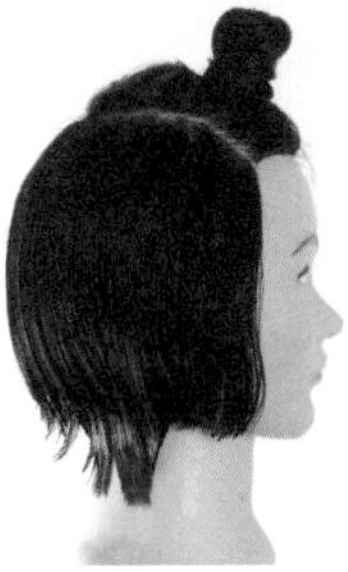
步骤20：修剪7区导线	在7区中分线分一垂直发片，提拉角度90°，剪切角度90°，以下层头发为基准，修剪该发片。完成中分线导线设定	
步骤21：逐片完成7区发片的修剪	在前额横向分线，提拉角度90°，剪切角度90°，以中分线头发为基准，逐片完成7区发片的修剪	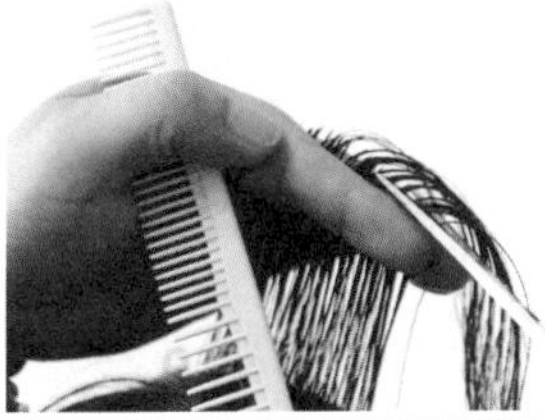
步骤22：去角连线修剪	将7区与下层头发进行去角修剪，使上下层发片层次相衔接	
步骤23：牙剪调整处理	对各部位的发尾发量用牙剪进行调整处理	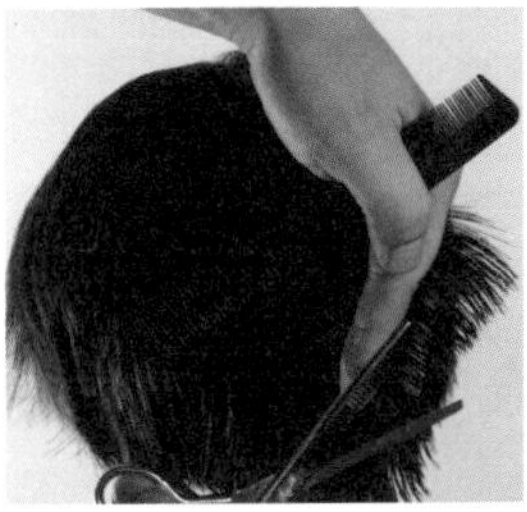

美发师（五级）第2版

续表

步骤	操作程序、方法和要求	图示
女式短发边沿层次发式修剪的效果图	正面效果图	 
	右侧面效果图	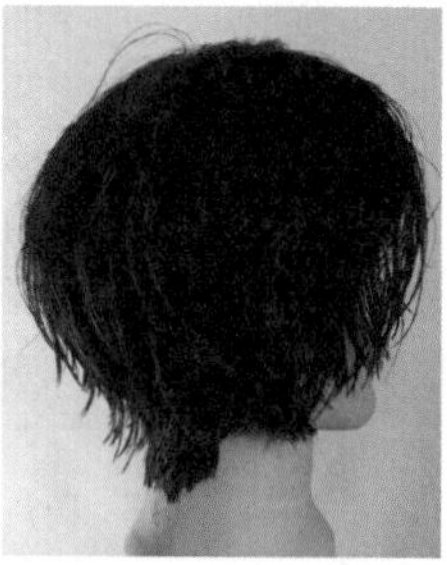
	左侧面效果图	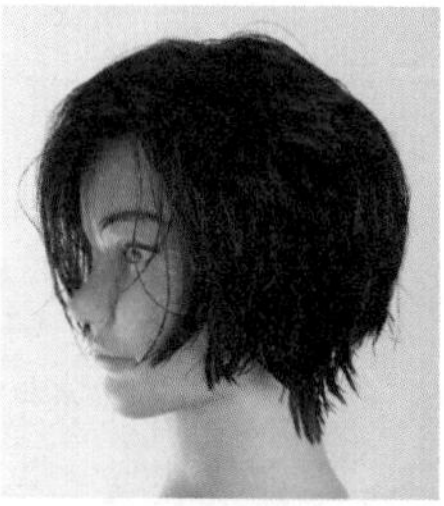
	背面效果图	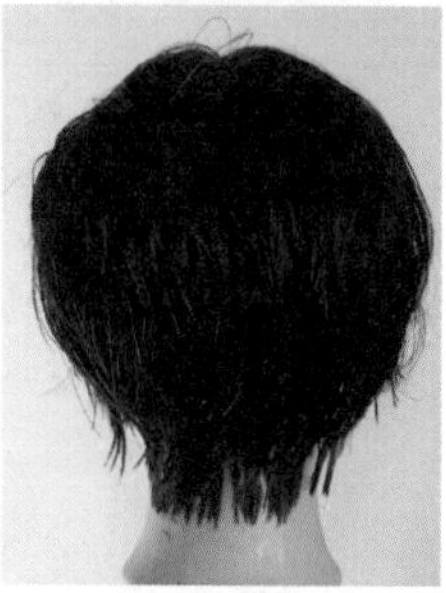

注意事项

（1）修剪时保持全头头发湿度一致。

（2）分发区要准确，发片要薄，厚度要保持一致，避免误差。

（3）发片与头皮的角度要一致，由于发片提拉角度的变化能造成发片层次的变化，所以制造同样层次时，头发提拉角度要一致，发片左右摆动的角度也应一致，剪发时的站位应随着被修剪发片部位的移动而移动。

（4）剪切的变化要一致。例如，修剪内层次时，修剪渐增层次时，剪刀要向外倾斜，剪切的变化能造成层次的微观变化。

女式短发渐增层次发式的修剪

操作准备

修剪操作前准备好剪发围布、干毛巾、剪刀、发梳、电推剪、牙剪、掸刷等剪发工具、用品。

操作步骤（见表7—5）

表7—5　　　　　　　　女式短发渐增层次发式修剪的操作步骤

步骤	操作程序、方法和要求	图示
步骤1：分七分区	将头发分成七分区 （1）头顶区前额角至黄金点的弧线 （2）两耳上直上头顶区垂直线 （3）黄金点至颈背点垂直线 （4）两耳上入发际线呈水平线相连于后枕部中点水平线	
步骤2：确定1、2区下层导线	将1、2发区合并，选中间水平线分出上下两层发区，在下层发区中间分一垂直发片，以提拉角度大于90°，剪切角度大于90°确定导线的留发长度剪出导线	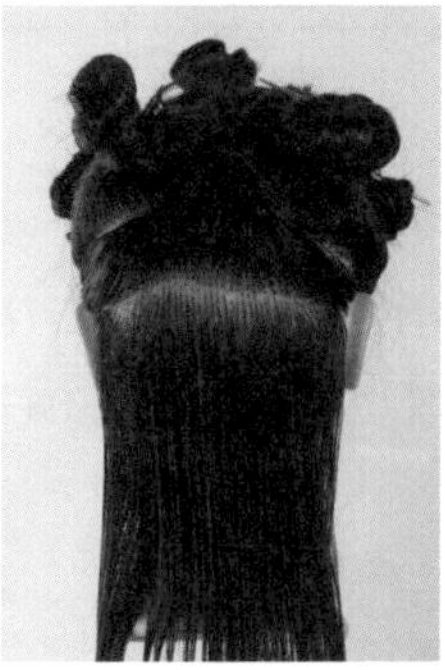

211

续表

步骤	操作程序、方法和要求	图示
步骤3：修剪1、2区下层导线	以提拉角度大于90°，剪切角度大于90°修剪出1、2区下层发区的导线	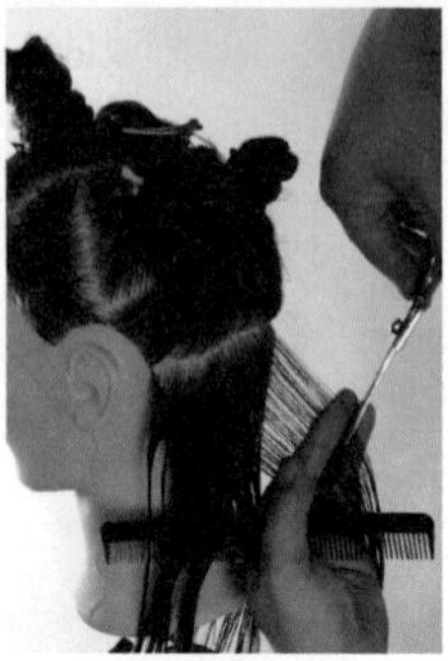
步骤4：逐片修剪1、2区下层右侧发片	以修剪好的导线为基准，提拉角度大于90°，剪切角度大于90°，逐片向右完成修剪	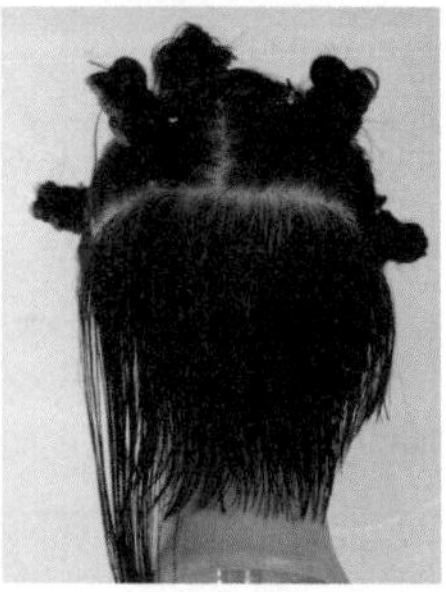
步骤5：逐片修剪1、2区下层左侧发片	以修剪好的导线为基准，提拉角度大于90°，剪切角度大于90°，逐片向左完成修剪	
步骤6：逐片修剪1、2区上层发片	以修剪1、2发区下层发区的方法，修剪1、2发区上层发区的头发	

续表

步骤	操作程序、方法和要求	图示
步骤 7：完成 1、2 区发片修剪	1、2 发区的头发修剪完毕	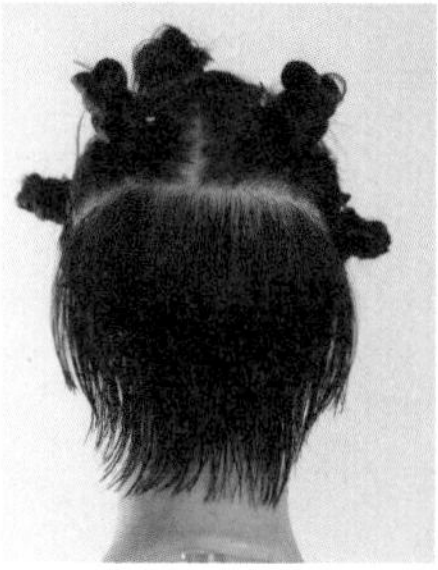
步骤 8：修剪 3、4 区下层发片垂直导线	将 3、4 发区以水平线平均分为上下两发区，在下层发区中间分一垂直发片，以 1、2 发区上层发片为基准，提拉角度大于 90°，剪切角度大于 90°，剪出导线	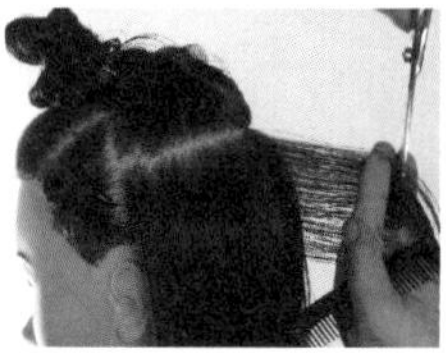
步骤 9：逐片完成 3、4 区下层发片的修剪	以修剪后 3、4 下层发区的导线为基准，逐片向右完成修剪，再向左完成修剪	
步骤 10：逐片修剪 3、4 区上层发片	以修剪 3、4 发区下层发区的方法，修剪 3、4 发区上层发区的头发	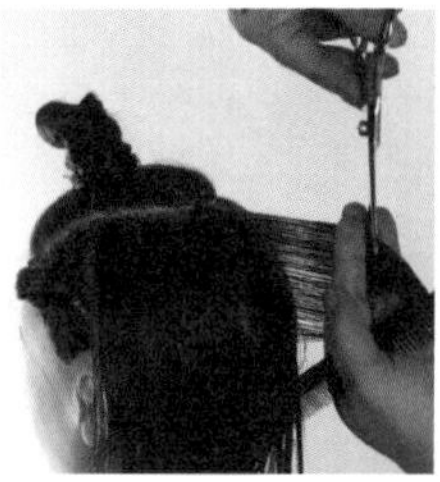

续表

步骤	操作程序、方法和要求	图示
步骤11：逐片完成3、4区上层发片的修剪	完成3、4区上层发区的修剪	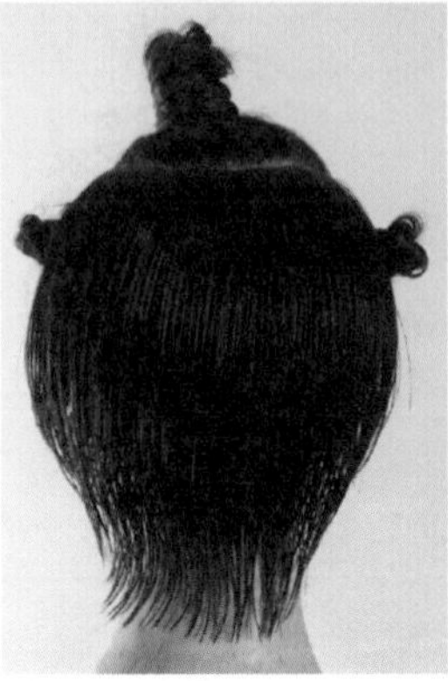
步骤12：修剪5区发片垂直导线	将5区发片右侧分一垂直发片，以相邻修剪后3区头发的提拉角度、剪切角度为基准，修剪导线	
步骤13：逐片完成5区发片的修剪	以5区片区的导线为基准，向前逐片完成修剪	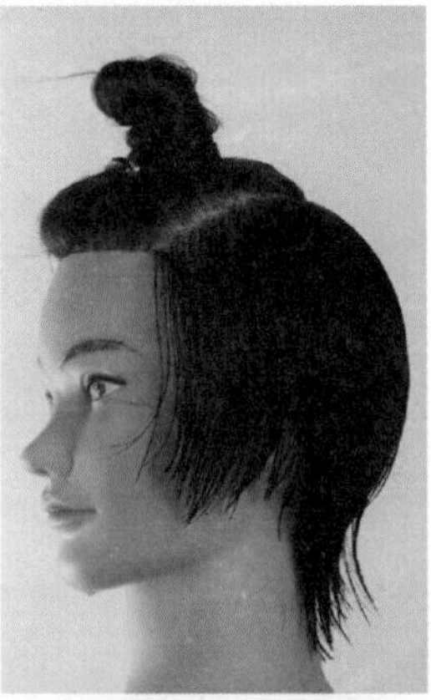
步骤14：修剪6区发片垂直导线	将6区发片左侧分一垂直发区，以相邻修剪后4区头发的提拉角度、剪切角度为基准，修剪6区的导线	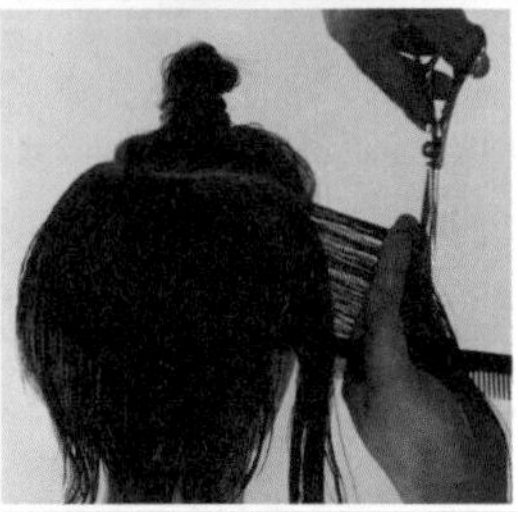

续表

步骤	操作程序、方法和要求	图示
步骤 15：逐片完成 6 区发片的修剪	以 6 区发片区的导线为基准，向前逐片完成修剪	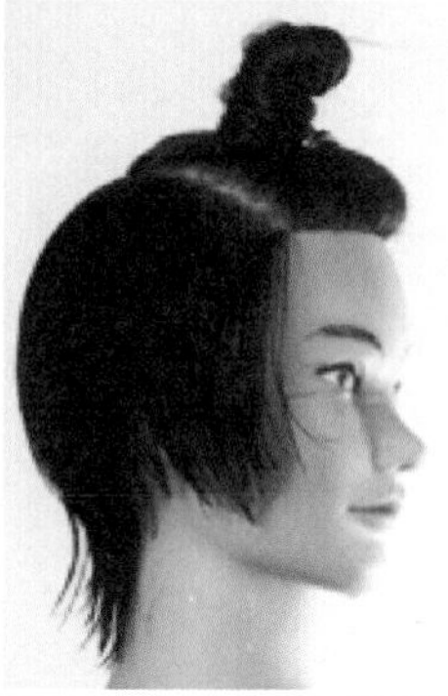
步骤 16：修剪 7 区发片垂直导线	在 7 区中分线分一垂直发片，提拉角度 90°，剪切角度 90°，以下层头发为基准，修剪该发片。完成中分线导线设定	
步骤 17：逐片完成 7 区发片的修剪	在前额横向分线，提拉角度 90°，剪切角度 90°，以中分线头发为基准，修剪 7 区逐片向后完成 7 区修剪	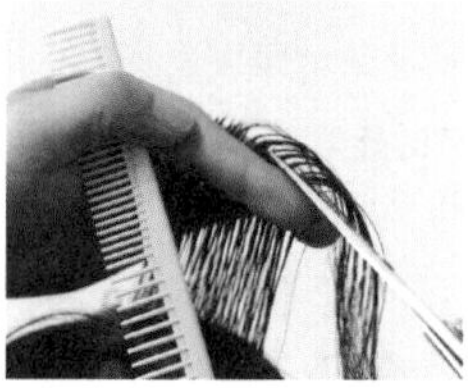
步骤 18：去角连线修剪	将 7 区与下层头发进行去角修剪，使上下层发片层次相衔接	
步骤 19：牙剪调整处理	对各部位的发尾发量用牙剪进行调整处理	

续表

步骤	操作程序、方法和要求	图示
女式短发渐增层次发式修剪后的效果图	正面效果图	 
	左侧面效果图	
	右侧面效果图	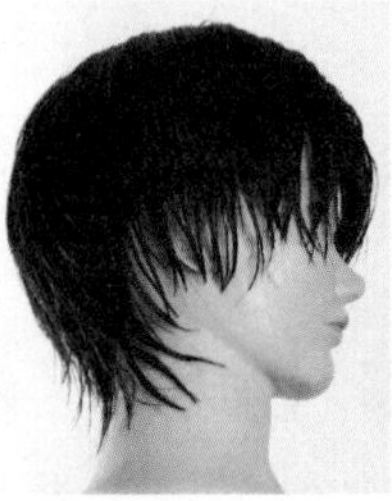
	背面效果图	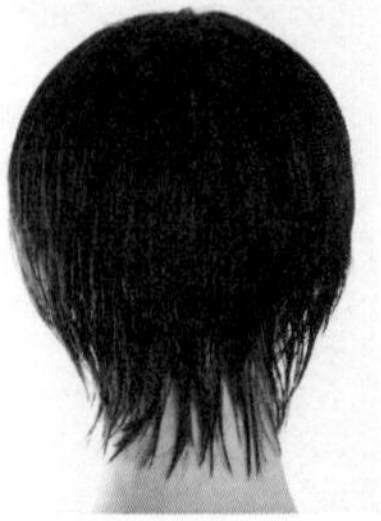

注意事项

（1）修剪时保持全头头发湿度一致。

（2）分发区要准确，发片要薄，厚度要保持一致，避免误差。

（3）发片与头皮的角度要一致，由于发片提拉角度的变化能造成发片层次的变化，所以制造同样层次时，头发提拉角度要一致，发片左右摆动的角度也应一致，剪发时的站位应随着被修剪发片部位的移动而移动。

（4）剪切的变化要一致。例如，修剪内层次时，修剪渐增层次时，剪刀要向外倾斜，剪切的变化能造成层次的微观变化。

女式短发童花蘑菇式发式修剪

操作准备

修剪操作前准备好剪发围布、干毛巾、剪刀、发梳、电推剪、牙剪、掸刷等剪发工具、用品。

操作步骤（见表7—6）

表7—6　　　　女式短发童花蘑菇式发式修剪的操作步骤

步骤	操作程序、方法和要求	图示
步骤1：分七分区	将头发分成七分区 （1）头顶区前额角至黄金点的弧线 （2）两耳上直上头顶区垂直线 （3）黄金点至颈背点垂直线 （4）两耳上入发际线呈水平线相连于后枕部中点水平线	
步骤2：1、2区上下两层发片区	将1、2区发片合并，以水平线平均分成上下两个发片区	

续表

步骤	操作程序、方法和要求	图示
步骤3：确定下层发片区的导线点	在下层发片区正中挑一垂直发片，宽度为2 cm	 
步骤4：剪出下层发片区的导线点	发片与头皮提拉角度小于90°，剪刀剪切角度小于90°，剪切留发长度约5 cm（约颈部的1/2），剪出导线	
步骤5：剪出下层发片区的垂直导线	以导线的提拉角度、剪切点为基准，在导线的右侧分出一垂直发片，将导线与该发片梳在一起，以导线为基准，修剪该发片	

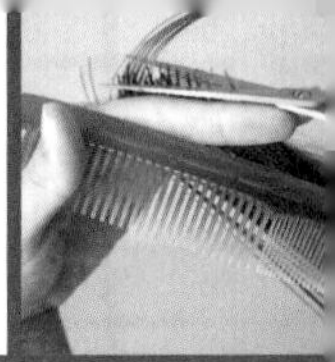

续表

步骤	操作程序、方法和要求	图示
步骤6：逐片完成下层右侧发片的修剪	以相同的方法逐片向右修剪完发片	
步骤7：逐片完成下层左侧发片的修剪	以相同的方法逐片向左修剪完发片	
步骤8：修剪上层发片区的导线	在上层发片区正中挑一垂直发片，将下层发片区的导线一起提拉	
步骤9：逐片修剪上层发区发片	以导线的提拉角度、剪切角度为基准，逐片修剪上层发片区	

美发师（五级）第2版

219

续表

步骤	操作程序、方法和要求	图示
步骤10：确定3、4区下沿水平导线点	将3、4区下沿水平分出2 cm左右的发片，以1、2区导线的长度为基准	 
步骤11：修剪4区导线	以2区左侧发片长为基准，发片提拉角度为0°，修剪4区导线	
步骤12：修剪3区导线	以1区右侧发片长度为基准，发片提拉角度为0°，修剪3区导线	
步骤13：逐片完成3、4区发片的修剪	以3、4区导线为基准逐片完成3、4区发片的修剪	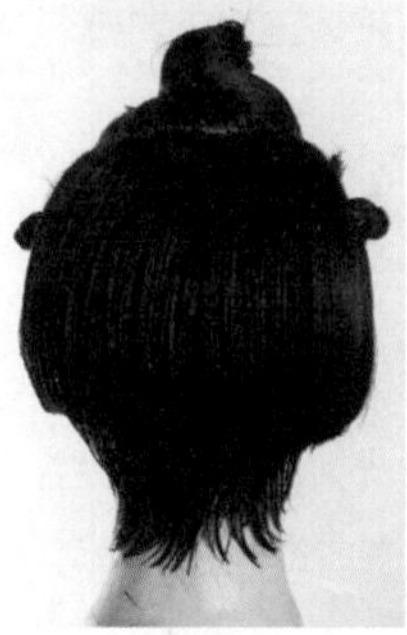

续表

步骤	操作程序、方法和要求	图示
步骤 14：确定 5 区下沿水平导线点	将 5 区下沿分出 2 cm 左右的发片	
步骤 15：修剪 5 区导线	以 3 区右侧发片为基准，发片提拉角度为 0°，修剪出 5 区导线	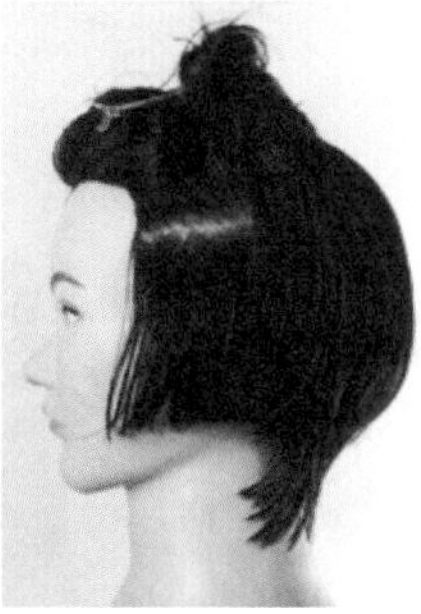
步骤 16：逐片完成 5 区发片的修剪	以同样的方法逐片修剪 5 区发片，完成 5 区发片的修剪	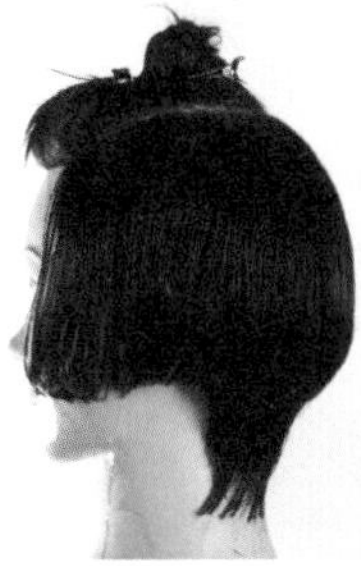
步骤 17：确定 6 区下沿水平导线点	将 6 区下沿分出 2 cm 左右的发片	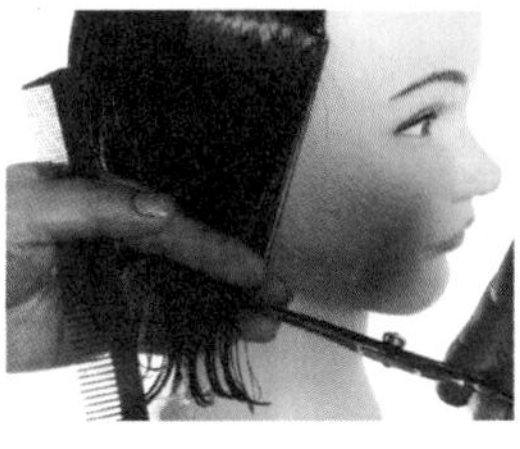

美发师（五级）第 2 版

Meifashi

续表

步骤	操作程序、方法和要求	图示
步骤 18：修剪 6 区导线	以 4 区左侧发片为基准，发片提拉角度为 0°，修剪出 6 区导线	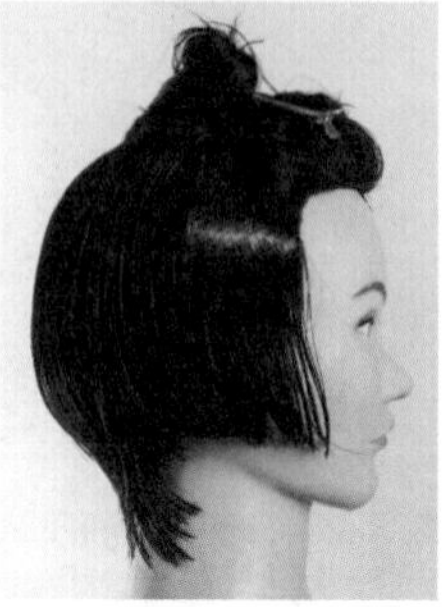 
步骤 19：逐片完成 6 区发片的修剪	以同样的方法逐片修剪 6 区发片，完成 6 区发片的修剪	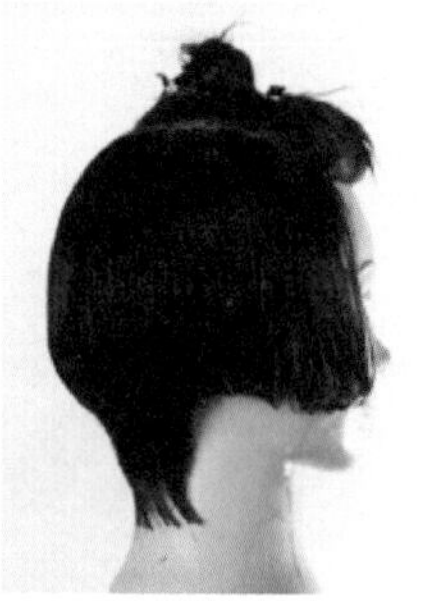
步骤 20：修剪 7 区导线	将 7 区下沿分出 2 cm 左右的发片。从眼窝设定导线 0°角修剪导线	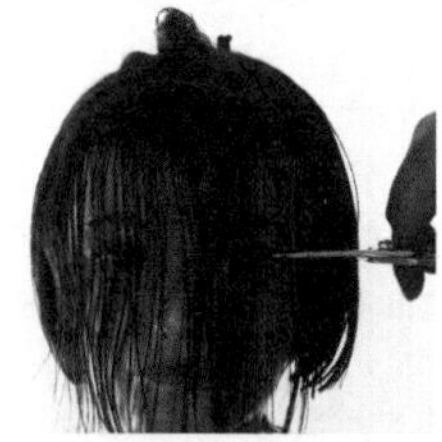
步骤 21：逐片完成 7 区发片的修剪	逐层往上引导修剪，完成刘海区	

续表

步骤	操作程序、方法和要求	图示
步骤 22：检查调整两侧发片对称	检查两侧发片的长度高低一致	
女式短发童花蘑菇式发式修剪后的效果图	正面效果图	
	侧面效果图	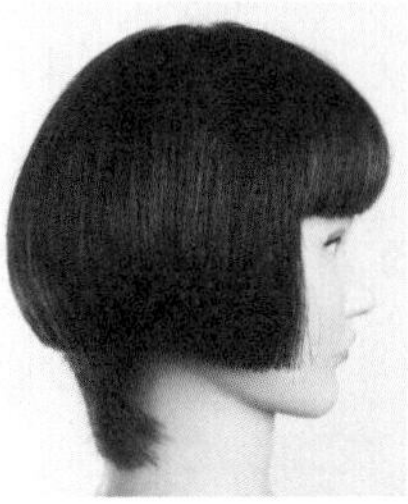
	背面效果图	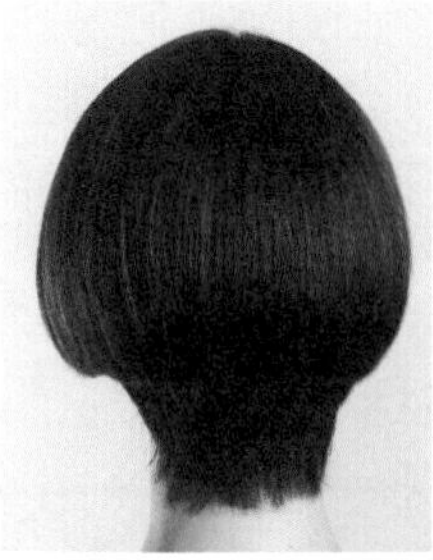

美发师（五级）第2版

223

注意事项

（1）修剪时要保持全头头发湿度一致。

（2）分发区要准确，发片要薄，厚度要保持一致，避免误差。

（3）发片与头皮的角度要一致，由于发片提拉角度的变化能造成发片层次的变化，所以制造同样层次时，提拉角度要一致，发片左右摆动的角度也应一致，应随着被修剪的发片部位的移动而移动站位。

（4）剪切的变化要一致。例如，修剪内层次时，修剪渐增层次时，剪刀要向外倾斜，剪切的变化能造成层次的微观变化。

模拟测试题

1. 填空题（请将正确的答案填在横线空白处）

（1）电推剪操作中的半推法，主要用于色调_____及耳夹部位。

（2）在男式发型中，_____是顶部和中部的分界线。

（3）在男式推剪操作中，头发的颜色由浅至深，自然地组成明暗均匀的_____。

（4）在男式推剪枕骨部分时，电推剪随着_____的变化而相应变化。

（5）在男式发式修剪操作中，调整厚薄前应认真观察头发的_____。

2. 判断题（下列判断正确的请打"√"，错误的打"×"）

（1）牙剪的作用是减少发量、制造参差层次和色调。（　　　）

（2）在男式推剪操作中，中长式的基线与发际线间隔距离 15～20 mm。
（　　　）

（3）在男式推剪鬓角时，用小抄梳的前端贴住鬓角下部，角度可略大些。
（　　　）

（4）男式推剪后脑中部的色调时，两手要悬空，用力一定要均衡。（　　　）

（5）推剪男式短发时，为了使头部保持弧形，轮廓应采取满推的方法。（　　　）

3. 选择题（下列每题有 4 个选项，其中只有 1 个是正确的，请将其代号填在括号内）

（1）在男式发型中，中部正好处于后脑鼓起部分的下端，形成一个（　　　）。

A. 坡形　　　B. 锐角形　　　C. 倒坡形　　　D. 平面形

（2）各人发际线位置的高低不完全相同，基线位置不随之调整会影响发型的（　　）。

A. 效果　　　　B. 色调　　　　　C. 轮廓　　　　D. 相称

（3）在男式推剪耳上操作时，梳子向上呈（　　）移动，用电推剪剪去梳齿上的头发。

A. 直线　　　　B. 斜线　　　　C. 弧线　　　　　D. 曲线

（4）男式发式修剪层次时，从前额开始到头顶将发尾正常提升至与头皮呈（　　）。

A. 45°　　　　B. 90°　　　　C. 135°　　　　D. 180°

（5）男式短发式推剪周围轮廓时，要与（　　）头发连成一体。

A. 左鬓部　　B. 右鬓部　　　C. 顶部　　　　D. 后颈部

模拟测试题答案

1. 填空题

（1）底部　（2）发式轮廓线　（3）色调　（4）梳子　（5）密度

2. 判断题

（1）√　（2）×　（3）×　（4）√　（5）×

3. 选择题

（1）C　（2）B　（3）C　（4）B　（5）C

美发师（五级）第2版

第 8 章 烫发

烫发就是将直线形的发丝，用形状各异的卷杠，卷曲成各种不同的形状，再将烫发液涂在已变形的发杆上，利用人体热量和外界的温度，使化学烫发液的化学元素迅速渗透到发杆内，让发杆内的蛋白质分子发生质的变化，从而使毛发的内部组织变形，使鳞状细胞放松，再用定型剂（中和剂）将松开变形的蛋白质分子组织重新组合，形成新的链接体。

第1节 烫发工具、用品和烫发剂

学习目标

- 熟悉烫发剂的原理及用途
- 掌握烫发工具、用品和烫发剂的分类
- 掌握烫发工具、用品和烫发剂的性能及作用

知识要求

一、烫发工具、用品的种类、用途

1. 尖尾梳（挑针梳）（见图8—1）

尖尾梳（挑针梳）的用途：有齿的部位梳通梳顺发丝，尖头部位进行头部发丝分区、分块、分片、分束等。种类有木制品、塑料制品、金属制品等，是烫发过程中不可缺少的工具。

2. 烫发衬纸（见图8—2）

烫发衬纸用途：是包裹住顺畅发丝发尾部分的专用烫发纸。种类有棉料、纤维制品，主要吸收烫发液后渗透到发丝内，不让烫发液流失。此类衬纸可进行洗涤，可重复使用，是目前烫发过程中最常用的衬纸。

3. 烫发杠（见图8—3）

烫发杠用途：由于卷杠形状各异，大小不同，其烫出来的纹理、形状也大不一样。烫发杠种类繁多，其代表性的有圆形、三角形、螺旋形、椭圆形、浪板形及艺术创新的麻辣烫、棉花烫、陶瓷烫、热能烫、喇叭烫、电棒烫、拐子烫、空

图 8—1　尖尾梳

图 8—2　烫发衬纸

气灵感烫等，其作用原理是将缠绕的发丝在冷烫液的作用下，按其形状形成不同的圈，即什么形状的烫发杠就可制造出什么样的圈。

4. 围盆（见图 8—4）

围盆用途：涂烫发液时在颈项处放置围盆，用以盛接滴下来的烫发液、中和剂，避免烫发液、中和剂滴落到顾客的衣领或身体上，确保安全，减少纠纷。

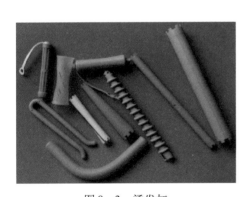

图 8—3　烫发杠

图 8—4　围盆

5. 塑料帽、保鲜膜（见图 8—5）

塑料帽、保鲜膜的用途：保温、保湿，让烫发液在充分的环境下正常反应，不让烫发液过快挥发而影响环境空气质量。

6. 烫发专用围布（见图 8—6）

烫发专用围布用途：布料以防水性面料为主，可防止烫发液渗漏至顾客的衣

美发师（五级）第 2 版

服上。颜色主要以黑色、灰色和深色为主，围布面积遮盖手体的上半部即可。

图8—5　塑料帽、保鲜膜

图8—6　烫发专用围布

7. 蒸汽加热机（焗油机）（见图8—7）

蒸汽加热机（焗油机）用途：利用电加热棒将水煮沸产生蒸汽，产生的蒸气环绕于加热器的罩内，环绕于烫发区域，利用蒸汽加快烫发液的反应速度，缩短反应时间，补足水分。

8. 棉条或干毛巾（见图8—8）

棉条或干毛巾的用途：防止烫发液、中和剂流出烫发区域伤及皮肤，可起阻止烫发液和中和剂流至脸部、颈部，使顾客不受烫发液的伤害。

图8—7　蒸汽加热机

图8—8　棉条或干毛巾

9. 定位夹（见图8—9）

定位夹的用途：固定卷绕的发圈，是定位烫的专用工具，常用于短发，定位烫能使发丝形成大卷，使发型蓬松、自然，富有动感。

10. 插针（见图8—10）

插针的用途：插入挑起皮筋内，起到固定卷杠、拉起发根的作用，不让皮筋压在发丝上造成压痕，形成"斑马症"，影响到烫发效果的完美。

图8—9　定位夹

图8—10　插针

11. 烫发工具车（见图8—11）

烫发工具车的用途：是烫发操作时用于摆放烫发用品用具的，便于操作时用品用具的取放，充分体现操作的规范性和方便性。

12. 喷水壶（见图8—12）

喷水壶的用途：壶内的水呈雾状喷出，喷湿头发便于操作，烫发时可喷中和剂。

图8—11　烫发工具车

图8—12　喷水壶

美发师（五级）第2版

13. 发夹（见图8—13）

发夹的用途：发夹的种类和型号很多，主要
是夹固住头发、用于分区等。

二、烫发剂的分类、性能

目前市场上常用的烫发剂有化学烫（俗称冷
烫），有大瓶装和小包装，有两剂型或三剂型。两
剂必须混合使用：第一剂为冷烫剂，主要将发丝

图8—13　发夹

的二硫化键切断，而变成单硫键，达到分解发丝组织结构的目的；第二剂是中和
剂，主要将发丝的单硫键重新组成一组新的二硫化键，达到重组固定作用；第三
剂是护理剂，对烫后受损的发丝进行修复，起到减少发丝损伤程度的作用。冷烫
剂按化学性质可分为酸性冷烫剂、微碱性冷烫剂、碱性冷烫剂三大类。

1. 酸性冷烫剂

酸性冷烫剂的主要成分是碳酸铵、阿摩尼亚、护发因子、水、香精等，pH
值在6以下，接近头发正常的pH值。酸性冷烫剂属于高档冷烫剂，对头发损伤
程度极小，起保护发丝作用。

2. 微碱性冷烫剂

微碱性冷烫剂的主要成分是碳酸氢铵、阿摩尼亚、护发因子、水、香精等，
pH值在7～8之间，属于普通冷烫剂。微碱性冷烫剂适应发质要求较广，适用于
一般正常发质。

3. 碱性冷烫剂

碱性冷烫剂的主要成分是硫化乙醇酸、阿摩尼
亚、护发因子、水、香精等，pH值在9以上，大大
超出了头发正常的pH值。碱性冷烫剂属于抗拒型
冷烫剂，适合比较粗硬或未经烫染处理的"生发"。

4. 中和剂（见图8—14）

中和剂的主要成分是过氧化氢或溴化钠。由
于过氧化氢有褪色的弊端，所以现在多采用溴化

图8—14　中和剂

钠。中和剂起重组及固定链键组织的作用，其特点是无色、无味，用力摇动后有泡沫出现。

三、烫发剂的化学原理

烫发剂的化学反应原理是：能使发丝的内部分子结构发生质的变化，达到对发型的可塑性效果。任何烫发剂的化学反应都必须有冷烫精与中和剂组成反应的条件，烫发就是化学反应和物理反应相结合的过程。烫发的反应过程是：烫液的化学反应使45%的二硫化键被切断→卷杠改变发丝形状→烫液使发丝变成单硫键→中和剂使单硫键重新组成一组新的二硫化键。所需的条件是：卷杠使发丝变形，温度促使烫液化学发应，时间的长短变化决定卷曲度程度，化学能为首要条件。

第 2 节　卷杠

学习目标

● 了解烫发卷杠的基本排列方法
● 熟悉卷杠操作的基本要求
● 掌握烫发卷杠的操作方法

知识要求

一、卷杠的概念、作用

1．卷杠的概念

卷杠的概念是指：烫发过程中的各种各样卷杠与卷发技巧的组合变化，烫发造型的变化与烫发卷杠的分布、方向、位置、角度等的变化。发式造型的变化是与卷杠密不可分的。在排卷的过程中，排卷的变化、所使用的烫发杠对烫发效果起着重要的作用。烫后的发式形状是由发杠的大小、形状所决定的，新颖的烫发技巧、有时代气息的烫发造型效果都要有卷杠排布的变向思维。

发丝的烫发效果是由卷发杠而定的，如圆形或圆柱形的卷发杠可产生曲线或弧形的效果，平板烫可产生平直发的效果，大号卷杠和小号卷杠混合使用可产生大卷与小卷的高低起伏落差效果。

2. 卷杠的作用

卷杠的作用：是将卷纸包裹好的发丝平伏地卷绕在卷发杠上，在卷纸吸收冷烫液后再渗透到发丝中，使发丝进行化学反应，产生与卷杠基本相同的圈，为发式塑型打下基础。

二、卷杠的分类

烫发杠的品种繁多，如图8—15 至图8—24 所示。

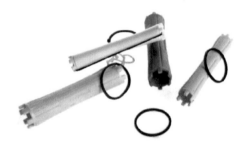

图8—15　日本杠

图8—16　韩式杠

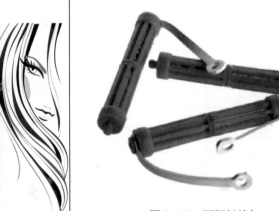

图8—17　国际标榜杠

图8—18　国内品牌杠

图 8—19　圆形卷杠

图 8—20　三角形卷杠

图 8—21　U 形杠

图 8—22　螺旋形卷杠

图 8—23　万能烫卷杠

图 8—24　喇叭形卷杠

三、烫发衬纸的使用方法

烫发衬纸的使用方法：按方向分有正裹和竖裹，按衬纸的裹法分有单层纸裹法、单层纸折叠裹法、单层纸转卷裹法、双层夹纸裹法等。

1. 单层纸裹法（见图8—25）

操作要求：这是常用也是最基本的裹纸方法，将烫发衬纸无皱、平坦、展开放在发片的表面上，发丝位于衬纸下方的2/3处，卷杠顶压在发梢部，向内卷至根部，用皮筋固定。

2. 单层纸折叠裹法（见图8—26）

操作要求：首先将烫发衬纸竖放在发片的外面，卷纸的中线与发梢相平，再将卷纸向内对折压住发梢，然后使用卷发杠将发片卷至根部，用皮筋固定。

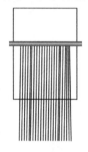
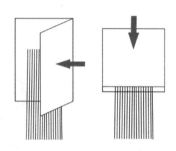

图8—25　单层纸裹法　　　　　　图8—26　单层纸折叠裹法

3. 单层纸转卷裹法（见图8—27）

操作要求：将发尾部的发丝包裹住后，用拇指、食指、中指进行顺时针方向旋转，再将旋转后的头发缠绕在卷杠上，用锡纸条或专用夹及皮筋固定。

4. 双层夹纸裹法（见图8—28）

操作要求：将两张同样大小的烫发衬纸放在要裹发片的正面和背面，发片发梢放置烫发纸面的2/3处，然后使用卷发杠卷至根部，用皮筋固定。

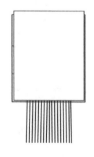

图8—27　单层纸转卷裹法　　　　图8—28　双层夹纸裹法

四、标准卷杠的种类

标准卷杠的种类很多，按排杠方向的变化分，具有代表性的有以下两种。

1. 普通排卷（见图 8—29）

普通排卷又称十字排卷。在头顶部区域以"十"字分开排列，分前块面、后块面、左右各两个块面的四个大区，这是初学者必须了解并掌握的排列方法。

2. 扇形排卷（见图 8—30）

这种烫发是普通烫发的提升，两侧的排布有了很大的变化，卷杠成型后，两侧排列就像扇子一样。

图 8—29 普通排卷

图 8—30 扇形排卷

五、卷杠的质量标准

（1）划分区域准确与设计要求相匹配。

（2）分区边缘线清晰，直线与弧线的准确把握。

（3）排列整齐，角度正确，前后高低与左右的位置。

（4）提拉角度正确，分股发片上提角度应垂直于头皮成90°角。

（5）发杠、皮筋松紧适宜，皮筋不压至发根部位，以免产生压痕；但也不宜过松，以免发生发圈放大现象而影响烫发质量。

（6）发丝光洁，受力均匀，发梢平整，不折窝卷发梢。

（7）分区合理，符合要求，根据烫发模式的排列进行合理操作。

技能要求

卷杠操作——长方形排列

长方形排列是普通排卷法，又称十字排卷，也是在平时烫发过程中，运用最广泛的一种排卷方式。这是初学者必须了解并掌握的方法之一，也是入门烫发卷杠操作的开始。

排卷方法是从头顶开始到后发际向下排，头顶到前额向前排，两侧头发分别向下排，分成十字形。

操作准备

烫发专用围布1条、棉制干毛巾1条、喷水壶1个、发夹子6只、挑针梳（尖尾梳）1把、烫发衬纸2包、圆形卷杠1套。

操作步骤

步骤1 卷曲发杠

（1）用尖尾梳挑起一束发片，挑起发片的长度与厚度为发杠长度的80%，厚度为发杠直径的1/3、2/3或等同于卷杠直径，也可根据发式而定（见图8—31）。

（2）夹拎起发片，将挑起的发片梳通梳顺并用左中指食指夹紧住发尾部，每束发片拉起的形状为方形（见图8—32）。

图8—31 挑起发片

图8—32 夹拎起发片

（3）用右手拿起一张衬纸，衬纸夹在左中指与无名指之间，垫在拉起头发尾部的外侧方，1/3在发梢外，2/3在发梢内（见图8—33）。

（4）用右手拿起一根卷发杠（捏住发杠有皮筋部处），放在左手无名指与食指当中，紧贴发尾部的发片衬纸向上轻提（见图8—34）。

图8—33　拿起衬纸

图8—34　拿起卷发杠

（5）使发尾部的卷纸有弧形向内，用左手拇指或尖尾梳将衬纸和发尾同时带弧形地贴卷在发杠上（见图8—35）。

（6）右手捏住卷杠，将卷纸、发片梢部微用力逐步向头皮方向卷入发杠，发片在卷杠上受力后，离开左手，并捏住卷杠左端，配合右手，同时将卷杠卷至发根部（见图8—36）。

图8—35　发尾向内有弧形

图8—36　卷杠

（7）左手食指、拇指贴头皮捏住发杠，右手将皮筋扣在另端固定，皮筋紧锁发根部无松动感（见图8—37）。

步骤2　分区

（1）在两耳上部的峰处取两个点，分别将两点用尖尾梳连线并前后分开发块，在头顶部以卷杠的80%为宽度，双直线向前部梳至前发际线，分出顶部区域的前块长方形，用发夹固定（见图8—38）。

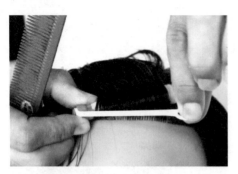

图8—37　扣皮筋

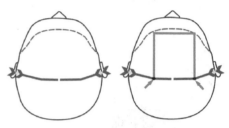

图8—38　分出顶部区域

（2）在前块长方形的顶部双线的两点处，以此两点双线梳向后颈部发际线，分出顶后部的长方形区域，用发夹固定（见图8—39）。

（3）以顶部两点的交汇处，向耳稍后的方向稍带弧线画线至耳部发际线，分出前后两区域，用两只发夹分别固定（见图8—40）。

（4）另侧区的分法与第3步基本相同，分好后就形成了六个区，分别用发夹固定好（见图8—41）。

图8—39　分后顶部区域

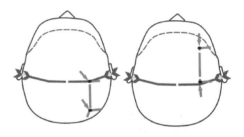

图8—40　分右侧前后两区域

步骤3　分六个块面
将发际线内发丝分成六个块面（见图8—42）。

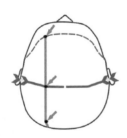

图8—41　分左侧前后两区域

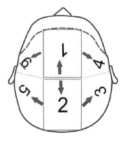

图8—42　分六个块面

步骤4　区域卷杠

（1）第一发区卷杠的操作要求。操作第一区域时，站立位置为头部的前面，从前额部位发际线的另一连线向前开始卷杠，依次卷至前发际线，完成前一长方形的操作（见图8—43）。

（2）第二发区卷杠的操作要求。操作第二区域时，站立于头部的后面，从后发际部位的另一连线开始卷杠，依次卷至后颈部发际线，完成顶后部的长方形操作（见图8—44）。

（3）第三发区卷杠的操作要求。操作第三区域时，站立于头部的右侧，以顶后部的第一根卷杠取点，向后倾斜挑出发片开始卷，依次向下卷至发际线，完成此区的操作（见图8—45）。

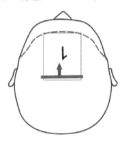　　　　　

图8—43　卷第一发区　　　　　　　图8—44　卷第二发区

（4）第四发区卷杠的操作要求。操作第四区域时，站立位同于第三区，以顶前部的第一根卷杠为点，由前发际线向后杠点挑起发片开始卷，向下依次卷至鬓部，完成此区的卷杠操作（见图8—46）。

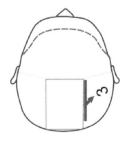　　　　　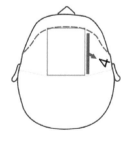

图8—45　卷第三发区　　　　　　　图8—46　卷第四发区

（5）第五、第六发区卷杠的操作要求。第五、第六发区卷杠操作站立位在左侧，其他操作均同于第三、第四发区卷杠操作（见图8—47）。

（6）卷杠完成效果的操作要求。检查、调整、修饰完成操作（见图8—48）。

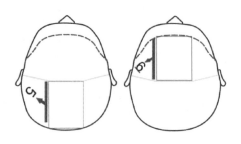

图8—47　卷第五、第六发区

图8—48　卷杠完成效果图

注意事项

（1）烫发衬纸应选用吸水性好、渗透能力强的棉纸，要让烫发液能均匀渗入发丝结构内，使烫后的发卷成圈，发丝富有弹性。

（2）发块、发片大小分份均匀，宽度与厚度一致，卷好的发杠不要出现发丝遗漏和外露现象。

（3）拉起（提起）发丝受力要均匀，角度要正确，发梢平顺自然卷入卷杠，否则会造成发片粗糙，发丝的卷曲度不统一，发梢出现折痕而外翘和发尾起毛，达不到发片表面平滑，影响造型质量。

（4）发梢包纸应平整，避免烫发纸从卷杠中露出来。发丝的发尾从卷杠中露出，会影响发梢的平整度和扣皮筋的难度。

（5）皮筋固定方法要正确，不要出现头发根部压痕现象，皮筋应固定于卷烫发杠侧面。

卷杠操作——扇形排列

操作准备

烫发专用围布1条、棉制干毛巾1条、喷水壶1个、发夹子6只、挑针梳（尖尾梳）1把、烫发衬纸2包、圆形卷杠1套。

操作步骤

步骤1　将发际线内发丝分成五个块面（见图8—49）

（1）以卷杠的80%为宽度，在前发际线、头顶、枕部双直线向后至颈部发

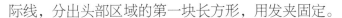

际线，分出头部区域的第一块长方形，用发夹固定。

（2）在第一区的右边沿线与耳上根部取出中间
点，以弧线划向右侧耳后根处连线，分出第二区，用
发夹固定。

（3）第二区的下边沿线到鬓部为第三区，用两只
发夹分别固定。

（4）第四、第五发区的分法与第二步基本相同，
分好后就形成了五个区，分别用发夹固定好。

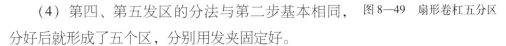

图8—49 扇形卷杠五分区

步骤 2 卷杠

（1）第一发区卷杠的操作要求。操作第一区域时，站立位置为头部的后面，
从前额部位发际线向脑后开始卷杠，依次卷至后颈部发际线，完成第一长方形的
操作（见图8—50）。

（2）第二发区卷杠的操作要求。操作第二区域时，站立于头部的偏右后侧，
将第一区右边沿线与耳上根部取出中间点，以弧线划向右侧耳后根处连线第二
区，从前发际线稍右侧部位，向后倾斜挑出发片开始卷，依次向卷至后发际线，
完成此区的操作（如图8—51）。

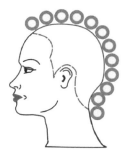

图8—50 卷第一发区

图8—51 卷第二发区

（3）第三发区卷杠的操作要求。操作第三区域时，站立于头部的偏后右侧，
以鬓部的前发际线向后倾斜挑出发片开始卷，依次向卷至后发际线，完成此区的
操作（如图8—52）。

（4）第四、第五发区卷杠的操作要求。第四、第五发区卷杠操作时，站立
位于偏后左侧，其他操作均同于第二、第三发区卷杠操作。

美发师（五级）第2版

（5）卷杠完成效果的操作要求。检查、调整、修饰完成操作（见图8—53）。

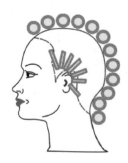

图8—52　卷第三发区

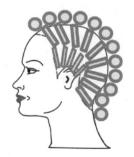

图8—53　卷第四、第五发区

注意事项

（1）烫发衬纸选用吸水性好、渗透力强的棉纸，能够让烫发液均匀渗入发丝，并能锁住烫发液，使烫发后的发卷成圈富有弹性。

（2）发片的提升角度正确，发丝在提起时要平整，每根发丝受力要均匀。

（3）发片的大小要统一，厚薄要均匀，排列要整齐。

（4）发梢要平顺，不窝发梢，发梢部更不能出现折痕。

（5）正确固定皮筋，松紧适当，不要出现压痕现象。

第3节　烫发操作

学习目标

● 了解烫发的操作程序和注意事项
● 掌握烫发的操作方法以及烫发杠、烫发剂的选择

知识要求

一、烫发的质量标准

（1）正确选用适合发式要求的卷发杠。

（2）按发式要求分区，块面发卷排列整齐。

（3）卷杠上的发丝光洁，发梢平整不窝卷。

（4）烫后的发丝不毛、不焦、不损伤发丝和头皮。

（5）发杠不压发根，发根站而有力，起波有弹性。

（6）发丝平顺卷曲，烫后发卷光泽，S形波纹清晰。

（7）发梢部分成圈，卷曲光泽自然。

（8）烫后的发丝轮廓适合发式要求，轮廓圆润自然。

（9）烫后的发型优美，发式持久。

二、不同发型烫发杠的选择

发式造型的完美程度与烫发杠是密切相关的，顾客的头型、发式造型、发质的粗细都不是一样的，头发的结构、厚度、密度、长度大不相同，最后烫卷的效果也自然不同，卷杠直径的大小、卷杠形状将决定烫发后的发型形状。在平时的烫发操作过程中，首先要与顾客沟通，在沟通的过程中仔细观察顾客的发质，这对卷杠的直径大小、长短选择有着很重要的意义。对于特殊顾客、特殊头型、特殊发质应运用修饰部位、卷杠部位、次序排列等方法。

1. 按头发长短选杠

头发过短或过长都会影响到卷杠的质量，最容易上卷头发长度在 10 ~ 20 cm 之间，正确判断卷杠的粗细与头发长度是发型烫发杠的最佳选择。

（1）头发长度在 5 cm 以下的，通常选用定位卷。

（2）头发长度在 5 ~ 10 cm 之间，通常用定位夹和较细的卷杠混合使用。

（3）头发长度在 10 ~ 20 cm 之间，通常用细的卷杠。

（4）头发长度在 20 ~ 30 cm 之间，通常使用中号的卷杠。

（5）头发长度在 30 cm 以上时，通常使用较粗的卷杠。

2. 按烫后效果选杠

发卷卷曲度的强弱、发圈大小的烫后效果都是由卷杠的粗细决定。

（1）使用大而粗的卷杠发式效果。波纹富有弹性，S形较大，梳理方便，发式自然。

（2）使用中号的卷杠发式效果。波纹富有较大弹性，S形一般，自己梳理不是很方便。

（3）使用小号的卷杠发式效果。波纹富有很大弹性，S形一般较小，发型膨松，卷曲度强。

三、不同发质烫发剂的选择

1. 按发质选择烫发剂

从发质来讲，人的头发大体分为油性发、干性发、中性发三大类。

（1）油性发质。由于油性发质性能不稳定，烫发很难掌握，若烫发精力量小、时间短，就会不起卷，或有卷但不能持久；若是烫发精力量过大、时间稍长，则又容易损伤头发。

（2）干性发质。干性发质由于缺乏水分和光泽，经不住高温，烫发精力量稍微偏大就会损伤头发，使发质变得更干更毛，甚至发焦。

（3）中性发质。中性发质是比较健康的发质，烫发较好处理。

2. 按头发直径选择烫发剂

从发径来判断，人们凭直观按头发的精细将头发分为粗、中、细三大类。

（1）粗发。较粗硬的头发在烫发中耐温，适应冷烫精的能力较强，烫后的发花富有弹性，但缺乏柔润感。

（2）中发。在粗发与细发之间的头发，粗细适中，头发烫时较好处理，烫出的波纹也美观自然。

（3）细发。是细软的头发，既不耐温，又经不住强力的烫发剂，时间稍长就会损伤头发，所以在正常的情况下，细软的头发烫后发圈弹力不足，应以烫小卷为佳。

3. 烫发剂的选择

在日常的生活中，人们都是按价格的高低来衡量冷烫剂品质的好坏选择烫发剂，事实证明是很不科学的。从选择使用烫发剂方面来讲，由于目前市场上烫发剂品牌很多，各自所含 pH 值高低不同，对烫后头发会产生不同效应。

（1）超抗拒发质专用：碱性冷烫剂。pH 值 9.5 左右，碱性较强。它是第一代冷烫剂。这种烫发剂虽然能够很快打开鳞片层，穿透表皮层，却对头发损伤过于严重，已被第二代烫发剂所取代。

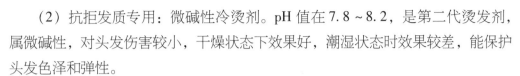

（2）抗拒发质专用：微碱性冷烫剂。pH 值在 7.8 ~ 8.2，是第二代烫发剂，属微碱性，对头发伤害较小，干燥状态下效果好，潮湿状态时效果较差，能保护头发色泽和弹性。

（3）正常发质专用：中性偏酸冷烫剂。pH 值在 6 ~ 7，是第三代烫发剂，属于中性偏酸，消除了碱对头发伤害。适应于正常发质、细软发质或轻度损伤发质。

（4）受损发质专用：酸性冷烫剂。pH 值在 4.5 ~ 5，是高级烫发剂，属酸性烫发剂。pH 值与皮肤头发酸度相同，适合受损发质，它基本可以维护头发健康并能达到永久卷曲效果。

（5）烫、染后专用：营养性冷烫剂。经常烫、染头发会导致头发受损，针对受损发质进行烫前护理，可降低烫发剂对头发的伤害，更应注意烫前和烫后的护理来保护头发的健康，烫前护理要比烫后护理更加重要。

四、烫发卷曲度不够的原因及补救措施

如果发丝的发根、发梢波纹不卷或疲塌起毛等，都不符合要求。目前在烫发操作中常见的烫发卷曲度不够的原因及补救措施有以下几种。

1. 烫发剂的原因

（1）选用的烫发剂与发质不匹配。补救措施：选择与发质相匹配的烫发剂。

（2）冷烫剂过期变质。补救措施：选择在保质期以内的烫发剂，对过期产品作规范的销毁处理。

（3）冷烫剂未密封保存导致药性分解。补救措施：保证产品包装的完好性，放置在专用的库存箱内。

（4）冷烫剂长时间经过日晒导致药性分解。补救措施：将烫发剂存放在通风、透气、常温的库房内。

2. 头发的原因

（1）头发的抵抗力强，表皮层十分紧密，烫发剂难以渗透，如灰发、白发等。补救措施：对抵抗力强、表皮层十分紧密、烫剂难以渗透的发质作烫前处理。

（2）头发未洗干净或附有妨碍冷烫液起作用的其他物质。补救措施：将附有妨碍冷烫液起作用的其他物质清洗干净，便于烫剂渗透。

美发师（五级）第 2 版

（3）烫发卷纸上有油、卷纸使用过长时间而变薄、吸水性低。补救措施：洗干净烫发卷纸上油污、更换变薄卷纸、使用较强吸水性卷纸。

（4）严重受损发质，因频繁的烫、染、漂导致毛发结构松弛，多孔无弹性。补救措施：对严重受损发质作烫前护发处理，如发丝倒模等护发行为。

3. 操作上的原因

（1）排列不整齐，分区边缘线乱，卷杠时发片从发根到发尾没有梳理顺畅。补救措施：梳理顺畅发丝，准确排列卷杠，分区线清晰。

（2）分区不合理，分股发片上提角度不正确。补救措施：合理地分区，正确地分股发片及上提角度。

（3）发尾集中卷曲、窝卷、折叠卷曲。补救措施：将发丝梳通梳顺后再卷入发杠上。

（4）卷杠的力度大小不均匀，卷杠斜度摆放。补救措施：卷杠提拉力度均匀，卷杠摆放平整。

（5）发杠、皮筋过松或过紧压至发根部位。补救措施：发杠、皮筋松紧适当，卷杠不压死发根。

（6）卷杠选择失误，大小、粗细违背发式要求。补救措施：按发式要求进行选杠，用杠前一定要对发式加以分析、论证。

（7）烫液第一剂在头发上停留的时间过长或很短，烫剂化学反应过头或反应不充分。补救措施：根据发质，合理地用好第一剂的化学反应时间。

（8）涂第二剂时，头发上的第一剂残留液过多，冲水后未吸干水分，而减弱第二剂作用。补救措施：将头发上的第一剂残留液冲净，用干毛巾吸干多余水分，便于第二剂的吸收。

（9）烫发液第一剂和第二剂的使用先后次序选择错误。补救措施：仔细辨别烫发剂，可用看、嗅、尝等方法辨别。

（10）不良的卷发、拉力太强、皮筋太紧、皮筋位置不对等，导致出现断发现象。补救措施：卷杠时用力适当，对过紧的皮筋先用热水浸泡，减弱皮筋的弹力。

技能要求

烫 发 操 作

操作准备

烫发围布 1 条、干毛巾 1 条、圆形卷杠 1 套、尖尾梳（挑针梳）1 把、烫发衬纸 2 包、围盆 1 只、塑料帽（保鲜膜）1 只、烫发液 1 套、化烫加热机 1 台、棉条 1 条。

操作步骤

步骤 1　洗发

将附有妨碍冷烫剂起作用的其他物质清洗干净，便于烫剂渗透。为保护头发自然皮脂，使头发不过于受到烫发剂刺激，不要抓擦头皮，清洗发丝即可（见图 8—54）。

图 8—54　洗发

步骤 2　分六分区

（1）在两耳上部的峰处取两个点，分别将两点用尖尾梳连线并前后分开发块，在头顶部以卷杠的 80% 为宽度，双直线向前部梳至前发际线，分出顶部区域的前块长方形，用发夹固定。

（2）在前块长方形的顶部双线的两点处，以此两点双线梳向后颈部发际线，分出顶后部的长方形区域，用发夹固定。

（3）以顶部两点的交汇处，向耳稍后的方向略带弧线画线至耳部发际线，分出前后两区域，用两只发夹分别固定。

（4）另侧区的分法与第 3 步基本相同，分好后就形成了六个区，分别用发夹固定好（如图 8—55）。

步骤 3　第一发区卷杠

操作第一区域时，站立于头部的前面，从前额部位发际线的另一连线向前开始卷杠，采用等基面，把基面发丝呈头皮垂直方向的 90°拉直卷入卷杠并固定，依次卷至前发际线，完成前一长方形的操作（如图 8—56）。

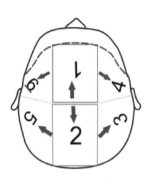

图8—55　分六分区

图8—56　卷第一发区

步骤4　第二发区卷杠

操作第二区域时，站立于头部的后面，从后发际部位的另一连线开始卷杠，发丝呈头皮垂直方向的90°拉直卷入卷杠并固定，保持用力均匀，依次卷至后颈部发际线，完成顶后部的长方形操作（见图8—57）。

步骤5　第三发区卷杠

操作第三区域时，站立于头部的右侧，以顶后部的第一根卷杠取点，向后倾斜挑出发片开始卷，发丝呈头皮垂直方向的90°拉直卷入卷杠并固定，并与卷好的卷杠对齐，依次向下卷至发际线，完成此区的操作（见图8—58）。

步骤6　第四发区卷杠

操作第四区域时，站立位同于第三区，以顶前部的第一根卷杠为点，由前发际线向后杠点挑起发片开始卷，发丝呈头皮垂直方向的90°拉直卷入卷杠并固定，向下依次卷至鬓部，完成此区的卷杠操作（见图8—59）。

图8—57　卷第二发区

图8—58　卷第三发区

步骤 7 第五发区卷杠

第五分区卷杠操作时站立于头部的左侧，其他操作均同于第三发区卷杠操作（见图 8—60）。

图 8—59 卷第四发区

图 8—60 卷第五发区

步骤 8 第六发区卷杠

第六分区卷杠操作时站立于头部的左侧，其他操作均同于第四发区卷杠操作。

步骤 9 涂第一剂

烫发液要均匀地涂在发卷上，头发长度小于 15 cm 时，卷好后涂两遍，头发长度大于 15 cm 时，卷杠前涂一遍卷好后再涂一遍或两遍。整个发卷都涂有足够的烫发剂时，才能保证烫发卷曲效果（见图 8—61）。

步骤 10 确定化学反应时间

正常情况下，第一剂烫发液的化学反应时间为 20 ~ 30 min。但也可根据头发的发质、环境温度及烫发剂的性能来适当延长或缩短停放时间（见图 8—62）。

图 8—61 涂第一剂

图 8—62 掌握时间

美发师（五级）第2版

步骤11　试卷

检查卷曲效果，打开皮筋，放掉两圈，将头发向头皮处放松，卷曲度与烫发杠直径和形状相符，说明达到预期效果，如未达到，则应增加化学反应时间（见图8—63）。

步骤12　冲洗

用温水彻底冲干净烫发杠上的烫发液，冲水时间约 5 min。水流不宜太急，防止冲散发卷，冲完水后用干毛巾吸去卷杠上的水分（见图8—64）。

图8—63　试卷

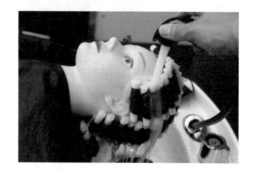

图8—64　冲洗

步骤13　施放中和剂

涂中和剂时，先从卷杠时最后完成的卷杠开始，按卷杠时的后到先顺序涂至其他部位，停放时间 10 min 左右（见图8—65）。

步骤14　拆杠

拆开所有烫发杠，从下往上拆，用力要轻，以免拉疼顾客（见图8—66）。

图8—65　施放中和剂

图8—66　拆杠

步骤 15　揉发根

用宽齿梳梳通梳顺卷曲的发丝，再用双手指肚揉发根，消除被压发根的卷度，防止"斑马症"的出现（见图8—67）。

步骤 16　冲洗

将头发上药水冲净，上洗发水，冲净后涂护发素，再冲洗干净（见图8—68）。

图 8—67　揉发根

图 8—68　冲洗

步骤 17　擦干

顾客美发椅上就座，撤开包头毛巾并擦干头皮、头发，梳通梳顺发丝，以不滴水为准（见图8—69）。

完成烫发操作程序，进行下一步的美发程序。

注意事项

（1）将发丝上附有妨碍冷烫液起作用的其他物质清洗干净，便于烫剂渗透。不要抓擦头皮，以免受到烫发剂刺激而损伤皮肤。

图 8—69　毛巾包头

（2）合理分区、分束、分片，分区的线条清晰，发夹固定牢固，不影响其他区域的操作。

（3）卷杠时站立的操作位置正确，发片的提拉角度与发式要求相匹配。

（4）涂放第一剂时要均匀地涂在发卷上，根据发量、头发长短、发式要求涂放足够的烫发剂。

（5）根据头发的发质、环境的温度及烫发剂的性能，确定烫液化学反应的

美发师（五级）第2版

停放时间。

（6）冲第一剂时，水温稍热，水流不宜太急，防止冲散发卷，冲完水后用干毛巾吸去卷杠上的水分时，按压力量不宜过大。烫完后冲洗时水温适中，冲洗干净。

（7）涂中和剂时，先从卷杠时最后完成的卷杠开始，按卷杠时的后到先顺序涂至其他部位，

（8）拆烫发杠时，从下往上拆，用力要轻，以免拉疼顾客。

（9）梳通梳顺卷曲发丝的梳齿要宽，双手指肚柔发根，用力要轻，防止"斑马症"出现。

（10）烫发纸选用渗透性好的棉纸，能够让烫发液均匀渗入发丝，使发卷成圈有弹性。

（11）发梢包纸平整，避免烫发纸从卷杠中露出来、头发发尾从卷杠中露出影响发梢平整。

第4节　离子烫发

学习目标

● 了解离子烫的烫发方法和注意事项
● 掌握离子烫的操作方法

知识要求

一、离子烫工具用品的性能及作用

1. 尖尾梳

尖尾梳有齿的部位梳通梳顺发丝，尖头部位进行头部发丝分区、分块、分片、分束等作用，以金属制品为主，方便离子烫发操作（见图8—70）。

2. 调色碗

调色碗是盛放离子烫发剂的容器，通常是透明、半透明或不透明的塑胶制

成，塑胶制品不吸色，便于清洗。在调色碗的碗壁上刻有计量尺度，用来计算离子烫发剂的用量（见图8—71）。

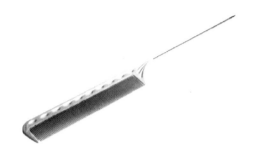

图8—70　尖尾梳

图8—71　调色碗

3. 离子烫发剂发刷

离子烫发剂发刷是涂刷离子烫发剂的工具，有竖刷和横刷之分，竖刷是一头有刷毛，另一头是尖状，横刷一侧是梳齿，另一侧是刷毛，涂刷方便操作（见图8—72）。

4. 护耳套

护耳套是用来保护顾客耳朵的工具，可分为一次性与重复利用品两种，颜色有黑色和灰色，材质分为塑料材质或胶质材质（见图8—73）。

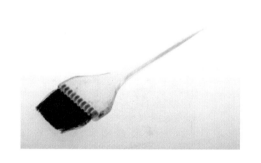

图8—72　离子烫发剂发刷

图8—73　护耳套

5. 离子烫发干毛巾

离子烫发干毛巾以深色为多，以化纤、棉混合纤维为最多，区别于其他毛巾，使用时披在离子烫发围布外的肩部，可防止离子烫发剂滴漏而沾污顾客的衣

美发师（五级）第2版

服（见图8—74）。

6. 离子烫夹板

离子烫夹板是通过热能和人工拉力相结合的物理操作法，利用高温将头发烫后拉直拉顺的工具（见图8—75）。

图8—74　干毛巾　　　　　　　　　　　图8—75　离子烫夹板

7. 离子烫发围布

离子烫发围布以深色为多，涂放离子烫剂时将其围在身上，可防止离子烫发剂渗透而污染顾客的衣服，具有保护的作用（见图8—76）。

8. 披肩

披肩是压在围布上的，防止围布的松动和滑落，保持肩部的平整，确保发梢平顺（如图8—77）。

图8—76　离子烫发围布　　　　　　　　图8—77　披肩

9. 离子烫发工具车

离子烫发工具车是用于离子烫发操作时，摆放离子烫发剂、调色碗、离子烫

发剂发刷、离子烫发围布、离子烫发干毛巾、离子烫夹板等工具用品的（见图 8—78）。

二、离子烫的种类

目前常用的离子烫的种类有负离子、水离子、游离子。

离子烫烫发剂的主要成分有植物元素、维生素 B_5、角蛋白质游离子活性精华、阳离子聚合物等。

离子烫烫发剂按其烫剂的 pH 值可分为弱酸性烫发剂、碱性烫发剂两大类。

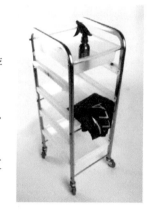

图 8—78 离子烫发工具车

三、离子烫的质量标准

（1）发丝平滑、柔顺、有光泽、垂直感强、自然成型。

（2）发梢不焦、不毛、不外翘，发根富有弹性。

（3）不损伤发丝、发梢及头皮，便于梳理。

四、离子烫失败的原因及补救措施

离子直发反弹原因为没有完善的烫发操作规范。

（1）头发自然卷程度严重和粗硬抗拒性的发质，软化不够充分。补救措施：对于头发自然卷程度严重和粗硬抗拒性的发质，在完成第一次软化后，还应进行第二次不超过 10~15 min 的软化。

（2）使用蒸汽机加热塑料帽过小，未戴烫发帽或保鲜膜，加热时间过长或过短，发丝窝绕，造成软化剂的化学成分流失，降低了软化剂的作用，没能起到软化的作用。补救措施：调试好蒸汽机加热温度，加热时间长短适宜，塑料帽（保鲜膜）将头发全部包裹住，保持烫发帽或保鲜膜的保温，使软化剂的化学成分聚集，让软化剂的作用正常发挥。

（3）用红外线加热时温度超过 35~45℃，造成软化剂过度蒸发而失去软化作用，顾客头上软化剂已干，头发失去弹性易拉断。补救措施：调低温度，操作

中间时段喷一点水，保持发丝湿度。软化失败后，可以冲洗干净重新软化一次。

（4）涂放时不均匀，有漏涂、少涂等现象，软化剂质量有问题。补救措施：出现药剂质量问题，应做二次涂放，以增大药水剂量。操作者涂放软化剂时均匀、合理、适量、加大涂放量。

（5）软化前洗发不到位，妨碍冷烫液起作用的其他物质过多。补救措施：软化前洗发一定要用不含护发成分的碱性洗发水，可用香皂（pH 值为 = 12）代替洗发。

（6）软化程度测试检查时拉伸头发延长度失误，判断不准确。原因是拉长时并没有真正使头发拉长，而是软化剂的润滑作用，造成把头发拉直的假象，软化过度，发色变灰。补救措施：头发软化程度测试时，多检查几个区头发，将头发拉得又细又长，认真检查拉伸头发延长度，准确判断，调试最佳发丝软化效果。

五、离子烫夹板的问题

（1）夹板的宽度、长度、材质不是专业离子烫夹板而是家用型的，表面看上去是专业离子烫夹板，但其功能、材质都不符合要求。补救措施：使用货真价实的专业离子烫夹板，夹板的宽度、长度、材质符合专业要求。

（2）店内的电压不稳定，拉直时控温夹板温度过烫或过低，温度的调节没按发质要求、发式要求操作。补救措施：使用装有稳定器的专业离子烫夹板，健康发的发质应调至 160～180℃，受损发的发质应调至 120～240℃。

（3）夹板的旋转螺钉过松或过紧使夹板的受热或用力不均匀，夹发片的材质、拉力大小影响受力程度，夹板夹动的次数太少，没达到拉直、拉顺的效果。补救措施：使用的夹板受力、拉力大小要均匀，夹板夹动的次数与发质相符，一般健康发四五遍，受损发两三遍，达到拉直、拉顺的最佳效果。

六、夹板操作问题

（1）发片分得太厚，发片宽度宽于夹板的宽度。补救措施：发片厚度不超过 1 cm（粗硬头发要更小），分发片一定要按常规操作，要薄；发片宽度小于夹板的宽度，如果发片分得太宽，宽出夹板的发丝就不能受热，这样会使这部分发丝拉不直出现发丝直度不统一现象。

（2）操作速度太慢，会使发片上面和下面的头发损伤，令头发变得蓬松和毛糙。补救措施：拉夹动作熟练连贯，夹板要夹至发梢时，离子夹应停留 1 s 左右，加大发梢的受热度，使发梢更柔顺流畅、避免出现静电。

七、定型剂的控制

定型时间不在规定范围内，使定型剂中的硫基乙酸、浸湿剂、软化剂酸碱失衡，冲洗后没能帮顾客再重新夹拉一遍。

补救措施：合理运用定型时间，正常情况下定型时间不要超过 15 ~ 20 min，使定型剂中的硫基乙酸、浸湿剂组成对头发有益的酸性物质，保持软化剂酸碱平衡。冲洗后最好帮顾客再重新夹拉一遍，顾客在下一次的洗发后，用 3 号护理剂做一次洗发护理。

技能要求

离 子 烫

操作准备

烫发围布 1 条、干毛巾 1 条、离子烫夹板 1 把、尖尾梳（挑针梳）1 把、棉条 1 条、围盆 1 只、塑料帽（保鲜膜）1 只、离子烫烫发剂 1 套、披肩 1 块。

操作步骤

步骤 1　洗发

将附有妨碍冷烫剂起作用的其他物质清洗干净，用低温风力吹至八成干（见图 8—79）。

（1）洗发揉擦时，以指肚揉搓为主，切不可用指甲尖抓头皮，以避免头皮、头发受损而对头皮造成刺激。

（2）冲水时水温应控制在 35 ~ 40℃ 之间，手指擦入头发中，由上至下边划梳边冲水，保持发丝的顺畅。

（3）将冲净的发丝吹至八成干即可，吹风时要将发丝吹松、吹渗、吹顺。

（4）修剪出所需的发型整体轮廓，发丝的长短落差不宜过长，切不可用牙剪将发量打薄。

美发师（五级）第 2 版

步骤2　涂发第一剂

距发根约1 cm处，由发尾部向发根部边梳边涂，由里层发片向外分区涂放第一剂，直到完全均匀涂完（见图8—80）。

图8—79　洗发　　　　　　　图8—80　涂第一剂

步骤3　软化

用塑料帽或保鲜膜包好头发加热。加热时间根据头发的性质和离子烫发剂的性能来调设（见图8—81）。

步骤4　检查

在脑后枕骨下方，用剪刀剪下3～5根发丝，将此发丝拉伸延长，从拉延中观察其弹力，查看软化是否成功（见图8—82）。

图8—81　软化　　　　　　　图8—82　检查

步骤5　冲洗

将发丝上的离子烫液冲洗干净，手指擦入头发呈梳发状冲洗，切不可揉搓发丝（见图8—83）。

步骤 6　拉直

根据发质情况调试好离子烫夹板温度，将发丝分片拉顺拉直（见图8—84）。

图 8—83　冲洗

图 8—84　拉直

步骤 7　涂第二剂

将第二剂均匀地涂在发丝上，并将头发彻底梳直，定型时间根据发质和产品性质来定（见图8—85）。

步骤 8　冲洗

调试好水温后，手指擦入头发呈梳发状，由发根至发梢将发丝上的离子烫液剂冲净，切忌搓揉头发（见图8—86）。

图 8—85　涂第二剂

图 8—86　冲洗

步骤 9　涂第三剂

均匀地在烫后发丝上涂上第三剂，等候时间为 20 min（见图8—87）。

步骤 10　冲净吹干

冲洗干净后，顺发丝由上而下地吹干即可（见图8—88）。

图 8—87　涂第三剂

图 8—88　冲净吹干

注意事项

（1）将发丝上附有妨碍冷烫剂起作用的其他物质清洗干净，不要抓擦头皮，以免受到烫发剂刺激而损伤皮肤。用低温风将头发吹至八成干即可。

（2）涂放第一剂时要均匀地涂在发丝上，要距发根约 1 cm 处开始由里层发片向外分区涂放第一剂，直到完全均匀涂好。

（3）用塑料帽或保鲜膜包好头发加热，加热时间根据发质来定，不要窝绕发丝。

（4）检查时要在灯光下拉伸头发，看发丝延长度是否达到软化效果。

（5）手指擦入头发呈梳发状将发丝上的离子烫液剂冲净，切不可揉搓发丝。

（6）拉直时控温夹板是否过高或过低，发丝是否拉直，不要烫伤顾客或自己。

（7）涂第二剂时头发是否彻底梳直与涂均匀，定型时间是否合理。

（8）孕妇、头皮受伤者、过敏者慎用，烫直发后三天内不束发、洗发，七天内不可烫染，因残留的烫剂还会发生作用。

模拟测试题

1. 填空题（请将正确的答案填在横线空白处）

（1）烫发就是将直线形的发丝用形状各异的＿＿＿＿＿＿，卷曲成各种不同的形状。

（2）目前市场上常用的烫发剂有化学烫，俗称＿＿＿＿＿＿。

（3）冷烫剂主要成分是碳酸铵、阿摩尼亚、＿＿＿＿＿＿＿＿、水、香精。

（4）抗拒型冷烫剂，适合比＿＿＿＿＿＿或未经烫染处理的"生发"。

（5）拆烫发杠时，从下往上拆，用力要轻，以免＿＿＿＿＿＿。

2. 判断题（下列判断正确的请打"√"，错误的打"×"）

（1）烫后的发式形状是由发杠的大小、形状所决定的。（　　　）

（2）人的头发大体分为油性发、干性发、中性发三大类。（　　　）

（3）发片的提升角度要正确，发丝在提起时要平整，每根发丝受力要均匀。
（　　　）

（4）根据发质，合理地用好第二剂的化学反应时间。（　　　）

（5）根据发质情况调试好离子烫夹板温度，将发丝分片拉顺拉卷。（　　　）

3. 选择题（下列每题有 4 个选项，其中只有 1 个是正确的，请将其代号填在括号内）

（1）烫后的发式形状是由发杠的大小、（　　　　）所决定的。

A. 长度　　　　　B. 宽度　　　　　C. 形状　　　　　D. 状态

（2）离子烫烫发剂按其烫剂的 pH 值可分为弱酸性烫发剂、（　　　　）烫发剂两大类。

A. 酸性　　　　　B. 强酸性　　　　　C. 强碱性　　　　　D. 碱性

（3）目前常用的离子烫的种类有负离子、水离子、（　　　　）。

A. 阳离子　　　　　B. 油离子　　　　　C. 游离子　　　　　D. 阴离子

（4）拉直时控温夹板是否过高或过低，发丝是否拉直，不要（　　　　）或自己。

A. 伤害发丝　　　　B. 烫伤顾客　　　　C. 伤害皮肤　　　　D. 烫伤自己

（5）红外线加热时温度超过（　　　　），造成软化剂过度蒸发而失去软化作用。

A. 35～45℃　　　B. 25～35℃　　　C. 25～15℃　　　D. 15～5℃

模拟测试题答案

1. 填空题

（1）卷杠　　（2）冷烫　　（3）护发因子　　（4）较粗硬　　（5）拉疼顾客

2. 判断题

(1) √　　(2) √　　(3) √　　(4) ×　　(5) ×

3. 选择题

(1) C　　(2) D　　(3) C　　(4) B　　(5) A

第9章 染发、护发

第1节 染发工具、用品及染发剂的原理

学习目标

● 了解染发工具、用品的种类、用途
● 掌握白发染黑的基本染膏知识

知识要求

一、染发操作的工具用品种类、用途

社会在进步，在向合理化、科学化方向发展，美发项目中的染发也更贴近人们的生活，朝更方便、合理、容易的方向进步，使用的工具也更具科学化。

1. 调色碗（见图9—1）

用来调配染发剂的工具，以透明或半透明塑胶制成，在调色碗的碗壁上刻有计量尺度，用来计算所用染膏与双氧乳的多少。

2. 摇杯（见图9—2）

分别将染膏和双氧乳放在容器内，合并拧紧后，摇晃片刻，拧开即可使用。使用摇杯调色均匀，速度快捷。

图9—1 调色碗

图9—2 摇杯

3. 试剂秤（见图9—3）

用来调配染膏与双氧乳比例的工具，更科学地控制染膏与双氧乳的量剂比，

相当于一台小型电子秤。

4. 染发手套（见图9—4）

染发手套分为一次性使用与多次性使用，材质分为塑料材质或胶质材料，用来保护操作者手部，使颜色不相互混串。

图9—3　试剂秤

图9—4　染发手套

5. 染发围兜（见图9—5）

用来保护操作者衣服不受染发膏的污染，主要用以防止染膏溅落在操作者的衣服上，材质是防渗透性强的面料。

6. 毛巾（见图9—6）

用来保护顾客衣领部位的常用品，染发操作时都会选用深色的毛巾垫在顾客的肩上或围布外，也可用来在发束检查时擦拭染膏。

图9—5　染发围兜

图9—6　毛巾

7. 护耳套（见图9—7）

用来保护顾客耳朵的用品，品种有一次性使用和多次性使用，材质分为塑料制品或胶质制品。

美发师（五级）第2版

267

8. 染发围布（见图9—8）

保护顾客衣物和身体的遮盖用品，防止染膏滴落在顾客衣物上，材质上都会选用防水性好、无渗透力的面料。

图9—7　护耳套　　　　　　　图9—8　染发围布

9. 计时器（见图9—9）

计时的工具，用于计量染发剂在顾客头发上停留时间、染剂的反应等候时间。

10. 夹子（见图9—10）

染发操作中对所分区、发片、发块、发束的发丝用来夹住固定的使用品。夹子的型号很多，大小形状各异，有塑料制品、金属制品。

图9—9　计时器　　　　　　　图9—10　夹子

11. 染发刷（见图9—11）

用以涂刷染膏的操作工具，有带齿带毛状、不带齿状、竖式状、横式状等种类，材质多为塑料制品。

12. 染膏（见图9—12）

染膏又称染发剂，主要是堆积器内的色素粒子，配合不同百分比的双氧乳，

图 9—11　染发刷

将色素粒子渗透到发丝的鳞片内，改变发丝颜色。

13. 双氧乳（见图 9—13）

双氧乳内的化学因子可使发丝的鳞片膨胀，便于染膏内的色素粒子进入发丝内部，使发丝变色，它是染发过程中不可缺少的配料。

图 9—12　染膏

图 9—13　双氧乳

14. 锡纸（见图 9—14）

用来包裹住发片、发束，避免颜色相互混淆的纸张。具有防水、不渗透、折叠自然方便等功能，是挑染、片染、自由组合染必不可少的用品。

15. 染发工具车（见图 9—15）

染发工具车是用于染发操作时，摆放染膏、双氧乳、染发刷、锡纸、手套、染发夹子等工具的。

二、染发剂的种类、形态

1. 染发剂的种类

在我国的唐代就有用指甲花植物提炼颜色的，随着时代的发展，如今美发业

美发师（五级）第 2 版

图9—14 锡纸

图9—15 染发工具车

把发丝上的颜色工艺、技术提高到了新的境界，也促进了染发剂的种类在不断地变化。目前常用的染发剂主要有植物型染发剂、金属型染发剂、渗透型染发剂等。

（1）植物型染发剂。染料从植物的叶子或根茎中提炼、加工而成，植物中本身含有永久性染发的成分。

（2）金属型染发剂。在古代就有用银梳蘸蜡层梳发、颜色就会变成黑色的记载。染料中含铝、铜、银离子，含铝的呈紫色，含铜呈红色，而含银的则呈绿色。这些含金属离子成分会使颜色在头发的表皮层形成一种薄膜状，染时颜色会极其缓慢地进入发丝内部，保持染后颜色不容易褪去，但使用金属性染发剂会使头发缺乏光泽度，晦暗，铁、铝、铜对破损时的头皮有伤害。由于金属成分停在发丝上，经过加热等处理而变形，会产生再次染则不易上色的现象。

（3）渗透型染发剂。渗透型染发剂是色素完全渗透在头发内部的皮质层之中，靠双氧乳携带作用，把人工色素带到头发中去，通过氧气作用与原来的色素粒子结合而改变，促使发色更加自然。

2. 染发剂按形态分类

随着科学的不断发展，染发产品、染发用品、操作技巧也在不断地进步。按照改变发丝颜色的时间长短，染发剂可分为暂时性染发剂、半永久性染发剂、永久性染发剂三类。

（1）暂时性染发剂。暂时性染发剂只有色素没有双氧乳。暂时性染发剂顾名思义就是色素黏附在头发的表皮层鳞片上，没有光泽，只能保持一次洗发。暂时性染发剂可溶于水，它不会进入头发的皮质层内，只是沉积在头发表面上，形

成色素覆盖。不会彻底改变头发天然色素，只能作为临时性修饰的用品。如彩色喷胶、油彩等。

（2）半永久性染发剂。半永久性染发剂只有染料没有双氧乳，色素渗透在头发的鳞片缝隙中，光泽度强，这种染发剂不必加任何氧化剂就可直接上色，但需要在褪浅的头发上颜色才能体现色彩的艳丽，上色时间较慢，需要加热，它是附在头发的表皮层，只有部分渗透在皮质层头发组织中。半永久性染发剂只能染深，不能染浅，在两周至四周内，会逐渐褪脱，不会改变头发色泽结构，只能30%覆盖白发。是目前比赛场上用量最广泛的染色用品。如韩国产的半永久染膏等。

（3）永久性染发剂。永久性染发剂亦称为可氧化染发剂，调制时染膏和低于3%双氧乳配合使用。永久性染发剂的色素完全渗透在皮质层之中，光泽度极强，可以染深也可以染浅，可以百分之百覆盖白发，是如今最常用的一种染膏，需要加上不同浓度的氧化剂才能完成上色。可以在染过色的发丝上直接添加深或浅的色调，可选择的颜色多样，在同色系内还能自行调配新的颜色，染深或染浅的头发底色不会改变，但头发的色调容易氧化掉色，染剂内添加了适量的护发因子，染后的发丝类似于自然色素分布在头发上。

三、染发剂的原理

1. 染膏的主要成分

（1）阿摩尼亚，主要作用是打开鳞片、去浅、软化、膨胀反应。

（2）自然色素粒子，主要作用是氧化组合人工和自然色素。

（3）护发因子，给发丝补充营养成分。

（4）增光剂，提高发丝的光亮度。

2. 染发剂的原理

色素完全从发丝的表皮层渗透到皮质层之中，头发的鳞片缝隙中沉积的色素使发丝颜色改变，出现光洁色泽。当把染发膏和双氧乳混合后，抹到头发上时，会发生化学反应，染发剂中的阿摩尼亚会发生膨胀、软化，并使头发表皮层的鱼鳞片扩张，然后双氧乳将染发剂中所含的人工色素进入皮质层内，人工色素组合变大，停留在皮质层内不渗出，挤出头发的天然色素，天然色素开始减退，这样人工色素就留在发丝内，从而改变头发的自然颜色。染发剂按形态不同，染后的效果也有所不同，在冲洗过程中，酸性洗发能使头发收缩，将头发表皮层的鱼鳞片关闭，锁住人工色素，让人工色素的流失减缓，保持发色的持久。反之，如需色素提早退化，可用碱性强的洗发用品。

第2节 白发染黑

学习目标

● 了解染发相关的术语
● 了解白发染黑的操作程序和注意事项
● 掌握白发染黑的基本方法

知识要求

一、染发相关的术语

1. 基色

染膏中编号为 1/00 到 9/00 的都称为基色，数字越小颜色越深。基色中不含色调，常用于判断顾客原有发色的编号 1/00 到 9/00 级别。

2. 色调

色调是指头发在完成染色操作后，颜色在头发上所呈现的视觉感觉。

3. 色度

色度是指头发在染色过程中，颜色由深到浅或由浅到深的颜色呈现级别的提升或下降程度。

4. 染色

染色是指运用人工色（染发膏＋双氧乳）改变发丝天然（自然生长的头发）颜色的过程。

5. 目标色

目标色是在染发过程中，将顾客所需个性的颜色、创作者所需特性的颜色体现出来，达到理想的效果。

6. 同度染

同度染是以和原发色相同色度级别的染发剂，进行染发操作的过程。

7. 染深

染深是以比原发色色度级别低的染发剂，进行染发操作的过程。

8. 染浅

染浅是以比原发色色度级别高的染发剂，进行染发操作的过程。

9. 漂色

漂色（又称漂发）是通过漂粉和双氧乳的配合，将头发中天然色素漂白褪色的过程。

10. 乳化

乳化是在染发剂氧化作用完成检查发束到位后，通过施放少量清水，令染发剂产生乳化状态，可以均匀调和，使整个头发的颜色更趋于一致。也称乳化作用。

11. 原生发

原生发（又称处女发）是自然生长而从未经过任何化学处理的头发。

12. 配色

配色是将同一色度（基色除外）的两种不同颜色的染膏相加所新生的颜色。

例如：染膏 4/4 ＋ 4/3 ＝ 4/43　比例 1:1

13. 调彩

调彩（又称加强色）一般有蓝、红、黄、绿、紫、橙、灰几种颜色，就是用来降低或提高染膏的色调鲜明度，或根据颜色定律对冲其他颜色。

14. 原发色

原发色（又称底色）是指原发丝的颜色或者染发前所呈现出来的头发颜色。

美发师（五级）第 2 版

15. 色素重叠

色素重叠的现象一般会出现在头发由深染浅时。例如，刚染不久的头发重新染其他颜色，会出现颜色加深的现象，将色板上的颜色分开看，颜色是单独的色彩，如果将两种颜色集中在一起看，那就会觉得这个颜色会变深，这就是色素重叠的作用。

16. 打底

在染从浅色到深色的过程中，一次很难统一上色时，就可以运用到打底。先用目标色加水调匀后涂抹于发丝上，再执行正常的染发步骤操作。

17. 以色洗色

在染发结束前利用头皮上残留的染膏加水洗去发际周围的颜色，以残留的颜色洗去头皮上的颜色称以色洗色（染黑除外）。

18. 颜色对冲

用原发色调相对应的加强色，对染后不理想的色调或颜色进行对冲处理，通过颜色的相互抵消来改变头发已有的色调。例如，红色与绿色可以相互抵消，黄色与紫色可以相互抵消，蓝色与橙色可以相互抵消，将头发改变成棕色。

二、白发染黑的操作程序

白发染黑时，首先要了解黑色粒子的数量和排列影响着发色，白发一般是透明的，世上没有纯白、纯黑色。白发染黑的操作程序是如下。

1. 沟通

热情微笑招呼顾客就座，以对待上帝方式问候聊天，在聊天的过程中获取有关需要的信息，可以运用导向性聊天方式直接获取信息。如顾客在平时生活中所喜欢的颜色类型、深浅度、颜色与星座方面的内容，平时隔多久染一次发，是自己染还是在专业店染等。在聊天中获得详细具体信息的同时作出准确判断，总结归纳出答案，实现顾客的染色与要求。

2. 头发、头皮分析

在白发染黑的操作过程中，首先要了解观察顾客的发量与白发比例，白发在

头部中的分布情况，原染黑的和颜色褪变级别等信息。为了不出现染黑失败，必须准确地掌握相关信息，在了解相关信息的同时还要观察顾客头皮是否有损伤、出疹等现象，以便在染发过程中造成不必要的麻烦。

3. 皮肤过敏测试

皮肤过敏测试是必须要进行检测顾客是否对所使用的产品有过敏反应。测试方法是：每次染发前 24~48 h，先清洗耳后或手腕处皮肤，然后用棉签蘸取使用的配方涂在皮肤上，保留 24 h。如果皮肤发红、肿胀、起泡或呼吸急促，即为阳性，不能染发，应寻求医生帮助；检测结果是阴性时才可以进行染发服务，最后应将检测结果记录在顾客信息登记卡中。

4. 发束检验

发束检验是用清水或湿毛巾、湿巾纸将一束头发上的染发剂擦干净，然后将发片放在白色毛巾上观察效果，有效地进行以后的染发操作。发束检验有助于分析头发承受染发品的化学能力以及预测染后的效果，同时也有助于分析效用时间以及所选择的配方是否正确。在染发期间进行发束检验，可了解染发剂的显色情况以及染发剂对头发、头皮的影响。

5. 白发染黑之前

白发染黑之前一般需要为顾客洗发，将发丝上附有妨碍染发剂起作用的其他物质清洗干净，不要抓擦头皮，以免受到烫发剂刺激而损伤皮肤。如果顾客头发刚洗过不久且没有涂放过饰发产品，则不需要洗发，喷湿后吹至八成干。

技能要求

白 发 染 黑

操作准备

染发围布 1 条、干毛巾 2 条、发梳 1 把、染发手套 1 副、护耳套 1 副、染膏 1 支、双氧乳（3%~6%）1 份、调色碗 1 只、染发刷 1 把、染发专用工具车 1 台、染发披肩 1 块、隔离霜 1 份、试剂电子秤 1 台。

操作步骤

步骤1　围上染发专用围布

站在顾客的右侧打开围布并围在顾客的颈部，在顾客的后面将围布扣紧并放平整。围布要围紧，避免染膏污损顾客的衣服，如果顾客是长发，要在围布外围上披肩或在背部加围一块围布（见图9—16）。

步骤2　检查头皮和头发

观察头皮有无损伤、水泡等，并仔细观察白发在头部的分布状况，检测顾客是否对使用的产品有过敏反应（见图9—17）。如发现有轻微损伤，涂染膏时应避开损伤部位，先涂白发较多的部位；对损伤面积大、有对产品过敏情况者应忌染。

图9—16　围上染发专用围布　　　　图9—17　检查头皮和头发

步骤3　保护工作

为了防止顾客的皮肤受到刺激以及污染发际线以外的部位，可在发际线周围的皮肤、耳朵部位涂上隔离霜，同时在染发时要保持清洁，在造型前清除所有的污点并用清水洗净（见图9—18）。涂隔离霜时要胆大心细，涂放均匀、涂放量要适中，不要漏涂，涂染后立即清除发际线外的染膏，冲洗时进行二次清污。

步骤4　选择颜色

根据客人的要求和本身的白发状态，选择合适的染膏和双氧乳（见图9—19）。染黑或深色应用3%～6%双氧乳，染浅色选用6%～12%双氧乳。

步骤5　调配染发剂

按比例为1∶1的染膏和双氧乳在容器中调和（见图9—20）。将调色碗放在电子秤上，打开试剂电子秤挤入适量染膏，再挤入同等分量的双氧乳，充分搅拌均匀或用摇杯摇匀两剂。

图 9—18　保护工作

图 9—19　选择颜色

步骤 6　分区

将发际线内的头发分成前、后、左、右 4 个大的发区（见图 9—21）。将头顶部以"十"字形方式分区，分区线清晰，发夹固定稳固。

图 9—20　调配染发剂

图 9—21　分区

步骤 7　涂放染发剂

将调配好的染发剂，较均匀地涂放在发丝上（见图 9—22）。

该步骤操作时有以下要求：

（1）带好染发手套开始操作。

（2）在白发染黑的操作中，可采用从上到下、由前到后的涂放方式。可以先染两侧发区，鬓角和前额处以及头顶白发明显的地方可以优先涂放。

图 9—22　涂放染发剂

（3）每片头发的厚度为 0.5～1 cm，宽度为 5 cm。可采用发根至发尾一次涂抹的方式。涂抹时，先用刷尖分出发片，左手抵住发根，使发片与头皮基本呈 90°。

（4）注意涂抹染膏的量要充足、均匀，不可有任何遗漏。

步骤8　停放

按发质要求、染膏要求停放时间，并开好计时器（见图9—23）。自然停放时间一般为 30~45 min。如有特殊发质、特殊染色要求，可增加或减少停放时间。

步骤9　发束检验

用清水、湿毛巾、湿巾纸将一束头发上的染发剂擦干净，然后将发片放在白色毛巾上观察效果，有效地进行以后的染发操作（见图9—24）。要注意原先有白发的位置要重点检查白发有没有染黑，白发整体的颜色是否一致，发根和发尾有没有区别，和周围的头发颜色有没有区别。

图9—23　停放时间

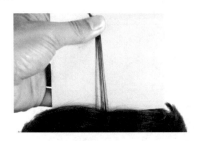

图9—24　发束检验

步骤10　乳化

在头发上喷少量温水，轻轻揉搓头发，使发色更为均匀（见图9—25）。在染发剂氧化作用完成检查发束到位后，通过施放少量清水，令染发剂产生乳化状态，可以均匀调和，使整个头发的颜色更趋于一致，以残留的颜色洗去头皮上的颜色。

步骤11　冲洗

将头部发际线边缘和发际线内头发上的染膏冲洗干净（见图9—26）。使用弱酸性专业染后洗发膏、护发素进行洗发、护发，以中和头发中残留化学物，使头发毛鳞片合拢，色素不流失。

步骤12　吹风造型

将头发吹至九成干，或根据发式要求、设计要求吹成型（见图9—27）。吹风造型时注意吹风温度不宜过高，吹风时间不宜太长，以免对染后受损的头发造成更大的伤害。

图9—25　乳化

图9—26　冲洗

注意事项

（1）认真做好顾客及自己的保护工作，包括操作前及操作过程中。

（2）必须检测顾客是否对使用的产品有过敏反应。

图9—27　吹风造型

（3）正确的分析和诊断是成功染发的前提，了解观察顾客的发量与白发比例、白发在头部中的分布情况、原染黑的和颜色褪变级别等信息。

（4）科学的调配是成功的关键，调配染膏必须严格参考产品使用说明。

（5）良好的操作是成功的基础，涂抹染膏时，发片要厚薄适宜，染膏充足，涂抹均匀。

（6）涂抹速度要快，但应认真仔细，确保每根头发都能涂抹到均匀的染膏。

（7）准确的停放时间是成功染发的保障，染发停放时间应根据产品、顾客头发白发的分布情况来决定。

（8）染后的护理至关重要，要对染后受损的发丝进行养护，如倒膜等。

第3节　护发

学习单元1　护发产品

学习目标

● 了解护发产品的种类、性能和作用

美发师（五级）第2版

知识要求

一、护发产品的种类

在生活及生活物质较丰富的今天，人们对头发护理的认识已上到新的台阶，护发类产品的种类也在不断增加。就目前而言，最常用的有护发素类产品、加热类焗油护理产品、免加热类焗油护理产品三类。

1. 护发素类产品

护发素分为需要冲洗的护发素和免冲洗保湿护发素两类。

2. 加热类焗油护理产品

加热类焗油护理产品分为营养焗油膏、修护受损发质的深层护理膏和倒膜护理霜三类。

3. 免加热类焗油护理产品

免加热类焗油护理产品分为精华素护发油、保湿润发液和平衡营养润发素三类。

二、护发产品的性能

1. 护发素

护发素中的主要成分阳离子季铵盐，可以中和残留在头发表面带阴离子的分子，并留下一层均匀的单分子膜，以此保护头发免受外界环境的损伤。护发素可维护一天左右的时间。

2. 加热类焗油护理产品

加热类焗油护理产品是最为普遍的焗油护理产品，含植物氨基酸、冷凝因子、顺发因子，其高密度透明保护膜全天候强健头发纤维质，补充蛋白质流失产生的空洞，促进毛发细胞生长，增添秀发的亮泽光彩，减少漂染、烫发带来的化学伤害。含生化活性复合物浓缩胺酸汰可使头发功能恢复正常，强壮头发髓质层。因为其化学分子颗粒加大，需要加热打开头发的表皮层以方便进入头发内部修护头发，可维护 2～3 周的时间。

3. 免加热类焗油护理产品

免加热类焗油护理产品是新一代的焗油护理产品，相对加热类焗油护理产品来说，具有化学分子颗粒小、容易进入头发内部、操作方便、操作时间短、效果明显等优点，但是相对的保持时间比加热类焗油护理产品要短，比护发素要长，可维护一周左右的时间。

三、护发产品的用途

（1）深入发根，强化毛囊新生组织，滋润干燥分叉的头发，促进新陈代谢，使头发老化角质活化。

（2）补充维生素 E 和水分，修护受损及经过漂、染、烫的头发。

（3）能温和地刺激头发和头皮，在头发表面形成特殊保护膜，阻隔高热与化学酸剂的侵害，帮助清除静电，使头发变得柔软、充满弹力。

学习单元 2　护发操作

学习目标

● 掌握规范、正确的护发程序和操作方法
● 能够根据不同的发质选择相应的护发产品

知识要求

一、正常发质的护发操作

长出头皮的新毛发是健康的，但长出皮肤后就会受到各种各样的伤害，只有常做护理才能使头发保持健康，根据发质的变化选用相应的护发产品。

正常发质应在每次洗头之后使用专业护发素，并且每个月都需到专业店做一次加热类焗油护理，经常梳理头发帮助头部肌肤分泌的油脂抵达发梢，令发梢也得到滋养，防止头发分叉，让头发更健康。

美发师（五级）第 2 版

281

二、幼弱及受损发质的护发操作

头皮因人体分泌旺盛，而产生发根比较油腻，发梢比较干燥，平时要特别注意发根部和头部肌肤的清洁控油，对于干枯的发尾，使用大量的润发乳可以防止过于干燥的发质，同时为头发带来闪亮的质感。幼弱及受损发质应该在每次洗头之后使用专业护发素，在做过烫染头发之后需要马上做一次免加热类的焗油护理；并在 2~3 周去专业店做一次加热类的焗油护理，收敛头皮，增加蛋白质与保湿成分的植物成分。

三、极度受损发质的护发操作

极度受损发质的头发表皮具保护作用的脂质层的氧化，使得头发表层的毛鳞片受损变得干枯，失去弹性，会造成头发的色素分子分裂成更小的体积，这些体积变小的颜色分子会从毛鳞片中流失，造成头发的褪色。应该在每次洗头之后使用专业护发素，在做过烫染头发之后需要马上做一次免加热类的焗油护理，并且每周做一次加热类的焗油护理，还可以随身携带免冲洗的保湿润发修护素给头发随时地滋润护理。

技能要求

护 发 操 作

操作准备

围布 1 条、干毛巾 2 条、发梳 1 把、护发专用工具车 1 台、护发品 1 份、护发刷 1 把、调剂碗 1 只、披肩 1 块、棉条 1 条、保鲜膜 1 卷。

操作步骤

步骤 1　清洗头发

将发丝上附有的妨碍护理的其他物质清洗干净，洗净冲透（见图 9—28）。不要抓擦头皮，以免刺激表皮而损伤皮肤。

步骤 2　围专用围布

站在顾客的右侧，打开围布并围在顾客的颈前部，在顾客的后面将围布扣紧并放平整（见图 9—29）。在顾客的领口围上毛巾，避免污损顾客的衣服，围上

围布。如果顾客是长发，要在围布外围上披肩或增围一条围布。

图 9—28　清洗头发　　　　　　　　图 9—29　围专用围布

步骤 3　分四分区

将发际线内的头发分成前、后、左、右 4 个大的发区（见图 9—30）。将头顶部以"十"字形方式分区，分区线清晰，发夹固定稳固。

步骤 4　涂抹焗油护理产品

将头发分成 5 cm 左右的发束，从颈部开始由下往上、由后往前较均匀地将焗油护理产品涂放在发丝上（见图 9—31）。采用发根至发尾一次涂抹的方式，涂抹要充足、均匀，不可有遗漏，每片头发的厚度为 0.5 ~ 1 cm，宽度为 5 cm。

图 9—30　分四分区　　　　　　　　图 9—31　涂抹焗油护理产品

步骤 5　完成涂抹焗油护理产品

涂抹焗油护理产品于头发后，还可对涂抹发丝夹揉，促进焗油膏浸入发丝中（见图 9—32）。整个头都涂放完毕之后，用宽齿梳梳顺发丝并将头发集中在头顶，用夹子固定。

步骤 6　围棉条、包保鲜膜

在客人的发际线一圈围上棉条，用保鲜膜包裹住头发（见图 9—33）。棉条

美发师（五级）第 2 版

要围在发际线以外，要贴紧头皮，包保鲜膜时要严实，保持耳孔裸露。

图9—32　完成涂抹焗油护理产品　　　　图9—33　围棉条、包保鲜膜

步骤7　头发加热

给头发加热 20 min 左右，以便焗油护理产品能顺利渗透到头发的鳞片中去（见图9—34）。加热温度要适中，要保持一定的水分，加热时间不能少于 20 min。

步骤8　停放

停放时间为 5 ~ 10 min，开好计时器（见图9—35）。若室内温度有变化，可调节停放时间，一定要等头发冷却，锁住护发因子。

图9—34　头发加热　　　　　　图9—35　停放时间

步骤9　清水冲洗

用温水将发丝上未能锁住的护发因子冲净（见图9—36）。冲水时的水温不宜过高，冲净后不需要涂抹任何其他护发用品。

步骤10　吹风造型

按修剪的发式造型要求吹塑成型（见图9—37）。吹风造型时吹风温度不宜过高，吹风的时间不宜太长，保持发丝中的护发因子。

图 9—36　清水冲洗

图 9—37　吹风造型

注意事项

（1）洗发时要将发丝上附有妨碍护理的其他物质清洗干净，温风吹至八成干后方可涂护发品。

（2）选择与发质相符的护发产品，处理好护发品与治疗品的关系。

（3）涂抹产品时要尽量避免碰触到发际线以外的皮肤，因为焗油护理产品会堵塞毛孔，引起顾客的不适和脱发。

（4）涂抹染膏时，发片要厚薄适宜，染膏要充足，涂抹要均匀。

（5）加热机内要有足够的水，温度不宜过高，蒸汽的热水滴珠不烫伤顾客。

模拟测试题

1. 填空题（请将正确的答案填在横线空白处）

（1）在调色碗的碗壁上刻有计量尺度，用来计算所用_____的多少。

（2）目前常用的染发剂主要有植物型染发剂、_____、渗透型染发剂等。

（3）染膏中的编号 1/00 到 9/00 都称为_____。

（4）科学的调配是成功的关键，调配染膏必须严格参考产品_____。

（5）在做过_____之后需要马上做一次免加热类的焗油护理，

2. 判断题（下列判断正确的请打"√"，错误的打"×"）

（1）染发刷是用以涂刷烫膏的操作工具。（　　　）

（2）以比原发色色度级别低的染发剂，进行染发操作的过程，称为染深。（　　　）

（3）补充维生素 E 和水分，修护受损及经过漂、染、烫的头发。（　　）

（4）只有常做护理才能使头发保持健康。（　　）

（5）涂抹烫发剂时，发片要厚薄适宜，染膏要充足，涂抹要均匀。（　　）

3. 选择题（下列每题有 4 个选项，其中只有 1 个是正确的，请将其代号填在括号内）

（1）给头发加热＿＿＿＿＿左右，以便焗油护理产品能顺利渗透到头发的鳞片中去。

A. 10 min　　　　B. 15 min　　　　C. 20 min　　　　D. 25 min

（2）含铝的呈紫色，含铜呈＿＿＿＿＿＿，而含银的则呈绿色。

A. 蓝色　　　　B. 紫色　　　　C. 绿色　　　　D. 红色

（3）半永久性染发剂只能染深，不能染浅，在＿＿＿＿＿＿内，会逐渐褪脱。

A. 一周至两周　　　　　　　　B. 两周至三周

C. 两周至四周　　　　　　　　D. 两周至五周

（4）配色是将同一色度（基色除外）的两种不同颜色的染膏相加所新生的颜色。如染膏＿＿＿＿＿，比例 1∶1

A. 3/4 ＋ 4/3 ＝4/33　　　　　　　B. 4/4 ＋ 4/3 ＝4/43

C. 5/4 ＋ 4/3 ＝4/53　　　　　　　D. 6/4 ＋ 4/3 ＝4/63

（5）选择与发质相符的护发产品，处理好＿＿＿＿＿＿与治疗品的关系。

A. 护发品　　　　B. 烫发品　　　　C. 染发品　　　　D. 护肤品

模拟测试题答案

1. 填空题

（1）染膏与双氧乳　　（2）金属型染发剂　　（3）基色　　（4）使用说明
（5）烫染头发

2. 判断题

（1）×　　（2）√　　（3）√　　（4）√　　（5）×

3. 选择题

（1）C　　（2）D　　（3）C　　（4）B　　（5）A

第 10 章　吹风

第1节　吹风操作的基本方法和技巧

学习目标

- 了解吹风的作用
- 熟悉吹风操作中的专用名称及术语
- 掌握吹风操作的基本方法和技巧

知识要求

一、吹风的作用

吹风是美发服务的最后一道操作工序，能否形成美观大方的发式，主要决定于这一道工序。因此也可以说这是一种具有艺术性的操作。

头发经洗过后，因水分渗透而膨胀软化，再经热风吹过烘干，加上美发师的技术处理，即可塑造出各种发式。因此，吹风在决定发式中起着重要的作用。

（1）顾客洗发后，头发潮湿，会感到不舒服，吹风能使头发很快干燥。

（2）吹风配合梳理，能够使比较杂乱的头发变得平伏、整齐，而且可以按照发型要求，吹梳出各种不同的式样来，并有固定发式的作用。

（3）吹风能调节推剪技术的某些缺陷，经过吹风后，梳好的发式只要保护得当，一般能保持三天至五天。

二、吹风操作中的专用名称及术语

1. 轮廓线

轮廓线，又叫外部线条，指构图中个体、群体或景物的外边缘界线，是一个对象与另一个对象之间、对象与背景之间的分界线。每个物体的外形轮廓都不同，即使是同一个物体，从不同角度看，也有不同的轮廓形状。

在吹风造型中轮廓线分为发型外轮廓线和发型内轮廓线两类。

（1）发型外轮廓线。发型外轮廓线是指发型的外边缘界线，发型外轮廓线可分为正面发型外轮廓线和侧面发型外轮廓线两类。发型外轮廓线与脸型的结

合、变化，可以衬托或改变脸型的不足。

（2）发型内轮廓线。发型内轮廓线是指发型前额、鬓部发丝与脸部皮肤相连接的边缘线。发型内轮廓线与脸型的结合、变化，可以衬托或改变脸型的不足。

2. 大边、小边

男式吹风造型中有大边、小边之分。在男式纹理流向不对称的发型中，前顶部、额前发丝流向为主流方向的一侧称为大边，而前顶部、额前发丝流向为非主流方向的一侧则称为小边。

3. 四周轮廓

在男式吹风造型中，四周轮廓是指从左鬓部、左额角经后枕部、后顶部至右鬓部、右额角一周，这一圈是男式吹风造型中的骨架，四周轮廓的饱满、圆润与否对男式发型起着至关重要的作用。

三、吹风操作的基本方法

吹风的操作是与梳理发式结合起来同时进行的，因此吹风时离不开刷的配合。操作时，一手拿梳、刷，一手拿小吹风，并可根据操作要求，左右手轮换使用。吹风使头发成型，在很大程度上是靠梳刷梳理头发的作用。因此，可以说吹风的基本操作方法，也是与梳刷配合的方法。

1. 压

压的作用使头发平伏，压的方法有两种：一种是用梳子压，另一种是用手掌压。

（1）梳子压。梳子压时要将梳齿插入头发内，用梳背把头发根压住，吹的时候梳子不移动，吹风口对着梳背来回移动，使热风经过梳背透入头发，头发因受热风和梳子的压力而变得平伏。但吹风时移动要快，且压得不能过久。这种做法一般用于头缝两旁和周围轮廓发梢处（见图10—1）。

（2）手掌压。手掌压是用手掌的大、小鱼际或衬以毛巾按在头发的边缘，小吹风口直对头皮与手掌之间夹缝，并将2/3的风吹至手掌，吹一下，手掌压一下，把吹向手掌的热风，压回到头发上去，压的时候手掌略微向上提一点，使发梢向内微弯，呈弧形。但用力不能过重，否则发梢会撅翻。这种压法主要用于修正轮廓时，使边缘发梢平伏、不会翘起来（见图10—2）。

图 10—1　梳子压　　　　　　　　　　　图 10—2　手掌压

2. 别

为了把头发吹成微弯形状，要用梳刷斜插在头发内，梳刷齿向下沿头皮运转，使发杆向内倾斜，这种方法叫做别。操作时用腕力将梳刷带动下的头发发杆微微别弯，梳刷不动，小吹风针对梳刷齿来回斜吹，使发梢贴向头皮，显出弹性，一般用于头缝的小边部分和顶部轮廓线周围的发梢部分；吹发涡附近的头发，也要用别的方法进行。此外，对不用美发油脂饰发品或性质粗硬的头发，大部分也都采用此法进行（见图10—3）。

3. 挑

用梳刷挑起一股头发向上提，使头发带一些弧形，吹风机对着梳刷齿送风，吹成微微隆起的式样，称为挑。操作时先将梳刷齿自下而上插入头发，使梳刷齿向外，之后，梳刷再向内（即对着美发师的前胸）做90°转动。这时梳刷齿即斜向美发师，头发上段被梳刷弯曲成半圆形，小吹风对着梳刷齿送风，一半吹在梳面上，一半吹在梳刷下面的头发上，梳刷不动，吹风口来回摆动四五次。挑的作用是要头发微微隆起，使发根站立、发杆弯曲，头发成为富有弹性的半圆形。主要用于吹顶部及四周轮廓的头发（见图10—4）。

图 10—3　别　　　　　　　　　　图 10—4　挑

4. 拉

也可以说是拖,特点是吹风机与梳子同时移动,操作时用梳刷齿梳起一束头发斜着向后拉,小吹风对准梳刷背部送风,并随着梳刷向后移动,使头发拉得轻松地平贴在头部。一般用于吹轮廓线及后脑接近顶部的头发(见图 10—5)。

5. 推

先把梳刷齿自前向后斜插入顶部头发内,然后将梳刷背转动180°,翻至近头发梢端,压住头发,梳刷齿向前做平线或斜线的推动。推的动作要轻,使梳刷齿前端的头发略微隆起,再以小吹风风口对着梳齿来回吹两三次。推的作用使部分头发往下凹陷,形成一道道波纹,该方法是做波浪纹理的吹法(见图 10—6)。

图 10—5　拉　　　　　　　　　　图 10—6　推

美发师(五级)第2版

291

以上几种方法，都是小吹风在用梳刷或手配合下进行操作的一些基本动作。压与别一般仅适用两侧及后脑轮廓线附近，挑、拉、推则多数用于顶部。有时因为发式需要，还可以将其中两种方法结合起来同时使用，如长发式既要求轮廓线周围发梢紧贴头皮，又要求发杆部分略带弧形，显出弹性，这就可以推、别结合起来进行。又如吹撅小边波浪纹路时，也可以将推、压结合起来。总之，可以根据发式需要灵活掌握。

四、吹风机的操作技巧

吹风机除了要与梳刷密切配合以外，不同的持法和运用也有一定的技巧。若操作不得法，也会影响吹风质量。

1. 吹风机与头皮的角度

正确掌握小吹风机送风角度。一般热风不能对着头皮直接吹送，如果吹风机的送风口与头皮呈90°，则头发很容易受损，并会弄伤顾客的头皮。正确的送风方法应该是：将小吹风机斜侧着，送风口与头皮前后平行或呈45°，使热风大部分都吹在头发上。在两侧及鬓角附近，因为头发较短，若无法避免热风与头皮直接接触时，可将手掌伸开贴近头皮，形成一道夹缝，热风从夹缝中穿过，借掌心力量压送到头发上，做间接送风。一般只要手掌皮肤能够承受，就不至于烫痛顾客的头皮。

2. 吹风机与头皮的距离

头发能够紧贴、卷曲、舒展成型，主要是小吹风机送出热量的作用。小吹风机与头皮距离过远，热量散发，就不能使头发成型；距离太近，热量又过于集中，即使角度掌握正确，头皮也难以忍受，有时还可能把头发吹得瘪进去而留下痕迹。因此，距离必须掌握恰当，一般在距头皮30～40 mm。

3. 吹风机操作的时间

吹风时间和送风距离一样，长了容易把头发吹枯、焦，短了又不能奏效。同时，由于各人头发性质不同，洗过后温度也不一样，加之头发搽油后对头发的受热程度也有影响，因此，吹风时间没有统一标准，要因人、因发而异，并以能做出顾客所指定的发式为准。但是在任何情况下，都要注意不能把吹风方向固定，而要经常移动。吹风机除随着梳刷移动外，还要不停地作左右摆动。在一般情况下，每吹一个地方，吹风机左右摆动四五次，就能收到良好的效果。

把握好适度的吹风时间而不至于因为时间过久把头发吹得过干，时间不够头发没吹好，达不到理想效果。吹风的时间没有固定标准，要在实际操作中掌握调整好角度和距离。用吹风机对着头发左右摆动地去吹，不要固定一个位置不动，配合梳刷的移动，边移动边吹。

第 2 节　男式基本发型的吹风梳理

学习目标

● 了解男式吹风梳理的操作程序
● 熟悉男式吹风梳理的质量标准
● 掌握男式基本发型的操作方法

知识要求

一、男式吹风梳理的操作程序

1. 吹风前的准备工作

长发类各种发式，在进行吹风和梳理以前，需要先做一些准备工作。有些准备工作是必须进行的，有些要征求顾客意见后再决定是否进行，因此要因人而异。一般按以下程序进行操作。

（1）吸干头发上的水分。用干毛巾包住头发，两手隔着毛巾轻压，吸干头发上多余的水分，这样可以缩短吹风时间，节约用电。

（2）抹饰发用品。将适量的饰发用品均匀地揉开涂抹到头发上，以滋润头发。抹饰发用品顶部不宜抹得过多，这样经过吹风，容易使头发蓬松、柔顺，且发式比较牢固。

（3）分头路。头路（头缝）是增加发型变化的方法之一，若分得位置不恰当会影响发式的美观。操作前应先确定头路的位置，头路位置通常是将两额角从左至右分成十个等分，一般有对分、四六分、三七分、二八分等，如小边四分、大边六分的，叫四六分头缝。各式头路的标准如图10—7所示。

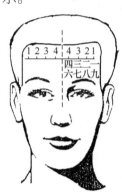

图10—7　头路
（头缝）标准

1）对分：头路在面部正中，对准鼻梁。

2）四六分：头路对准左眼或右眼靠鼻梁附近眼窝内（内眦）。

3）三七分：头路在眼睛向前平视时，对准左眼或右眼的眼珠。

4）二八分：头路对准左眼或右眼的眼梢（外眦）。

挑头路时，要使头路间露出肤色，并形成一条直线，不要前后有高低。直线长度一般以耳轮当中直上为宜，但有的直线也可以略长一些。头路分出后，头发便形成两个面积不等的块面，习惯上面积大的称为大边，面积小的称为小边。中分头路发式是五五分，两边对称，所以没有大小边之称。在男式无头路的发式中，均以前额发丝流向一侧的一边称为大边，而另一侧则称为小边。

确定头路位置时，除尊重顾客意见外，也可以根据发式需要主动向顾客提出建议。一般头路的位置，都以分在靠发旋（发涡）一边为宜。如果头上同时有两个发旋（发涡），也应该选择发旋（发涡）较大的一边。具体位置，则根据顾客的脸型来决定。

2. 吹风和梳理

吹风的程序要看头发是不是挑缝，有头缝的一般先从小边的头路开始，压头路、吹头路轮廓、吹小边鬓角至后脑部，吹顶部、吹大边鬓部至后脑部、吹前额部。如果是不挑头缝的，则先吹小边，吹后脑部，再吹顶部，吹大边，最后吹额前部的头发。

（1）压头路、吹头路轮廓。头路分好后，用梳子的梳背将头路大边头发的发根压齐，然后用梳子将头路轮廓提拉成立体饱满状。

（2）吹小边。从小边鬓角开始，用梳子将头发由前向后，由上向下斜梳，边吹边梳，吹至后脑部分。

（3）吹后脑轮廓线。梳子斜着自两侧向枕骨隆凸部分梳，吹风口向下，使头发平伏地贴着头皮。

（4）吹顶部。即吹属于大边部分的头发。吹的时候要分批进行，从接近头路的部位开始，用梳子把头发一批批地挑起来，小吹风机对着梳子下面的头发，将小吹风机风口左右摇动送风，使发根微微站起来。梳子的角度，要向后方略偏斜。

发式造型是由轮廓形状和纹理形态、流向等要素所构成的。在男式发式中，顶部轮廓的造型形状大部分为以方为主，方中带圆，并以圆弧形线条相连接。因头部轮廓为头顶正中高，两侧轮廓低，后顶部轮廓低，所以在吹梳造型时头顶各部位头发提拉的高度是不一样的，头顶各部位头发提拉的净高度也不一样，在掌握上分别为：头路轮廓处、顶部侧边轮廓处、后顶部轮廓处要略高些，头顶正中要略低一些。

（5）吹前额部分。额际前面的头发，从额前头路边缘开始，用挑与别的方法按序分批向大边一侧吹，将纹理流向吹向大边一侧，与大边鬓部纹理相连接。如果纹理流向要求向后，则应先用梳刷将前额头发的根部往前拉出弧度，边拉边送风，并使发根站立起弧度，然后再向前额顶部吹梳，继续送风，使发根向前斜，发杆弯曲呈弧形，发梢向后梳与顶发衔接。

（6）吹四周轮廓。即吹鬓发及中部色调部位。用压的方法将鬓发、耳夹上方以及中部色调的头发发梢吹压平伏，紧贴头皮。

（7）检查与梳理。吹风结束后，应全面检查一下，看看有没有高低不称的地方。如果有显著的高低起伏，应该用梳子提一下，或用毛巾隔着掌心轻轻压一下，同时将吹风口侧着对提或压的部位送风，使周围匀贴，顶发饱满。经过检查调整，最后再把头发全部梳整一下。梳的动作要既轻又快，使头发自然平伏，没有发梢翘起现象。

（8）吹波浪。如顾客要求吹波浪式，就用推的方法，将顶部吹成波浪形。操作时，先用梳刷将头发向后梳，梳到一定距离后，再用梳背压住头发，轻轻地往前一推，使梳齿前端的头发隆起，梳齿部分的头发向下弯曲，随后小吹风机送风将其固定，形成第一个波浪。然后依此方法，一浪一浪地边推边吹，直至波浪全部成型。波浪的多少根据发型来掌握，但吹到最后一个波浪时，浪尾要向下，使其与整个头发轮廓相衔接。波浪须左右弯曲，方向交替，前后衔接贯通，距离宽度适当，不应有脱节和不调和的现象。送风时吹风口要对着波浪弯曲的方向送风，波浪向右弯，吹风口就向右送风，波浪向左弯，吹风就向左送风，这样才能使头发丝纹不乱，并与轮廓协调。波浪式的四周轮廓的处理要求饱满自然，发式轮廓线和色调部位的头发要求自然平伏，发梢不翘。最后要进行检查与梳理，看看有没有高低不称的地方。如果有显著的高低起伏，应该用梳子提一下，或用毛巾隔着掌心轻轻压一下，同时将吹风口侧着对提或压的部位送风，使周围匀贴，顶发饱满。经过检查调整，最后再把头发全部梳整一下。梳的动作要既轻又快，使头发自然平伏，没有发梢翘起现象。

二、男式吹风梳理的质量标准

1. 轮廓齐圆，饱满自然

推剪操作是依照人们头部自然的椭圆形轮廓进行修剪，并确定其发式的，这就要求吹风造型同样要保持轮廓齐圆的形象。轮廓齐圆是吹风的基本要求，但仅仅齐圆是不够的，还必须达到饱满，使内轮廓与外轮廓相衔接，两侧上部饱满，分缝发式则要求头路两旁隆起饱满。

2. 头缝明显整齐，纹理清楚不乱

分头路的发型，头路处理得不好，对整个发式有很大的影响，是吹风技术中难以掌握的一环。头路要分得直，肤色明显，头发丝纹清楚不乱，头路大边的头发吹压成有立体感，小边头发平伏，但也要微微松起，这样才能达到明显整齐、两旁隆起饱满的要求，顶发要求蓬松，丝纹不乱、不脱节。

3. 周围平伏，顶部有弧形感

周围平伏是指顶发以上的轮廓部分头发梢平伏地贴在头发上，与肤色的交接处，要求不翘，发杆微微弯曲呈弓形，顶部头发与左右两侧要饱满有弧形感，看上去既平伏又饱满。

4. 不烫不焦，发式持久

吹风必须做到不吹烫头皮，不吹焦头发，因此在吹风时要注意吹风口与头皮的距离，并保持一定的角度，还要注意送风的温度与技巧。吹风以后还必须使头发弯曲，发型持久，这就要求不仅吹得透，而且吹风机与梳刷要配合密切。梳刷移动要慢，而吹风机移动要略快，这样才能达到发式持久的目的。

技能要求

男式有色调分缝斜向后发型的吹风梳理

操作准备

（1）吹风操作前准备好围布、干毛巾、有声吹风机、无声吹风机、发梳、排骨刷、九排刷、挑针梳、发乳、啫喱水（膏）、发胶等工具、用品。

（2）围上围布，披好干毛巾。

（3）用干毛巾吸去头发上的水分，根据顾客需要涂抹美发化学用品。

（4）分头缝。分头缝时，要使头缝露出肤色，并形成一条直线。不要前后有高低，头缝末端一般直下至耳后侧为宜。确定好头缝的位置后，用梳子或挑针梳将头缝分出（见图10—8）。

操作步骤

步骤1　压头缝

头缝挑好后，将梳子的梳齿插进头缝大边头发的发根处，梳背与头缝平行并与头皮保持约5 mm的距离，小吹风机对着梳背下送风，梳背原地向下压（见图10—9）。

图10—8　分头缝

图10—9　压头缝

步骤2　吹头路顶端

梳子用别的方法将头缝顶端的头发吹成立体饱满状（见图10—10）。

步骤3　吹小边

用梳齿将小边鬓角的头发由前斜向耳后梳理，边吹边梳，一直吹至后脑部分，然后再用梳子将整个小边头发向后梳，吹风口对着发杆，来回吹几次。梳子和吹风口要形成25°，这样吹风的温度不会烫痛头皮，梳子背不可压得太低，否则头发会显得呆板地紧贴在头皮上（见图10—11）。

图10—10　吹头路顶端

图10—11　吹小边

步骤4　吹顶部

吹大边部分的头发。吹的时候要按序进行，从头路的顶部开始，梳齿插入头发的根部用别的方法把头发梳起来，并将梳子微微转动55°~60°，一边转动梳子，一边用小吹风机对着梳齿下的头发送风，使发根微微站立，发杆弯曲呈弧形，用此方法将顶部的头发依次吹完（见图10—12）。

步骤5　吹大边侧顶部

吹大边侧顶部时自顶心向侧边依次推进，梳子梳起头发的高度基本与顶心的高度一致，发根站立，发杆成弧形，并使顶部轮廓呈现以方为主，方中带圆，圆中显方的形态，顶部呈现弧形轮廓造型（见图10—13）。

图10—12　吹顶部

图10—13　吹大边侧顶部

步骤6　吹大边额角

在吹大边额角上端时，为了便于与顶部的头发相衔接，呈现以方为主，方中带圆的外轮廓造型，也要把这里的头发梳得略高些，使其与顶心相平，以便前后相称（见图10—14）。

步骤7　吹大边后侧部

用别的方法将大边后侧部的头发吹出饱满的轮廓（见图10—15）。

图10—14　吹大边额角

图10—15　吹大边后侧部

步骤8　吹后顶部

用别的方法将后顶部的头发吹出饱满的轮廓，并将两边的头发在后枕部大边一侧汇集（见图10—16）。

步骤9　吹前额顶部

额际前面的头发，从额前头路边缘开始，用挑与别的方法按序分批向大边一侧吹，将纹理流向吹向大边一侧，与大边鬓部纹理相连接（见图10—17）。

步骤10　吹前额

从小边额角用挑、别的方法按次分批向大边额角吹，使发根前倾站立，发杆饱满弯曲，发梢斜向额角与大边侧面头发连接。如果纹理流向要求向后，则应先用梳刷将前额头发的根部往前拉出弧度，边拉边送风，并使发根站立起弧度，然后再向前额顶部吹梳送风，使发根向前斜，发杆弯曲呈弧形，发梢向后梳与顶发衔接（见图10—18）。

图10—16　吹后顶部

图10—17　吹前额顶部

步骤11　吹压鬓部

吹压鬓发部位。用手掌压的方法把鬓发及耳夹上方的头发发梢紧贴头皮，吹压平伏（见图10—19）。

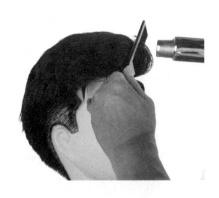

图10—18　吹前额

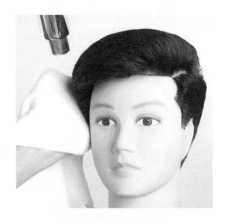

图10—19　吹压鬓部

步骤12　吹压四周色调部位

吹四周色调部位，用手掌压的方法将四周色调部位的头发发梢吹压平伏，紧贴头皮（见图10—20）。

步骤13　检查与梳理

吹风结束后，应全面检查一下，看看有没有高低不称的地方。如果有显著的

高低起伏，应该用梳子提拉一下，或用毛巾隔着掌心轻轻压一下，同时将吹风口侧着对提或压的部位送风，使周围匀贴，顶发饱满。经过检查调整，最后再把头发全部梳整一下。梳的动作要既轻又快，使头发自然平伏，没有发梢翘起现象（见图10—21）。

图 10—20　吹压四周色调部位　　　　图 10—21　检查与梳理

步骤 14　完成

男式有色调分缝斜向后发型效果图如图10—22至图10—25所示。

 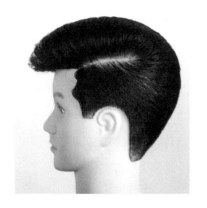

图 10—22　男式有色调分缝斜　　　　图 10—23　男式有色调分缝斜向
　　　　向后发型正面效果图　　　　　　　　后发型左侧面效果图

注意事项

（1）发式定型准确，为有缝斜向后纹理流向发型。

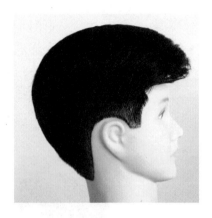

图 10—24　男式有色调分缝斜
向后发型右侧面图

图 10—25　男式有色调分缝斜
向后发型后面图

（2）头路的位置、长短要掌握好，头路明显饱满，有立体感。

（3）轮廓以方为主，方中带圆，自然饱满与脸型相配。

（4）头发纹理清晰、顺畅，四周平伏。

（5）合理、正确运用吹风机的操作技巧。

男式有色调无缝斜向后发型的吹风梳理

操作准备

（1）吹风操作前准备好围布、干毛巾、有声吹风机、无声吹风机、发梳、排骨刷、九排刷、挑针梳、发乳、啫喱水（膏）、发胶等工具、用品。

（2）围上围布，披好干毛巾。

（3）用干毛巾吸去头发上的水分，根据顾客需要涂抹美发化学用品。

操作步骤

步骤1　吹小边额角

用别、挑结合的方法将小边额角的头发向顶部提拉，呈弧形饱满状，并同时送风（见图 10—26）。

步骤2　吹小边

用别的方法将小边的头发向耳后侧吹梳，并同时送风（见图 10—27）。

图 10—26　吹小边额角　　　　　　　图 10—27　吹小边

步骤 3　吹小边后顶部

用别、挑结合的方法将小边后顶部的头发吹成立体饱满状（见图 10—28）。

步骤 4　吹顶部

吹大边部分头发的时候要按序进行，梳齿插入头发根部，用别的方法把头发挑起来，并将梳子微微转动至 55°~60°，一边转动梳子，一边小吹风机朝梳齿下的头发送风，使发根微微站立，发杆弯曲呈弧形，用此方法将顶部的头发依次吹完（见图 10—29）。

图 10—28　吹小边后顶部　　　　　　　图 10—29　吹顶部

步骤 5　吹后顶部

用别、挑结合的方法将后顶部的头发吹成立体饱满状（见图 10—30）。

步骤6　吹大边侧顶部

吹大边侧顶部时自顶心向侧边依次推进，梳子挑起头发的高度基本与顶心的高度一致，发根站立，发杆成弧形，并使顶部轮廓呈现以方为主，方中带圆，圆中显方，顶部呈现弧形轮廓造型（见图10—31）。

图10—30　吹后顶部

图10—31　吹大边侧顶部

步骤7　吹大边额角

吹大边额角上端时，为了便于与顶部的头发相称，呈现以方为主，方中带圆的外轮廓造型，也要把这里的头发挑得略高些，使其与顶心相平，以便前后相称（见图10—32）。

步骤8　吹大边后侧部

用别的方法将大边后侧部的头发吹出饱满的轮廓（见图10—33）。

图10—32　吹大边额角

图10—33　吹大边后侧部

步骤 9　吹大边后顶部

用别的方法将大边后顶部的头发吹出饱满的轮廓，并将两边的头发在后枕部大边一侧汇集（见图 10—34）。

步骤 10　吹前额顶部

额际前面的头发，从小边额角开始，用挑与别的方法按序分批向大边一侧吹，将纹理流向吹向大边一侧，与大边鬓部纹理相连接（见图 10—35）。

图 10—34　吹大边后顶部

图 10—35　吹前额顶部

步骤 11　吹前额

如果纹理流向要求向后，则应先用梳刷将前额头发的根部往前拉出弧度，边拉边送风，并使发根站起弧度，然后再向前额顶部吹梳，继续送风，使发根向前斜，发杆弯曲呈弧形，发梢向后梳与顶发衔接（见图 10—36）。

步骤 12　吹压鬓部

吹鬓发部位。用压的方法把鬓发及耳夹上方的头发发梢紧贴头皮，吹压平伏（见图 10—37）。

步骤 13　吹压四周色调部位

吹四周色调部位，用压的方法把四周色调部位的头发发梢紧贴头皮，吹压平伏（见图 10—38）。

步骤 14　检查与梳理

吹风结束后，应全面检查一下，看看有没有高低不称的地方，如果有显著的高低起伏，应该用梳子提一下，或用毛巾隔着掌心轻轻压一下，同时将吹风口侧

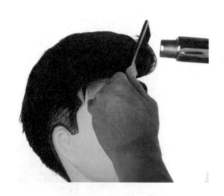

图10—36 吹前额

图10—37 吹压鬓部

着对提或压的部位送风，使周围匀贴，顶发饱满。经过检查调整，最后再把头发全部梳整一下。梳的动作要既轻又快，使头发自然平伏，没有发梢翘起现象（见图10—39）。

图10—38 吹压四周色调部位

图10—39 检查与梳理

步骤15 完成

男式有色调无缝斜向后发型效果图如图10—40所示。

注意事项

（1）发式定型准确，为无缝斜向后纹理流向发型。

（2）轮廓以方为主，方中带圆，自然饱满。

（3）头发纹理清晰、顺畅，四周平伏。

（4）合理、正确运用吹风机的操作技巧。

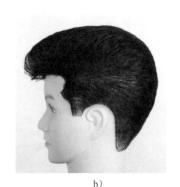

a)   b)

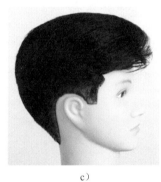

c)   d)

图 10—40　男式有色调无缝斜向后发型效果图

a）正面图　b）左侧面图　c）右侧面图　d）后面图

男式有色调直向后发型的吹风梳理

操作准备

（1）吹风操作前准备好围布、干毛巾、有声吹风机、无声吹风机、发梳、排骨刷、九排刷、挑针梳、发乳、啫喱水（膏）、发胶等工具、用品。

（2）围上围布，披好干毛巾。

（3）用干毛巾吸去头发上的水分，根据顾客需要涂抹美发化学用品。

操作步骤

步骤 1　吹梳前额部

吹梳前额部时用别、挑结合的方法，将前额的头发向前提拉出圆润饱满的弧度（见图 10—41）。

步骤2 吹梳顶部

吹梳顶部时用别、挑结合的方法，将顶部的头发往上、往前提拉出圆润饱满的弧度（见图10—42）。

图10—41　吹梳前额部　　　　　　　图10—42　吹梳顶部

步骤3 吹梳后顶部

吹梳后顶部时用别、挑结合的方法，将后顶部的头发向上提拉出圆润饱满的弧度（见图10—43）。

步骤4 吹梳右侧前顶部

吹梳前顶部时用别、挑结合的方法，将右侧前顶部的头发向前提拉出圆润饱满的弧度（见图10—44）。

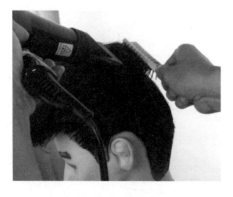

图10—43　吹梳后顶部　　　　　　　图10—44　吹梳右侧前顶部

步骤5 吹梳右侧顶部

吹梳右侧顶部时用别、挑结合的方法，将右侧顶部的头发往上、往前提拉出

圆润饱满的弧度（见图 10—45）。

步骤 6　吹梳右侧后顶部

吹梳右侧后顶部时用别、挑结合的方法，将右侧后顶部的头发向上提拉出圆润饱满的弧度（见图 10—46）。

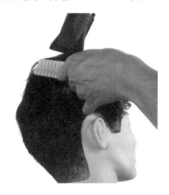

图 10—45　吹梳右侧顶部

图 10—46　吹梳右侧后顶部

步骤 7　吹梳右侧后枕部

吹梳右侧后枕部时用别的方法，将右侧后枕部的头发提拉出饱满的弧度（见图 10—47）。

步骤 8　吹梳左侧前顶部

吹梳左侧前顶部时用别、挑结合的方法，将左侧前顶部的头发往上、往前提拉出圆润饱满的弧度（见图 10—48）。

图 10—47　吹梳右侧后枕部

图 10—48　吹梳左侧前顶部

步骤 9　吹梳左侧顶部

吹梳左侧顶部时用别、挑结合的方法，将左侧顶部的头发往上、往前提拉出圆润饱满的弧度（见图 10—49）。

步骤 10　吹梳左侧后顶部

吹梳左侧后顶部时用别、挑结合的方法，将左侧后顶部的头发向上提拉出圆润饱满的弧度（见图 10—50）。

图 10—49　吹梳左侧顶部　　　　　　　　　图 10—50　吹梳左侧后顶部

步骤 11　吹梳左侧后枕部

吹梳左侧后枕部时用别的方法，将左侧后枕部的头发提拉出饱满的弧度（见图 10—51）。

步骤 12　吹压四周色调部位

吹四周色调部位，用压的方法把四周色调部位的头发发梢紧贴头皮，吹压平伏（见图 10—52）。

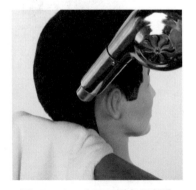

图 10—51　吹梳左侧后枕部　　　　　　　　图 10—52　吹压四周色调部位

步骤 13　检查与梳理

　　吹风结束后，应全面检查一下，看看轮廓是否圆润饱满，左右轮廓、纹理是否对称，纹理是否贯通，看看有没有高低不称的地方，如果有显著的高低起伏，应该用梳子提一下，或用毛巾隔着掌心轻轻压一下，同时将吹风口侧着对提或压的部位送风，使周围匀贴，顶发饱满。经过检查调整，最后再把头发全部梳整一下。梳的动作要既轻又快，使头发自然平伏，没有发梢翘起现象（见图 10—53）。

图 10—53　检查与梳理

步骤 14　完成

　　男式有色调直向后发型效果图如图 10—54 至图 10—57 所示。

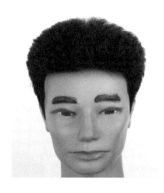

图 10—54　男式有色调直向后发型正面图

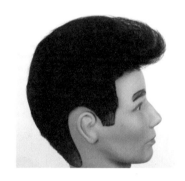

图 10—55　男式有色调直向后发型右侧图

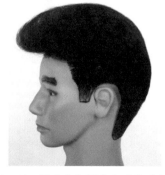

图 10—56　男式有色调直向后发型左侧图

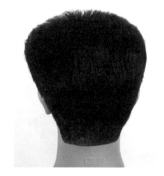

图 10—57　男式有色调直向后发型后面图

美发师（五级）第 2 版

注意事项

（1）发式定型准确，纹理流向为直向后。

（2）左右轮廓、纹理流向对称，轮廓以圆润、饱满为主。

（3）发式纹理走向清晰、顺畅，四周平伏。

（4）合理、正确运用吹风机的操作技巧。

男式有色调自然流向发型的吹风梳理

操作准备

（1）吹风操作前准备好围布、干毛巾、有声吹风机、无声吹风机、发梳、排骨刷、九排刷、挑针梳、发乳、啫喱水（膏）、发胶等工具、用品。

（2）围上围布，披好干毛巾。

（3）用干毛巾吸去头发上的水分，根据顾客需要涂抹美发化学用品。

操作步骤

步骤1　吹梳发旋左侧轮廓

从发旋左侧用别、挑结合的方法，按顺时针方向吹梳左侧轮廓，轮廓呈方中带圆的弧形饱满状（见图10—58）。

步骤2　吹梳左侧前顶部

用别、挑结合的方法，吹梳左侧前顶部，达到发根站立，发杆弯曲呈弧形，发梢按顺时针方向梳理，轮廓呈方中带圆的弧形饱满状（见图10—59）。

图10—58　吹梳发旋左侧轮廓

图10—59　吹梳左侧前顶部

步骤 3　吹梳顶部

吹顶部头发的时候要按序进行，刷齿插入头发至根部用别的方法把头发挑起来，并将梳子微微转动55°～60°，一边转动梳子，一边小吹风机对着刷齿下的头发送风，使发根微微站立，发杆弯曲呈弧形，用此方法将顶部的头发依次吹完（见图10—60）。

步骤 4　吹梳右侧前顶部

用别、挑结合的方法，吹梳右侧前顶部，自顶心向侧边依次推进，梳子挑起头发的高度基本与顶心的高度一致，发根站立，发杆成弧形，并使顶部轮廓呈现以方为主，方中带圆，圆中显方，顶部呈现弧形轮廓造型（见图10—61）。

图 10—60　吹梳顶部　　　　　　图 10—61　吹梳右侧前顶部

步骤 5　吹梳右侧轮廓

用别、挑结合的方法，吹梳右侧部轮廓，达到发根站立，发杆弯曲呈弧形，右侧轮廓发梢按顺时针方向梳理，右侧轮廓呈方中带圆的弧形饱满状（见图10—62）。

步骤 6　吹梳发旋右侧轮廓

用别、挑结合的方法，吹梳发旋右侧轮廓，达到发根站立，发杆弯曲呈弧形，发旋右侧轮廓发梢按顺时针方向梳理，右侧轮廓呈方中带圆的弧形饱满状（见图10—63）。

美发师（五级）第2版

图10—62 吹梳右侧轮廓

图10—63 吹梳发旋右侧轮廓

步骤7 吹梳发旋后侧轮廓

用别、挑结合的方法，吹梳发旋后侧部轮廓，达到发根站立，发杆弯曲呈弧形，发旋后侧轮廓发梢按顺时针方向梳理，发旋后侧轮廓呈弧形饱满状（见图10—64）。

步骤8 吹梳后枕部

用别、挑结合的方法，吹梳后枕部轮廓，使发根站立，发杆弯曲呈弧形，后枕部轮廓发梢按顺时针方向梳理，后枕部轮廓呈弧形饱满状（见图10—65）。

图10—64 吹梳发旋后侧轮廓

图10—65 吹梳后枕部

步骤9 吹梳发旋后顶部

用别、挑结合的方法，吹梳发旋后顶部轮廓，使发根站立，发杆弯曲呈弧形，发旋后顶部轮廓发梢按顺时针方向梳理，整个发型轮廓呈方中带圆的弧形饱满状（见图10—66）。

步骤 10　吹梳前额部

吹梳前额部时用别、挑结合的方法，按序分批向大边一侧吹，将纹理流向往大边一侧吹梳，与大边鬓部纹理相连接，使前额轮廓呈方中带圆的弧形饱满状（见图 10—67）。

图 10—66　吹梳发旋后顶部

图 10—67　吹梳前额部

步骤 11　吹压鬓部

吹鬓发部位。用压的方法把鬓发及耳夹上方的头发发梢紧贴头皮，吹压平伏（见图 10—68）。

步骤 12　吹压四周色调部位

吹四周色调部位。用压的方法把四周色调部位的头发发梢紧贴头皮，吹压平伏（见图 10—69）。

图 10—68　吹压鬓部

图 10—69　吹压四周色调部位

步骤13 检查与梳理

吹风结束后，应全面检查一下，看看轮廓是否圆润饱满，左右轮廓、纹理是否对称，纹理是否贯通，看看有没有高低不称的地方，如果有显著的高低起伏，应该用梳子提一下，或用毛巾隔着掌心轻轻压一下，同时将吹风口侧着对提或压的部位送风，使周围匀贴，顶发饱满。经过检查调整，最后再把头发全部梳整一下。梳的动作要既轻又快，使头发自然平伏，没有发梢翘起现象（见图10—70）。

图10—70 检查与梳理

步骤14 完成

男式有色调自然流向发型效果图如图10—71至图10—74所示。

图10—71 男式有色调自然流
向发型正面效果图

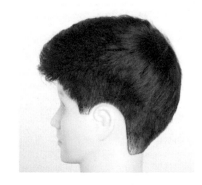

图10—72 男式有色调自然流
向发型左侧面效果图

注意事项

（1）发式定型准确，纹理为自然流向。

（2）发旋位置准确、平伏、收紧，发旋纹理流向以发旋为中心呈弧线向四周自然散开。

（3）头发纹理清晰、顺畅，轮廓以方为主，方中带圆，自然饱满。

（4）男式有色调自然流向发型的纹理流向可以顺时针吹梳，也可以逆时针吹梳。

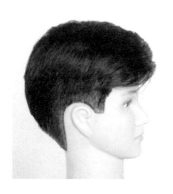

图 10—73　男式有色调自然流
　　向发型右侧面效果图

图 10—74　男式有色调自然流
　　向发型后面效果图

男式有色调奔式发型吹风梳理

操作准备

（1）吹风操作前准备好围布、干毛巾、有声吹风机、无声吹风机、发梳、排骨刷、九排刷、挑针梳、发乳、啫喱水（膏）、发胶等工具、用品。

（2）围上围布，披好干毛巾。

（3）用干毛巾吸去头发上的水分，根据顾客需要涂抹美发化学用品。

操作步骤

步骤1　吹小边额角

用别、挑结合的方法将小边额角的头发向顶部大边一侧提拉，呈较明显的弧形饱满状（见图10—75）。

步骤2　吹小边

用别、挑的方法将小边的头发向顶部吹梳呈立体饱满状，并同时送风（见图10—76）。

步骤3　吹小边后顶部

用别、挑结合的方法将小边后顶部的头发吹呈立体饱满状（见图10—77）。

美发师（五级）第2版

图 10—75　吹小边额角

图 10—76　吹小边

步骤4　吹顶部

吹大边部分头发的时候要按序进行，梳齿插入头发根部，用别、挑的方法把头发挑起来，并将梳子微微转动至55°～60°，一边转动梳子，一边小吹风机朝梳齿下的头发送风，使发根微微站立，发杆弯曲呈弧形，用此方法将顶部头发吹成略高的饱满状，依次吹完（见图10—78）。

图 10—77　吹小边后顶部

图 10—78　吹顶部

步骤5　吹后顶部

用别、挑结合的方法将后顶部头发吹成立体饱满状（见图10—79）。

步骤6　吹大边侧顶部

吹大边侧顶部时自顶心向侧边依次推进，梳子挑起头发的高度略低于顶心的高度，发根站立，发杆成弧形，并使顶部轮廓呈现小边饱满的弧形状，顶部弧形外轮廓线以自然弧线形倾斜至大边一侧的造型（见图10—80）。

图 10—79　吹后顶部　　　　　　　　图 10—80　吹大边侧顶部

步骤 7　吹大边额角

为了呈现奔式小边轮廓饱满立体、大边轮廓自然倾斜的外轮廓造型，在吹大边额角时应把这里的头发压得略低些，使大边额角略低于顶心，并呈自然倾斜状（见图 10—81）。

步骤 8　吹大边后顶部

用别的方法将大边后顶部的头发吹出自然饱满的轮廓，并将两边的头发在后枕部大边一侧汇集（见图 10—82）。

图 10—81　吹大边额角　　　　　　　图 10—82　吹大边后顶部

步骤 9　吹前额顶部

额际前面的头发，从小边额角开始，将头发向前拉出饱满的额顶部弧度，将纹理流向吹向大边后侧，与大边后侧纹理相连接（见图 10—83）。

步骤10　吹前额

根据奔式前额纹理流向的要求，用梳刷将前额头发的根部往前拉出弧度，边拉边送风，并使发根站立起弧度，然后再向前额顶部吹梳，继续送风，使发根向前斜，发杆弯曲呈饱满向上的弧形，发梢与大边侧部相衔接（见图10—84）。

图10—83　吹前额顶部

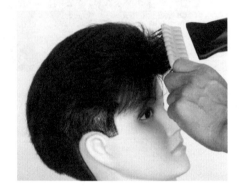

图10—84　吹前额

步骤11　吹压鬓部

吹鬓发部位。用压的方法把鬓发及耳夹上方的头发发梢紧贴头皮，吹压平伏（见图10—85）。

步骤12　吹压四周色调部位

吹四周色调部位。用压的方法把四周色调部位的头发发梢紧贴头皮，吹压平伏（见图10—86）。

图10—85　吹压鬓部

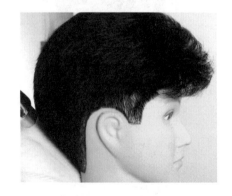

图10—86　吹压四周色调部位

步骤 13　检查与梳理

吹风结束后，应全面检查一下，看看有没有高低不称的地方，如果有显著的高低起伏，应该用梳子提一下，或用毛巾隔着掌心轻轻压一下，同时将吹风口侧着对提或压的部位送风，使周围匀贴，顶发饱满。经过检查调整，最后再把头发全部梳整一下。梳的动作要既轻又快，使头发自然平伏，没有发梢翘起现象（见图10—87）。

图 10—87　检查与梳理

步骤 14　完成

男式有色调奔式发型效果图如图 10—88 至图 10—91 所示。

图 10—88　男式有色调奔式
发型正面效果图

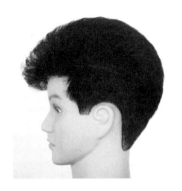

图 10—89　男式有色调奔式
发型左侧面效果图

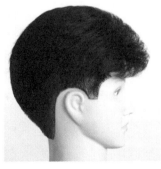

图 10—90　男式有色调奔式发型右侧面效果图

图 10—91　男式有色调奔式发型后面效果图

美发师（五级）第 2 版

注意事项

（1）发式定型准确，为奔式发型。

（2）正面外轮廓小边饱满高耸，圆弧形线条自然倾斜至大边。

（3）小边侧面外轮廓前额饱满高耸，圆弧形线条自然流向大边后枕部。

（4）头发纹理清晰、顺畅，四周平伏。

（5）合理、正确运用吹风机的操作技巧。

第3节　女式基本发型的吹风梳理

学习目标

● 了解女式发型吹风梳理的操作程序

● 掌握女式基本发型吹风梳理的基本方法和操作技巧

知识要求

一、女式吹风操作中刷子使用的基本方法

目前梳理用的刷子大致有钢丝刷、排骨刷、圆（滚）刷三种。一般需要大面积梳刷时，采用钢丝刷；需要梳松或小面积梳理时，使用排骨刷；需要调整弹性和卷曲弧度时，可用圆（滚）刷。

1．拉法

拉法有立起来拉和平直形拉两种方式。在操作中，梳齿面向头发，运用手指运转，自发根处向发势相反方向带起头发，至发型所需弯度略顿一下，头发受热后即可形成弧度。此法在直发类或卷曲类发型中均可使用。

2．别法

在操作中运用别法的技巧是：梳齿面向头发，运用五指运转（拇指向外推，其余四指向内收），将刷子立起，自发根处向发势的相反方向提拉，使其具备饱满的弧形和一定的高度，然后用吹风机加热固定成型。此方法多用于直发类发型。

3. 旋转法

旋转法又称滚刷法，是用梳齿带住头发做 360°滚动，同时用吹风机加热，可分为内旋、外旋两种，这种方法可以缓解较卷曲头发的卷曲度，工具的直径直接影响卷曲度的大小，一般用于吹梳翻翘式或大波浪发型。对于直发，此法可以制造卷曲，并且增加头发的弹性和光泽度。

4. 平刷法

平刷法是将刷子平贴在头发上进行梳刷的方法，一般用于顶部头发较多的部位。

5. 拉刷法

拉刷法是用部分刷齿进行梳刷的方法，一般用于周围长发。

6. 翻刷法

翻刷法是用刷子齿带动头发做 180°翻转的梳理方法，一般用于发尾内扣或外翻。

以上几种方法，都是小吹风在用梳刷或手配合下进行操作的一些基本动作。有时因为发式需要，还可以将其中两种方法结合起来同时使用，在使用中可以根据发式需要灵活掌握。

二、女式短发吹风梳理的质量标准

1. 造型自然美观，纹理清晰

发式造型自然美观，额前、两侧、顶部造型具有发式特点，发式美观大方，能充分反映人的精神风貌。

2. 轮廓饱满圆润，配合脸型

发式轮廓饱满自然，配合脸型，适合头型，发型整体协调，给人以舒适感。

3. 线条自然流畅，结构完美

发式线条自然流畅，纹理清晰，有光亮度，结构合理，无人工制作的生硬感。

4. 发式牢固持久，梳理方便

吹梳技术规范合理，发式牢固，易于梳理。

三、女式短发吹风梳理的程序

女式短发吹风梳理的程序一般从后颈部发区开始吹梳至前额刘海为止，最后进行四周轮廓的调整、修饰、定型。

（1）吹后颈部发区。

（2）吹后枕部发区。

（3）吹后顶部发区。

（4）吹左侧发区。

（5）吹右侧发区。

（6）吹顶部发区。

（7）吹前额刘海。

（8）调整、修饰四周轮廓。

（9）发式定型。

技能要求

女式短发固体层次发型

操作准备

（1）吹风操作前准备围布、干毛巾、有声吹风机、无声吹风机、发梳、排骨刷、滚刷、九排刷、啫喱水（膏）、发乳、发胶等工具、用品。

（2）涂抹美发固发用品。

操作步骤

女式短发固体层次发式原型如图10—92所示。

步骤1　吹梳后颈部发区（见图10—93）

（1）在后脑部中部分一垂直线，分为左右两区。

（2）先吹左侧：在后枕部下一半位置分一水平分片，滚刷与发片平行并以45°向下提拉发片，小

图10—92　固体层次发式原型

吹风机口与滚刷成 70°~80°，边吹边滚拉，再以 0°回落，发尾略向内旋转，使发尾产生内扣。

（3）以上述相同的方法逐层吹梳右侧头发。

（4）以上述相同的方法吹梳后枕部第二层左、右发片。

（5）后枕部以下的头发不要向外蓬松，角度不可提升。

（6）后枕部以上的发根略微往上提升。

a)   b)

图 10—93 吹梳后颈部发区

a）吹梳后颈部下层发区

b）吹梳后颈部上层发区

步骤 2 吹梳后枕部发区（见图 10—94）

（1）在后枕部上部继续向上分出左、右水平分片。

（2）以上述相同的方法逐层吹梳后枕部以上的左、右发片。

（3）发型要求逐步蓬松，发根逐层向上提升的距离约为梳子的半径。

步骤 3 吹梳后颈部后枕部连接处理（见图 10—95）

从后颈部发根起吹至发尾，发尾略向内旋转，使发尾产生内扣。逐层水平分线吹至后顶部下。

图 10—94 吹梳后枕部发区   图 10—95 吹梳后颈部后枕部发区

步骤 4 吹梳后顶部发区（见图 10—96）

头顶部区域决定整个发型高度，发根往上提升约为梳子的直径。停顿 1~2 s

美发师（五级）第2版

再吹发杆，在空中形成弧线形，0°回落。

| a) | b) | c) |

图 10—96 吹梳后顶部发区

a) 吹梳后顶部发根 b) 吹梳后顶部发杆 c) 吹梳后顶部发尾

步骤 5 吹梳左侧发区（见图 10—97）

（1）吹左侧下层发片：左侧水平分片，发根至发尾高度与后发区保持一致，逐层往上吹至头顶部。

（2）吹梳左侧中层发区（见图 10—98）：将左侧发片继续水平划分，这是关键区，决定形状、流向、线条等，发根一定要有力度。

图 10—97 吹梳左侧下层发区　　　　图 10—98 吹梳左侧中层发区

（3）吹梳左侧上层发片（见图 10—99）：吹梳发杆时，梳刷将头发从上向下拉成弧线状。

（4）左侧上、中、下三层发片连接吹梳（见图 10—100）：将左侧上、中、下三层发片向下拉成弧线状，发尾 0°回落，并略向内旋转。

图 10—99　吹梳左侧上层发区　　　　图 10—100　左侧上、中、下三层连接吹梳

步骤 6　吹梳右侧发区

（1）吹右侧下层发片（见图 10—101）：右侧水平分片，发根至发尾高度与后发区保持一致，逐层往上吹至头顶部。

（2）吹右侧中、上层发片并连接吹梳（见图 10—102）：在吹梳右侧中、上层发片时要与后发区头发保持一致的高度和弧度，并将上中下三层进行连接吹梳。

图 10—101　吹右侧下层发片　　　　图 10—102　吹梳右侧中、上层并连接吹梳

步骤 7　吹梳前额刘海发区

（1）吹梳刘海大边轮廓（见图 10—103）：大角度提拉刘海，使刘海蓬松，滚刷或梳刷贴着头皮往前推，边吹风边转动梳刷，放下发片时停顿 1～2 s，形成弧度。

（2）吹梳前额刘海发根（见图 10—104）：前额头发发根站立有弧度并前倾，滚刷或梳子沿着发际线从前额往后推，并同时送风，营造出干净利落的形象。

图 10—103 吹梳前额刘海

图 10—104 吹梳前额刘海

（3）吹梳前额刘海头路两侧（见图 10—105）：在分头路处用滚刷或梳刷将头发往后推，并同时送风。

（4）吹梳刘海小边头发（见图 10—106）：在左侧用滚刷或梳刷将头发向后推，并同时送风。

图 10—105 吹梳刘海头路两侧

图 10—106 吹梳刘海小边

步骤8 调整、修饰四周轮廓（见图 10—107）

最后对整个发型进行梳理、造型和修饰。

步骤9 完成

女式短发固体层次发式效果图如图 10—108 至图 10—111 所示。

图 10—107　调整、
修饰四周轮廓

图 10—108　正面效果图

图 10—109　右侧面效果图

图 10—110　左侧面效果图

图 10—111　背面效果图

注意事项

（1）送风量的多少直接影响到发型的最后效果，送风量过大会破坏头皮的自然美感，因此，选择送风量是至关重要的，一般吹风造型时多用吹风口 3/4 的风力。

（2）送风角度应根据实际操作中梳刷时拉起头发的角度而定，一般送风口不能对着头发直接送风，而应将吹风机侧斜着，风口与头发呈 45°左右。

（3）正确控制送风时间对发型的圆满完成起着关键的作用。时间的掌握应根据发型及发质而定。注意不能将风口对准一个点长时间送风，以免将头发吹焦，损伤发质。对于干性头发，送风时间要短；对于油性头发，送风时间可稍长。

（4）送风位置正确与否，直接影响到发型的高度、弧度和发势方向。发根站立与否影响发型的高度，发杆受风的位置影响发型的弧度，发尾受风的位置影

美发师（五级）第 2 版

329

响发型的发势方向。所以送风口应自发根经发杆至发尾，同时吹风口应从侧向送风，必须要依次进行，避免混乱。

女式短发均等层次发型

操作准备

（1）吹风操作前准备围布、干毛巾、有声吹风机、无声吹风机、发梳、排骨刷、滚刷、九排刷、啫喱水（膏）、发乳、发胶等工具、用品。

（2）涂抹美发固发用品。

操作步骤

步骤 1 吹梳后颈部发区（见图 10—112）

后颈部头发，尽可能让发根伏贴。在吹风时，吹风机配合梳刷，顺着发根生长的方向，从上往下压。要求左右手交换使用梳刷。

步骤 2 吹梳后枕部发区（见图 10—113）

把上区头发顺着发根方向往左右两侧拨开，斜取发片，此发区头发不宜吹得太高，发根应微微站起，发杆稍微有些弧度，发尾用热风稍带正即可，按照此法，往上吹梳时，发根要求逐渐站立蓬松，所以在吹风时，发根站立的角度也逐渐提升抬高。

图 10—112　吹梳后颈部

图 10—113　吹梳后枕部

步骤 3 吹梳后顶部发区（见图 10—114）

后顶部在整个发型中起到支撑顶部发量的作用，也决定了顶部的饱满度，发

量尽可能蓬松，发根一定要站立，发杆及发尾开始加强力度。

步骤 4　吹梳顶部发区（见图 10—115）

吹梳顶部头发时，顶部的发片要与头皮垂直，发根站立，梳刷紧贴头皮，风口与发片呈 45°提起，并转动梳刷，以加强发尾力度。

图 10—114　吹梳后顶部

图 10—115　吹梳顶部

步骤 5　吹梳左侧发区

（1）吹左侧下层头发（见图 10—116）：吹左侧下层头发时，要根据发尾流向接近水平取发片，取 15°从发根至发尾吹梳，梳刷由上向下吹拉，发尾向内收。

（2）吹左侧上层头发（见图 10—117）：吹左侧上层头发时，将左侧上层头发至顶部逐步提高发根高度，让发型量感上移。

图 10—116　吹梳左侧下层发区

图 10—117　吹梳左侧上层发区

美发师（五级）第 2 版

331

步骤6　吹梳右侧发区

（1）吹右侧下层头发（见图10—118）：以上述吹梳左侧下层头发的方法吹右侧下层头发。

（2）吹右侧上层头发（见图10—119）：以上述吹梳左侧上层头发的方法吹右侧上层头发至顶部。

图10—118　吹梳右侧下层发区　　　　　　图10—119　吹梳右侧上层发区

步骤7　吹梳前额刘海发区

（1）吹梳前额刘海下层头发（见图10—120）：吹梳前额刘海下层头发时采用斜线分片，发根也尽量站立蓬松。吹风时梳刷紧贴头皮，热风在发根处略停顿1~2 s后提起，边吹边转动发片，以制造发尾流向。

（2）吹梳前额刘海上层头发（见图10—121）：按上述手法，逐片往顶部吹梳发片，直到完成整个顶部操作。

图10—120　吹梳刘海下层发区　　　　　　图10—121　吹梳刘海上层发区

步骤 8　调整、修饰四周轮廓

（1）整理发型四周下沿线（见图 10—122）：用无声吹风机将发型四周下沿线轻轻下压，使四周发型下沿线伏贴。

（2）调整发型轮廓（见图 10—123）：用无声吹风机调整发型轮廓。

图 10—122　整理四周下沿线

图 10—123　调整发型轮廓

步骤 9　完成

女式短发均等层次发式效果图如图 10—124 至图 10—127 所示。

图 10—124　正面效果图

图 10—125　右侧面效果图

图 10—126　左侧面效果图

图 10—127　背面效果图

美发师（五级）第 2 版

女式短发边沿层次发型

操作准备

（1）吹风操作前准备围布、干毛巾、有声吹风机、无声吹风机、发梳、排骨刷、滚刷、九排刷、啫喱水（膏）、发乳、发胶等工具、用品。

（2）涂抹美发固发用品。

操作步骤

步骤1　吹梳后颈部发区（见图10—128）

后颈部头发，尽可能让发根伏贴。在吹风时，吹风机配合梳刷，顺着头发生长的方向，从上往下边梳边压。要求左右手交换使用梳刷。

步骤2　吹梳后枕部发区

（1）吹梳后枕部下层发区（见图10—129）：将后枕部下层的头发顺着发根方向往左右两侧分开，斜向分取发片，头发提拉角度15°左右，发根微微站起，发杆略有弧度，梳刷向内向下梳理，进行底部低角度连接，使发尾在热风和梳刷的作用下与后颈部头发连为一体。用此方法完成后枕部下层左右两侧头发的吹梳。

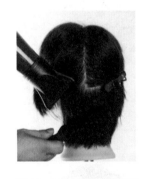

图10—128　吹梳后颈部

图10—129　吹梳后枕部下层发区

（2）吹梳后枕部上层发区（见图10—130）：按上述相同的方法完成后枕部上层头发的吹梳。吹梳时，发根要逐渐站立蓬松，发根的站立角度也随之逐渐提升抬高。

步骤3　吹梳后顶部发区

（1）吹梳后顶部下层发区（见图10—131）：后顶部的头发决定发型的高度

及饱满度。在吹后顶部下层头发时，吹风机向梳刷下方送风，稍停顿 1 ~ 2 s 后，吹风机风口再从上方送风至发根，停顿冷却，转动梳刷，并达到发根站立、发杆饱满的效果。

图 10—130　吹梳后枕部上层发区

图 10—131　吹梳后顶部下层发区

（2）吹梳后顶部上层发区（见图 10—132）：后顶部在整个发型中起到支撑顶部发量的作用，也决定了顶部的饱满度，发量尽可能蓬松，发根一定要站立，发杆及发尾开始加强力度。

步骤 4　吹梳左侧发区

吹梳左侧发区下层（见图 10—133）：吹梳左侧区下层头发时，根据发型的发尾流向取一水平发片，梳刷将头发拉起与头皮的角度为 15°左右，吹风机口与梳刷成 70° ~ 80°，从发根吹梳至发尾。

图 10—132　吹梳后顶部上层发区

图 10—133　吹梳左侧下层发区

步骤 5　吹梳左侧发区中层（见图 10—134）

吹梳左侧区中层头发时，逐步提高发根提拉角度至 45°，吹风机口与梳刷成

美发师（五级）第 2 版

335

70°～80°，使发型的量感上移。

步骤6　吹梳左侧发区上层（见图10—135）

吹梳左侧区上层头发时，逐步提高发根提拉角度至90°，吹风机口与梳刷成70°～80°，发根加热略停顿1～2 s，再从发根吹至发杆、发尾，梳刷呈弧线形吹至发尾。

　图10—134　吹梳左侧中层发区　　　　　图10—135　吹梳左侧上层发区

步骤7　吹梳右侧发区

（1）吹梳右侧下层发区（见图10—136）：吹梳右侧区下层头发时，根据发型的发尾流向取一水平发片，梳刷将头发拉起与头皮的角度为15°左右，吹风机口与梳刷成70°～80°，从发根吹梳至发尾。

（2）吹梳右侧中层发区（见图10—137）：吹梳右侧区中层头发时，逐步提高发根提拉角度至45°，吹风机口与梳刷成70～80°，使发型的量感上移。

　图10—136　吹梳右侧下层发区　　　　　图10—137　吹梳右侧中层发区

（3）吹梳右侧上层发区（见图10—138）：吹梳右侧区上层头发时，逐步提

高发根提拉角度至 90°，吹风机口与梳刷成 70°~80°，发根加热略停顿 1~2 s，再从发根吹至发杆、发尾，梳刷呈弧线形吹至发尾。

步骤 8　吹梳顶部发区（见图 10—139）

吹梳顶部头发时，顶部的发片与头皮垂直，梳刷紧贴头皮，吹风机送风口与发片呈 45°提起，并转动梳刷，以加强发尾力量，呈现出饱满的顶部轮廓。

图 10—138　吹梳右侧上层发区

图 10—139　吹梳顶部发区

步骤 9　吹梳前额刘海发区

（1）分头路，确定大小边（见图 10—140）：在前额右侧，以眼珠直上入发际线处分出一短头路，用无声吹风机与排骨刷吹梳头路两边。将头路小边吹梳成发根略站立并起弧度，头路大边发根站立饱满并起弧度。

（2）加强大边轮廓的高度与弧度（见图 10—141）：用无声吹风机与排骨刷将大边轮廓吹梳成有一定高度、弧度的前额轮廓造型，将大边刘海与左侧、鬓部头发连成一体，并达到头路大边轮廓略高并饱满、刘海弧度自然优美的效果。

图 10—140　分头路，确定大小边

图 10—141　加强大边轮廓的高度与弧度

美发师（五级）第 2 版

337

（3）头路小边与右侧相连（见图10—142）：用小吹风机与梳刷将小边刘海与右侧、鬓部的头发自然衔接，并将鬓角发丝轻压平伏。

步骤 10　调整、修饰四周轮廓

（1）修饰四周发式下沿线（见图10—143）：用小吹风机与梳刷将四周发式下沿线梳刷平伏，并用手掌轻压四周发式下沿线，以产生发式四周下沿线平伏内收的效果。

图 10—142　头路小边与右侧相连

（2）调整纹理（见图10—144）：用粗齿梳将发型的纹理梳理调整，以产生纹理流向清晰、自然的效果。

a）

b）

图 10—143　修饰四周发式下沿线

a）梳刷压　b）手掌压

图 10—144　调整纹理

步骤 11　完成

女式短发边沿层次发式效果如图 10—145 至图 10—148 所示。

图 10—145　正面效果图

图 10—146　左侧面效果图

图 10—147　右侧面效果图

图 10—148　正后面效果图

女式短发渐增层次发式

操作准备

（1）吹风操作前准备围布、干毛巾、有声吹风机、无声吹风机、发梳、排骨刷、滚刷、九排刷、啫喱水（膏）、发乳、发胶等工具、用品。

（2）涂抹美发固发用品。

操作步骤

女式短发渐增层次发式原型如图 10—149 所示。

步骤 1　吹梳后颈部下沿线（见图 10—150）

用梳刷将后颈部下沿线梳理平伏。

图 10—149　渐增层次发式原型

图 10—150　吹梳后颈部下沿线

步骤 2　吹梳后颈部上层发区（见图 10—151）

在吹梳后颈部头发时，吹风机风口配合梳刷，顺着发根生长的方向，从上往下压，要求左右手交换使用梳刷。

步骤3　吹梳后枕部发区

（1）吹梳后枕部下层发区（见图10—152）：将后枕部下层的头发顺着发根方向往左右两侧分开，斜向分取发片，头发提拉角度15°左右，发根微微站起，发杆略有弧度，梳刷向内向下梳理，进行底部低角度连接，使发尾在热风和梳刷的作用下与后颈部头发连为一体。用此方法完成后枕部下层左右两侧头发的吹梳。

图10—151　吹梳后颈部上层发区

（2）吹梳后枕部上层发区（见图10—153）：按上述相同的方法完成后枕部上层头发的吹梳。吹梳时，发根要逐渐站立蓬松，发根的站立角度也随之逐渐提升抬高。

图10—152　吹梳后枕部下层发区

图10—153　吹梳后枕部上层发区

步骤4　吹梳顶部发区

（1）吹梳后顶部发区（见图10—154）：在吹梳后顶部发区时，在顶部发片的基础上逐层往下降低发片提拉角度，发尾向下与后枕部发片相衔接。

（2）吹梳顶部发片（见图10—155）：头顶部在整个发型中起到支撑顶区发量的作用，也决定了顶区的饱满度，发量尽可能蓬松，发根一定要挺立，发杆及发尾开始强调力度。发片提拉至90°以上（垂直于头皮），梳子紧贴头皮，吹风机风口与发片呈45°，吹梳时不停转动梳刷，以加强发尾力度和光亮度。

图 10—154 吹梳后顶部发区

图 10—155 吹梳顶部发区

步骤 5 吹梳左侧下层发片 （见图 10—156）

吹梳左侧下层发片时降低头发提拉角度，将下层发尾向面颊前侧吹梳。

步骤 6 吹梳左侧上层发片 （见图 10—157）

以头发的提拉角度为基准吹梳左侧上层发片，并与后发区的头发进行衔接吹梳，同时逐层向下降低头发提拉角度。

图 10—156 吹梳左侧下层发区

图 10—157 吹梳左侧上层发区

步骤 7 吹梳右侧发区 （见图 10—158）

吹梳右侧头发时，由下往上逐层提拉，使右侧下部发尾紧贴面颊部。

步骤 8 吹梳头路大边 （见图 10—159）

分前额头路：在左侧眼珠直上入发际线分出一短头路，出大、小两边，并将头路大边发根吹站立饱满型。

美发师（五级）第 2 版

图10—158　吹梳右侧发区

图10—159　吹梳头路大边

　　头路大边是发型侧区的最高位置，发根一定要有力度，挺立。吹风机风口与梳子呈45°提起，逐层逐片往左后侧吹梳。

步骤9　吹梳头路小边（见图10—160）

　　吹小边第一片时头发提拉角度为90°，吹风机风口与梳子送风角度为70°~80°，发根加热略停顿1~2 s。再吹发根至发尾，并将发尾吹梳成弧线形。

步骤10　左侧发片与刘海小边衔接吹梳（见图10—161）

　　将左侧发片与刘海小边发片进行衔接吹梳，使之连成一体。

图10—160　吹梳头路小边

图10—161　左侧与刘海衔接吹梳

步骤11　调整、修饰四周轮廓（见图10—162）

　　用无声吹风机调整刘海高度和发尾流向。

步骤12　完成

　　女式短发渐增层次发式效果图如图10—163至图10—166所示。

图 10—162　调整、修饰四周轮廓

图 10—163　正面效果图

图 10—164　左侧面效果图

图 10—165　右侧面效果图

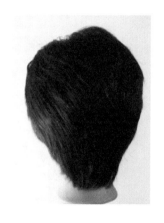

图 10—166　背面效果图

女式短发童花蘑菇式发型

操作准备

（1）吹风操作前准备围布、干毛巾、有声吹风机、无声吹风机、发梳、排骨刷、滚刷、九排刷、啫喱水（膏）、发乳、发胶等工具、用品。

（2）涂抹美发固发用品。

操作步骤

女式短发童花蘑菇式发式原型如图 10—167 所示。

美发师（五级）第 2 版

Meifashi

步骤1　吹梳后颈部发区（见图10—168）

后颈部头发，尽可能让发根伏贴。在吹风时，吹风机配合梳刷，顺着头发生长的方向，从上往下边梳边压，要求左右手交换使用梳刷。

图10—167　童花蘑菇式原型

图10—168　吹梳后颈部发区

步骤2　吹梳后枕部发区（见图10—169）

（1）在后枕部上部继续向上分出左、右水平分片。

（2）以上述相同的方法逐层吹梳后枕部以上的左、右发片。

（3）发型要求逐步蓬松，发根逐层向上提升的距离约为梳子的半径。

步骤3　后梳颈部后枕部连接处理（见图10—170）

从发根吹至发尾，发尾略向内旋转，使发尾产生内扣，逐层水平分线吹至头顶部。

图10—169　吹梳后枕部发区

图10—170　吹梳后梳颈部后枕部

步骤4　吹梳后顶部发区（见图10—171）

头顶部区域决定整个发型高度，发根往上提升约是梳子的直径。停顿1~2 s

再吹发干，在空中形成弧线形，0°回落。

步骤 5　吹梳左侧发区

（1）吹左侧下层发片（见图 10—172）：左侧水平分片，发根至发尾高度与后发区保持一致，逐层往上吹至头顶部。

图 10—171　吹梳后顶部发区　　　　10—172　吹左侧下层发片

（2）吹左侧中层发片（见图 10—173）：将左侧发片继续水平划分，这是关键区，决定形状、流向、线条等，发根一定要有力度。

（3）吹左侧上层发片（见图 10—174）：吹梳发杆时，梳刷将头发从上向下拉成弧线状。

图 10—173　吹梳左侧中层发片　　　　图 10—174　吹左侧上层发片

（4）左侧上、中、下三层发片连接吹梳（见图 10—175）：将左侧上、中、下三层发片向下拉成弧线状，发尾 0°回落，并略向内旋转。

步骤 6　吹梳右侧发区

（1）吹右侧下层发片（见图 10—176）：右侧水平分片，发根至发尾高度与后发区保持一致，逐层往上吹至头顶部。

图 10—175　吹梳左侧发区

图 10—176　吹梳右侧下层发片

（2）吹右侧中、上层发片并连接吹梳（见图 10—177）：在吹梳右侧中、上层发片时要与后发区头发保持一致的高度和弧度，并将上中下三层进行连接吹梳。

步骤 7　吹梳前额刘海发区（见图 10—178）

低角度提拉刘海，滚刷或梳刷贴着头皮往前推，边吹风边转动梳刷，放下发片时停顿 1 ~ 2 s，形成弧度。

图 10—177　吹梳右侧发区

图 10—178　吹梳刘海发区

图 10—179　调整、
修饰四周轮廓

步骤 8　调整、修饰四周轮廓（见图 10—179）

最后对整个发型进行梳理、造型和修饰。

步骤 9　完成

短发童花蘑菇式发式效果图如图 10—180 至图 10—183 所示。

图 10—180　正面效果图

图 10—181　左侧面效果图

图 10—182　右侧面效果图

图 10—183　背面效果图

第 4 节　吹风造型

学习目标

- 了解脸型的分类
- 掌握各种脸型的特点
- 掌握运用造型手法塑造发型的方法

知识要求

一、脸型、头型的分类和特点

设计发型时脸型、头型是主要的依据，而每个人的脸型、头型各有差异，俗话说"百人长百相"。在美发行业中，将脸型采用几何图形分析概括为椭圆形

347

脸、圆形脸、长方形脸、方形脸、正三角脸、倒三角脸、菱形脸七种。头型分为长形头、圆形头、扁形头三种。只有准确地掌握不同脸型和头型的特征，设计出的发型才能与人的整体相协调，达到和谐统一的视觉效果，给人以美的享受。

1. 脸型的分类

人的脸型按几何图形分类大致可分为椭圆形脸、圆形脸、长方形脸、方形脸、正三角形脸、倒三角形脸和菱形脸七大类。

2. 脸型的特点

（1）椭圆形脸又称"鹅蛋脸"，上下长阔匀称，属于标准脸型。

（2）圆形脸又称"田"字脸或"娃娃脸"，多数是额前发际线生得低，耳部两侧较宽，肌肉比较丰满。

（3）长方形脸又称"目"字脸，多数是额前的发际线生得较高，显得脸特别长，有的额前发际线虽不高，但由于脸庞较清瘦或五官位置比例都不匀称，也会给人以脸长的感觉。

（4）方形脸又称"国"字脸，一般额角高而阔，两颊突出，下颌部较宽，脸型显得正方。

（5）正三角形脸又称"由"字脸，头顶尖，额窄，腮部宽，形成上小下大的感觉。

（6）倒三角形脸又称"甲"字脸，下颌瘦削，顶部扁平，额角宽。这类脸型一般都不丰满。

（7）菱形脸又称"申"字脸，一般都是尖顶，窄额角，下颌部窄小，颧骨突出，脸部较长。

3. 头型的分类和特征

（1）头型的分类。从每个人的侧面或背影看，头型各有差异。顶部有大、小、阔、扁、圆之分，颈脖有长、短、粗、细之别。相互之间还有交叉，如大而扁、小而圆、长而尖以及颈项的细而长、粗而短等。头型一般分为三大类，即长形头、圆形头、扁形头。

（2）头型的特征

1）长形头。其特征是顶部较尖、脸型较长、额骨突出。

2）圆形头。其特征是各骨骼生长得比较均匀、肌肉丰满、前后左右圆润饱满。

3）扁形头。其特征是额骨不突出、枕骨部平坦、后部偏平、缺乏立体感。

二、发式造型的手法

发型是以艺术为指导，以美发工艺为手法，将发体组成型神兼备的艺术造型，发型与脸型配合与否是发型好坏的关键。

1. 衬托法

衬托法指在发式造型构图上采用疏密、虚实、高低等相互衬托，在色调上采用明暗、层次、深浅相互衬托，线条上采用直曲、斜竖相互衬托的发式造型手法。其作用是增加起伏高低，弥补虚实松紧，突出主次气韵，达到相辅相成。此法在发式造型和组合构图上广泛运用。

2. 遮盖法

遮盖法指利用头发或发饰，对视觉上过于暴露和突出而不够完美的部分进行掩饰、遮盖，弥补和冲淡这些不足之处。其作用是遮盖缺陷，弥补不足，改变面积，调整比例。

3. 填充法

填充法指利用假发或饰物或自身头发，填补不足之处，使凹陷处呈现丰隆感，对块面、纹样产生实感和量感。其作用是增加头发量感，弥补节奏起伏，突出空间立体，烘托发式气韵。

4. 分割法

分割法指利用头缝、分块，改变脸型、面积、块面和体积制造错觉，调整头部比例关系和纹理结构，以及块面大小和发量多少等。其作用是分割面积，调整比例，减少量感。

三、发型与脸型的配合方法

人的脸型大部分为椭圆形、圆形、方形、正三角形、倒三角形、长方形和菱

形等几种，不同脸型要配合不同的发型。发型配合脸型有以下几条原则。

1. 椭圆形脸

椭圆形脸被称为中国女性标准脸型，梳理任何发型都具美感。

2. 圆形脸

圆形脸适合梳理短发或超短发，吹风造型时顶部头发应蓬松，侧部收拢，发帘侧向一边，即采取高轮廓，造成将脸拉长的效果。

3. 方形脸

对于方形脸，吹风造型时要使顶部呈现出圆形，切忌呈方形，两边头发不能过厚，发帘可做波纹状斜向一侧，即采取圆形轮廓修饰方形脸。

4. 三角形脸

对于上阔下尖的倒三角形脸，顶部头发要隆起，发帘斜向遮盖三角，顶部发量可大些，以丰盈衬托底部，显出阔度；对于上尖下阔的正三角形脸，则用相反的修饰方法，上部横向丰盈，底部收缩，即采取阔轮廓。

5. 长方形脸

对于长方形脸，顶部不能高，发帘下垂，两侧头发应略蓬松，以增加横向的阔度，冲淡长的视觉效果，适合修剪长或中长发式。

6. 菱形脸

对于菱形脸，顶部不能高，两侧的头发应蓬松，底部也应与丰盈度相适应，采取椭圆形轮廓为佳。

以上是发型配合脸型的基本原则。人的脸型并非就这么几种，适合脸型的方法也并非这么简单。要灵活运用这些原则，并根据顾客的脸型特征来解答顾客的咨询，为顾客服务。

模拟测试题

1. 填空题（请将正确的答案填在横线空白处）

（1）发型内轮廓线与脸型的结合、变化可以衬托或改变_____的不足。

（2）在吹风操作中，如果吹风机的送风口与头皮成_____，则很容易

弄伤顾客的头皮。

（3）在男式吹风分头路时，头路直线长度要以_____当中为宜，但有的直线也可以略长一些。

（4）在男式发式吹风中，吹顶部时，梳子的角度要向_____略偏斜。

（5）在男式发分头路发型压头缝时，梳背与头缝平行与头皮保持约_____的距离。

（6）手腕训练也叫_____训练。手腕训练主要锻炼腕关节。

（7）发型是指头发的_____式样，也就是留发长短的标准。

（8）发质分为干性、_____、油性，最能够体现烫发卷曲效果的发质为_____。

（9）烫发卷杠时包纸的技巧，会使用_____技巧、双层包纸技巧、单层包纸技巧。

（10）夹剪操作中夹起的头发要求_____ 。

2. 判断题（下列判断正确的请打"√"，错误的打"×"）

（1）在男式吹风操作中，别是用梳刷挑起一股头发向上提拉，使头发带一些弧形。（　　　）

（2）在吹风操作中，吹风时间长了容易把头发吹坏，时间短了又不能奏效。（　　　）

（3）在男式吹风操作程序时，如有头缝的一般先从大边一侧开始操作。（　　　）

（4）在男式发式吹风中，吹波浪式时用拉的方法，将顶部吹成波浪形。（　　　）

（5）在男式发式吹梳大边侧顶部时，自侧边向顶心依次推进。（　　　）

（6）中长式基线与发际线间隔距离约在 35 mm。（　　　）

（7）男式基本发式分类一般以留发长短为标准，大致可分为长、中、短三大类。（　　　）

（8）椭圆形脸吹风造型时顶部头发应蓬松些。（　　　）

（9）烫发的质量标准发花不焦、不毛、不损伤发质。（　　　）

（10）女式吹风造型时吹风口的风量一般常用1/4 的风力。（　　　）

美发师（五级）第2版

3. 选择题（下列每题有 4 个选项，其中只有 1 个是正确的，请将其代号填在括号内）

（1）在男式吹风操作中，拉的特点是吹风机与_____同时移动。

A. 手指　　　　　B. 手　　　　　C. 梳子　　　　　D. 头发

（2）在男式吹风操作前，用干毛巾吸干头发上多余的水分，这样可以缩短吹风时间，节约_____。

A. 人工　　　　　B. 饰发品用量　C. 劳动力　　　　D. 用电

（3）在男式发型吹后脑轮廓线时，梳子斜着自两侧向枕骨隆凸部分吹梳，吹风口斜_____，使头发平伏地贴着头皮。

A. 向上　　　　　B. 向下　　　　　C. 向前　　　　　D. 向后

（4）在男式发分头路发型中，_____的处理，对整个发式有很大的影响。

A. 后脑轮廓　　　B. 额前造型　　C. 头路　　　　　D. 纹理流向

（5）在男式发式吹梳前额时，从小边额角用_____的方法按次分批向大边额角吹。

A. 挑、别　　　　B. 挑、拉　　　C. 别、拉　　　　D. 推、别

（6）电推剪的持法，用右手的拇指轻放在电推剪的正面中前部，拇指和电推剪刀身成约_____的夹角。

A. 30°　　　　　B. 35°　　　　　C. 40°　　　　　D. 45°

（7）手腕训练有几种方法，一种是上下左右往返摆动，手腕与胳膊角度为_____之间。

A. 30°~40°　　　B. 40°~50°　　C. 50°~60°　　　D. 70°~90°

（8）在烫发中标准排列法，分区一般可分_____操作。

A. 二分区　　　　B. 三分区　　　C. 四分区　　　　D. 六分区

（9）使用烫发二号中和剂，在头部停留时间约为_____。

A. 5 min　　　　B. 8 min　　　　C. 10 min　　　　D. 20 min

（10）修剪操作中发片提拉角度45°时，修剪后层次为_____。

A. 低层次　　　　B. 高层次　　　C. 内层次　　　　D. 外层次

模拟测试题答案

1. 填空题

（1）脸型 　　（2）90° 　　（3）耳轮 　　（4）后方 　　（5）5 mm 　　（6）摇手
（7）基本 　　（8）中性、中性 　　（9）折叠包纸 　　（10）平直

2. 判断题

（1）× 　　（2）√ 　　（3）× 　　（4）× 　　（5）× 　　（6）√ 　　（7）×
（8）× 　　（9）√ 　　（10）×

3. 选择题

（1）C 　　（2）D 　　（3）B 　　（4）C 　　（5）A 　　（6）D 　　（7）D 　　（8）D
（9）C 　　（10）A